网络空间安全专业规划教材

总主编 杨义先　　执行主编 李小勇

网络空间安全治理

邓小龙　吴　旭　主　编

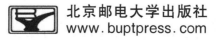北京邮电大学出版社
www.buptpress.com

内 容 简 介

在网络空间安全和网络空间安全治理引起全球研究学者和相关政府管理部门高度重视的今天,网络内容的安全治理对维护国家和社会安全有着积极意义,因此作者对网络空间安全治理方面的国内外已有重要研究成果进行了梳理并呈现在本书中。

本书首先从网络空间和网络空间安全的定义入手,介绍了我国在相关领域的主张和治理经验,并介绍了国外各个主要国家在网络空间安全治理方面的现状,同时还介绍了网络空间领域的现有国际规则及其对我国的启示。然后本书从技术角度出发,介绍了网络信息的采集和分析技术、网络信息倾向性的判别技术、网络结构中与网络信息传播紧密相关的网络结构度量方法、网络文本信息传播评估策略和方法。此外,本书对良性信息的网络传播效果提升方法和谣言及虚假信息的网络传播效果阻断方法也进行了有针对性的具体介绍。本书最后对中国和美国从 1969 年互联网产生至今在该领域颁布的重要法规、战略文件进行了系统的梳理,一并放在"附录"部分进行呈现。

本书结构清晰,思路合理,适合本科院校网络空间安全专业、网络传播学专业,以及应急管理专业的学生作为教材使用,也可作为高等职业院校学生进行网络空间治理研究的参考书,还适合企业中从事网络安全治理相关工作的职工作为自学教材使用。

图书在版编目(CIP)数据

网络空间安全治理 / 邓小龙,吴旭主编. -- 北京 : 北京邮电大学出版社,2020.4
ISBN 978-7-5635-6011-0

Ⅰ. ①网… Ⅱ. ①邓…②吴… Ⅲ. ①计算机网络—网络安全—安全管理 Ⅳ. ①TP393.08

中国版本图书馆 CIP 数据核字(2020)第 046055 号

策划编辑:马晓仟 责任编辑:孙宏颖 封面设计:优助品牌设计

出版发行:北京邮电大学出版社
社 址:北京市海淀区西土城路 10 号
邮政编码:100876
发 行 部:电话:010-62282185 传真:010-62283578
E-mail:publish@bupt.edu.cn
经 销:各地新华书店
印 刷:保定市中画美凯印刷有限公司
开 本:787 mm×1 092 mm 1/16
印 张:11
字 数:272 千字
版 次:2020 年 4 月第 1 版
印 次:2020 年 4 月第 1 次印刷

ISBN 978-7-5635-6011-0 定价:32.00 元

序 Prologue

作为最新的国家一级学科，由于其罕见的特殊性，网络空间安全真可谓是典型的"在游泳中学游泳"。一方面，蜂拥而至的现实人才需求和紧迫的技术挑战，促使我们必须以超常规手段来启动并建设好该一级学科；另一方面，由于缺乏国内外可资借鉴的经验，也没有足够的时间纠结于众多细节，所以，作为当初"教育部网络空间安全一级学科研究论证工作组"的八位专家之一，我有义务借此机会，向大家介绍一下2014年规划该学科的相关情况，并结合现状，坦陈一些不足，以及改进和完善计划，以使大家有一个宏观了解。

我们所指的网络空间，也就是媒体常说的赛博空间，意指通过全球互联网和计算系统进行通信、控制和信息共享的动态虚拟空间。它已成为继陆、海、空、太空之后的第五空间。网络空间里不仅包括通过网络互联而成的各种计算系统（各种智能终端）、连接端系统的网络、连接网络的互联网和受控系统，也包括其中的硬件、软件乃至产生、处理、传输、存储的各种数据或信息。与其他四个空间不同，网络空间没有明确的、固定的边界，也没有集中的控制权威。

网络空间安全，研究网络空间中的安全威胁和防护问题，即在有敌手对抗的环境下，研究信息在产生、传输、存储、处理的各个环节中所面临的威胁和防御措施，以及网络和系统本身的威胁和防护机制。网络空间安全不仅包括传统信息安全所涉及的信息保密性、完整性和可用性，同时还包括构成网络空间基础设施的安全和可信。

网络空间安全一级学科，下设五个研究方向：网络空间安全基础、密码学及应用、系统安全、网络安全、应用安全。

方向1，网络空间安全基础，为其他方向的研究提供理论、架构和方法学指导；它主要研究网络空间安全数学理论、网络空间安全体系结构、网络空间安全数据分析、网络空间博弈理论、网络空间安全治理与策略、网络空间安全标准与评测等内容。

方向 2,密码学及应用,为后三个方向(系统安全、网络安全和应用安全)提供密码机制;它主要研究对称密码设计与分析、公钥密码设计与分析、安全协议设计与分析、侧信道分析与防护、量子密码与新型密码等内容。

方向 3,系统安全,保证网络空间中单元计算系统的安全;它主要研究芯片安全、系统软件安全、可信计算、虚拟化计算平台安全、恶意代码分析与防护、系统硬件和物理环境安全等内容。

方向 4,网络安全,保证连接计算机的中间网络自身的安全以及在网络上所传输的信息的安全;它主要研究通信基础设施及物理环境安全、互联网基础设施安全、网络安全管理、网络安全防护与主动防御(攻防与对抗)、端到端的安全通信等内容。

方向 5,应用安全,保证网络空间中大型应用系统的安全,也是安全机制在互联网应用或服务领域中的综合应用;它主要研究关键应用系统安全、社会网络安全(包括内容安全)、隐私保护、工控系统与物联网安全、先进计算安全等内容。

从基础知识体系角度看,网络空间安全一级学科主要由五个模块组成:网络空间安全基础、密码学基础、系统安全技术、网络安全技术和应用安全技术。

模块 1,网络空间安全基础知识模块,包括:数论、信息论、计算复杂性、操作系统、数据库、计算机组成、计算机网络、程序设计语言、网络空间安全导论、网络空间安全法律法规、网络空间安全管理基础。

模块 2,密码学基础理论知识模块,包括:对称密码、公钥密码、量子密码、密码分析技术、安全协议。

模块 3,系统安全理论与技术知识模块,包括:芯片安全、物理安全、可靠性技术、访问控制技术、操作系统安全、数据库安全、代码安全与软件漏洞挖掘、恶意代码分析与防御。

模块 4,网络安全理论与技术知识模块,包括:通信网络安全、无线通信安全、IPv6 安全、防火墙技术、入侵检测与防御、VPN、网络安全协议、网络漏洞检测与防护、网络攻击与防护。

模块 5,应用安全理论与技术知识模块,包括:Web 安全、数据存储与恢复、垃圾信息识别与过滤、舆情分析及预警、计算机数字取证、信息隐藏、电子政务安全、电子商务安全、云计算安全、物联网安全、大数据安全、隐私保护技术、数字版权保护技术。

其实,从纯学术角度看,网络空间安全一级学科的支撑专业,至少应该平等地包含信息安全专业、信息对抗专业、保密管理专业、网络空间安全专业、网络安全与执法专业等本科专业。但是，由于管理渠道等诸多原因，我们当初只重点考虑了信息安全专业，所以，就留下了一些遗憾，甚至空白，比如，信息安全心理学、安全控制论、安全系统论等。不过值得庆幸的是，学界现在已经开始着手，填补这些空白。

北京邮电大学在网络空间安全相关学科和专业等方面，在全国高校中一直处于领先水平，从20世纪80年代初至今，已有30余年的全方位积累，而且，一直就特别重视教学规范、课程建设、教材出版、实验培训等基本功。本套系列教材主要是由北京邮电大学的骨干教师们，结合自身特长和教学科研方面的成果，撰写而成。本系列教材暂由《信息安全数学基础》《网络安全》《汇编语言与逆向工程》《软件安全》《网络空间安全导论》《可信计算理论与技术》《网络空间安全治理》《大数据安全与隐私保护》《数字内容安全》《量子计算与后量子密码》《移动终端安全》《漏洞分析技术实验教程》《网络安全实验》《网络空间安全基础》《信息安全管理（第3版）》《网络安全法学》《信息隐藏与数字水印》等20余本本科生教材组成。这些教材主要涵盖信息安全专业和网络空间安全专业，今后，一旦时机成熟，我们将组织国内外更多的专家，针对信息对抗专业、保密管理专业、网络安全与执法专业等，出版更多、更好的教材，为网络空间安全一级学科提供更有力的支撑。

杨义先

教授、长江学者
国家杰出青年科学基金获得者
北京邮电大学信息安全中心主任
灾备技术国家工程实验室主任
公共大数据国家重点实验室主任
2017年4月，于花溪

Foreword 前言

Foreword

进入 21 世纪以来,伴随着互联网的普及和应用,人类进入真正的全球化和网络化时代,金融危机、自然灾害、政局动荡、地区冲突等各类重大事件通过信息网络迅速传遍全球,在演变成舆论热点的同时也成为检验人类治理社会能力的试金石。尽管人类在几千年的文明历史中积累了大量社会治理和危机应对的经验,但人类似乎对今天的网络空间领域的各种突发事件仍然处于手忙脚乱之中。在繁重的自然灾害后重建和纷至沓来的信息冲击中,人们不得不重新思考网络空间安全、网络空间治理以及公共安全的深层问题,而在相关领域承担主要职责的各类主体的能力无疑受到各方的关注,其中对网络空间的治理能力和应对能力则成为互联网出现以来对各国政府部门综合能力的严峻挑战。

从世界范围来看,与网络空间安全紧密相关的重要事件一直在吸引全球民众的注意力,例如"棱镜门"事件、"维基解密"事件等。针对网络空间安全这一新兴重要领域,各国都投入了相当多的财力、物力和人力进行研究和跟进。随着 2015 年国务院学位委员会设立"网络空间安全"专业以及对应的博士点,我国在网络空间安全这一领域的研究进一步得到了加强。

关注网络空间领域的相关规则,研究网络空间安全,首先需要理解"网络空间"的定义。首先,"网络空间"的定义来自我们传统意义上说的"信息安全",但是又有别于"信息安全"。信息安全的实践在各国早已出现,可以追溯至第二次世界大战爆发前,但是一直到 20 世纪 40 年代,信息安全和通信保密才逐渐被学术界关注。从 20 世纪 50 年代开始,相关科技文献中逐渐出现"信息安全"一词,而到 20 世纪 90 年代,"信息安全"一词已经陆续出现在各个国家和地区的政策文件中,与之相关的学术研究文献也逐年增加。同时随着 20 世纪 90 年代互联网的兴起,人们可以方便地通过互联网来使用和发布信息,信息安全的隐患也逐渐变大,使得"信息安全"逐渐成了近年来工业界和学术界共同关注的热点研究词汇。同时网络带来的诸多安全问题的深层次特征已经成为信息安全发展的新趋势和新特点,很难直接用"信息安全"一词来准确表述网络安全和网络空间安全的新进展,且"信息安全"一词无法深刻揭示网络安全和网络空间安全的新特征,因此出现了"网络空间安全"的相关定义。

美国学者罗伯特·阿克塞尔罗德(Robert Axelrod)提出:"尽管网络空间并不存在真正的物理边界,但对一国政府而言,网络的每一个节点、每一个路由器,甚至每一次转换均发生在民主国家的主权边界之内,因而它必须遵守该国的法律;网络运行的海底电缆或者卫星连接也同样由某个实体公司所控制,该公司的活动也应遵守所在国家的法律。"从这个角度对相关研究学者的观点进行分析,网络空间不可能完全和真正彻底地脱离国家政府的约束和管辖,因此相关国家以行使主权的手段介入网络空间治理成为必然。无论是"维基解密"事件,还是"棱镜门"事件,从中都可以看到政府的干预和介入。正因为如此,网络空间治理从过去一个纯技术问题的"互联网治理"演变为国际关系中一个重要的安全议题,并走上大国外交的舞台,将从技术、外交和国家对内公共政策以及对外政策等多方面进一步得到更多研究者的关注。

本书将紧密围绕当前网络空间安全治理所涉及的定义、技术、法律法规,以及网络空间现有国际规则规定的技术、军事安全和对策3个核心层面,梳理网络空间领域国际规则体系的基本框架,并在现有规则体系梳理的基础上进行深入分析。本书具体写作思路如下。

首先,本书介绍全书的核心思路"网络空间安全治理的基本定义和我国的网络空间安全治理观",在第2章介绍网络空间、网络空间安全、网络空间安全治理的核心基本概念,剖析我国和其他发展中国家所提出的"网络空间主权"与美国所倡导的"利益攸关方"两种网络空间治理理念在根本上的不同,然后在第3章介绍国内外网络空间安全的治理现状,主要讨论网络空间安全治理和ICANN的关系,以及相关的国际治理组织,并针对网络空间安全治理中各国信息管理的制度和治理方法进行较为全面的介绍,为读者了解全书的基础理论做了铺垫。

其次,为了系统化阐明网络空间现有国际规则及其对我国的启示,本书在第4章介绍了现有网络空间国际立法的主要障碍,针对网络犯罪、网络战、数据保护和网络空间主权,阐述了当前网络空间国际治理规则的主要范围,并介绍了中国所推动的全球网络空间治理结构,通过分析我国过去在互联网治理方面的问题,从多个法律条款方面提出了具体的对我国互联网治理的改进意见。

再次,本书从第5章开始至本书第9章,从计算机科学层面、传播学层面来介绍相关的网络舆情信息采集分析和前沿成果,如网络信息采集和分析技术、信息预警技术、网络信息倾向性判别技术、网络文本信息传播效果评估方法以及网络文本信息传播效果提升方法和网络文本传播效果阻断方法等,以使读者了解网络舆情治理和舆情应对背后的诸多技术手段和方法。

最后,本书第10章以我国政府的网络空间安全治理观为例,从网络空间主权等角度对全书内容进行总结,以帮助读者理解全书的概念体系框架和相关重要内容。

希望本书对读者了解网络空间安全治理概念体系及其前沿趋势和方法起到抛砖引玉的作用,编者团队希望本书能给相关领域的研究人员及其研究工作带来灵感。由于本书涵盖内容较多,难免存在一些不足之处,欢迎各位读者批评指正。

在本书具体章节的撰写上,吴旭研究员给出了精准的撰写意见。马荔博士完成了第3章3.3节的编写,其余章节由邓小龙副教授及其团队编写。此外,北京邮电大学谢永江副教授、北京师范大学尹来玉教授、中国电子科学研究院高级工程师计宏亮等专家对本书的编写也提出了不少宝贵意见。

目录

Contents

第 1 章

绪　　论

1.1　时代背景

我国接入互联网以来,随着网民数量的不断增加和网络信息传播渠道的增多,国家对网络内容安全的治理越来越重视[①]。2014 年,习近平主席在中央网络安全和信息化领导小组第一次会议上发表讲话,指出"没有网络安全,就没有国家安全。没有信息化,就没有现代化",因此我们必须确保网络空间安全,这样我国才能有和谐稳定的经济建设环境。网络内容安全是网络空间安全的重要组成部分,网络内容的安全治理对维护国家安全和社会安全有着积极的意义,因此我国对网络空间安全方面的人才有较强烈的需求,同时网络空间安全治理课程的开放符合网络空间安全本科专业课程建设的需要,因此非常有必要对网络空间安全治理方面的国内外相关已有重要研究成果进行梳理,形成相关核心知识体系,并以课程教材的方式进行呈现。

1.2　研究意义

近年来随着网民数量的快速增加,各种公共事件在网上引起了大众的广泛关注,所以网络空间的内容安全成为公共安全中越来越重要的一环。而在网络空间内容安全治理方面,由于概念比较新,其相关知识还未成体系,因此需要对该领域的国内外相关已有研究成果进行整理,从多学科的角度(计算机科学、管理学、传播学等)系统化、理论化整理网络空间内容安全治理领域中的相关技术、理论、方法。

本书将系统介绍网络空间安全治理方面本科生需要掌握的知识和技能,在介绍网络空间安全治理的概念溯源、各国网络信息管理制度和方法的基础上,介绍技术性的针对不同类型网络信息载体(BBS、微博、微信等)的具体信息爬取办法,以及网络信息倾向性判别技术、文本信息传播效果评估方法和传播效果阻断方法等。作者将技术方法和网络空间治理的理论知识相结合,针对本科生的知识程度、教学计划进行本书的编写和内容组织。

---

①　奇达夫,蔡文彬.社会网络与组织[M].王凤彬,朱超威,译.北京:中国人民大学出版社,2017.
亢临生,张永奎.基于标记的分词算法[J].山西大学学报(自然科学版),1995,17(3):283-285.

1.3 本书组织结构

本书与国内外已出版的同类图书相比,将从多学科的角度(计算机科学、管理学、传播学等)对网络空间安全治理中的知识进行梳理和整理。本书的组织结构如下。

第 2 章从本源上对"网络空间"和"网络空间安全"的定义,以及"网络空间安全治理"的概念进行基础介绍,通过对"网络空间安全"的定义进行分层介绍,从多角度呈现给读者网络空间安全的系统化定义。此外,第 2 章还拓展了"网络空间主权"的相关概念以及我国主导的网络空间治理的主权主张。第 3 章介绍国内外网络空间安全治理的相关现状,主要涵盖 IP 地址管理的 ICANN 互联网治理框架和各国对网络信息的管理制度和方法,同时对与网络内容安全治理紧密相关的舆情治理和危机舆情应对的相关内容进行了介绍。第 4 章介绍网络空间领域的现有国际规则和它对我国的启示,并对完善我国互联网的治理从体制结构、立法和监管方面提出了相关建议。第 5 章介绍网络信息采集和分析技术,包括如何采集舆情信息、舆情的分词信息以及舆情信息预警技术。第 6 章介绍不同种类的网络信息倾向性判别技术。第 7 章通过介绍网络结构的方法,阐述文本信息传播效果的评估方法。第 8 章和第 9 章分别介绍如何提升和阻断文本信息传播效果。第 10 章则针对我国在网络空间国际规则制定方面和其他国家的博弈,从技术、军事安全和社会公共政策 3 个层面介绍了博弈的具体细节,并针对我国的国际互联网合作治理模式提出了相关建议。第 11 章则通过回顾全书,进行了相关总结。

本书在最后对中国和美国从 1996 年互联网产生至今,两个国家在该领域颁布的相关重要法规、战略文件进行了系统的梳理,一并放在"附录"部分进行呈现。

与以往其他书籍和项目所呈现的研究结果不同的是:本书整合了计算机科学、管理学、传播学、法学等学科的研究成果,从学术思想、内容范围、结构体系、写作特点上实现了文理结合,对网络空间安全治理这一跨学科的新兴研究领域从多学科角度进行了一次崭新的分析和成果展现。

第 2 章

网络空间和网络空间安全

当前,无论是全球还是仅就我国来看,网络空间及网络空间的安全问题已经备受国家领导以及工业界的关注,因此,如何系统化梳理网络空间及网络空间安全的相关基础理论,对于正确地理解定义和处理、化解网络空间安全的相关危机,都具有重要的意义。

本章将对本书阐述的"网络空间及网络空间安全"的核心基础理论进行全面的介绍,让读者对网络空间、网络空间分层、网络空间安全和网络空间安全治理等核心概念的基本理论进行全面而深入的认识,以便于读者掌握本书后续内容的理论基础。

2.1 网络空间的定义

研究网络空间安全,首先需要了解和理解"网络空间"的定义[①]。"网络空间"的定义来自我们传统意义上说的"信息安全",但是又有别于"信息安全"。信息安全的实践在各国早已出现,可以追溯至第二次世界大战爆发前,但是一直到 20 世纪 40 年代,信息安全和通信保密才进入学术界的视野。20 世纪 50 年代,相关科技文献中开始出现"信息安全"一词,至 20 世纪 90 年代,"信息安全"一词已经陆续出现在各国和地区的政策文献中,相关的学术研究文献也逐步增加。随着 20 世纪 90 年代互联网的兴起,人们通过互联网来使用和发布信息越来越方便,信息安全的隐患也逐渐变大,使得"信息安全"逐渐成了近年来工业界和学术界共同关注的热点研究词汇。

总部设在美国佛罗里达州的国际信息系统安全认证组织(International Information Systems Security Certification Consortium)将信息安全划分为十大领域,包括物理安全、商务连续和灾害重建计划、安全结构和模式、应用和系统开发、通信和网络安全、访问控制领域、密码学领域、安全管理实践、操作安全、法律侦察和道德规划。可见,"信息安全"的概念所涉及的范围很广,在各类物理安全的基础上,包括了"通信和网络安全"的要素。1994 年 2 月,中华人民共和国国务院出台了第一部关于计算机信息安全的法规《中华人民共和国计算机信息系统安全保护条例》[②],这体现了我国对信息安全的重视。

近年来,随着全球互联网的快速发展和社会信息化程度的快速推进,相比物理的现实社会,网络空间中的数字社会在各个领域所占的比重越来越大。数字社会的数量增长带来了质

[①] 方滨兴. 论网络空间主权[M],北京:科学出版社,2007.
方滨兴,邹鹏,朱诗兵. 网络空间主权研究[J]. 中国工程科学,2016,18(6):1-7.
[②] 中华人民共和国计算机信息系统安全保护条例(国务院令第 147 号)[EB/OL].[2014-12-21]. http://www.mps. gov.cn/n16/n1282/n3493/n3778/n492863/493042.html.

量的变化,以数字化、网络化、智能化、互联化、泛在化为特征的网络社会,为信息安全带来了新技术、新环境和新形态。信息安全主要体现在现实物理社会的情况发生了变化,开始更多地体现在网络安全领域,反映在跨越时空的网络系统和网络空间之中与全球化的互联互通之中。但同时网络带来的诸多安全问题已经成为信息安全发展的新趋势和新特点,很难直接用"信息安全"一词来准确表述网络安全和网络空间安全的新进展,且其无法深刻揭示网络安全和网络空间安全的新特征,因此出现了"网络空间安全"的相关定义。

从上面的分析可知,"网络空间安全"的定义来源于"网络空间"中的信息安全含义的外延,因此必须先弄明白"网络空间"(cyberspace)①这个概念的内涵与外延。"网络空间"来自于"网络"(cyber),一般认为,网络是由节点和连接边构成的,用来表示多个对象及其相互联系的互联系统。现实中的信息网络可以抽象地概括为:将各个孤立的"端节点"(信息的生产者和消费者)通过"连接边"(物理或虚拟链路)连接在一起,进而实现各端节点间通过"交换节点"进行转发,以实现载荷在端节点之间进行交换。其中"载荷"是网络中数据与信息的表达形式,如电磁信号、光信号、量子信号、网络数据等。由此,网络包含了 4 个基本要素:端节点、交换节点、连接边、载荷。该定义反映出"网络"的含义很广泛,不仅互联网符合这一特征,电信网、物联网、传感网、工控网、广电网等各类电磁系统所构成的信息网络也都符合"网络"的描述,因而对网络的讨论就不再仅限于互联网。

基于上面对"网络"的定义,可以扩展出近年来国际和国内的工业界及学术界对于"网络空间"的定义,网络空间②是一种人造的电磁空间,其以终端、计算机、网络设备等为载体,人类通过在其上对数据进行计算、通信来实现特定的活动。在这个空间中,人、机、物可以被有机地连接在一起并进行互动,可以产生影响人们生活的各类信息,包括内容、商务、控制等信息。

为了进一步分析网络空间,需要在直观定义的基础上,更进一步地给出学术性和技术性的定义。因此,在学术上可以把网络空间定义为:网络空间是人类通过网络角色,依托信息通信技术系统来进行广义信号交互的人造活动空间。网络角色是指产生、传输广义信号的主体,反映的是人类的意志;信息通信技术系统包括互联网、电信网、无线网、移动网、广电网、物联网、传感网、工控网、卫星网、数字物理系统(CPS)、在线社交网络、计算系统、通信系统、控制系统等光电磁或数字信息处理设施;广义信号是指基于光、电、声、磁等的,各类能够用于表达、存储、加工、传输的电磁信号,以及能够与电磁信号进行交互的量子信号、生物信号等信号形态,这些信号通过在信息通信技术系统中进行存储、处理、传输、展示而成为信息;活动是指用户以信息通信技术为手段,对广义信号进行操作(操作包括产生信号、保存数据、修改状态、传输信息、展示内容等)用以表达人类意志的行为,可称为"信息通信技术活动"。

在网络空间的定义中,网络角色、信息通信技术系统、广义信号和活动共同反映出了"虚拟角色、平台、数据、活动"网络空间的四要素。就网络空间具有 4 个基本要素而言,虚拟角色强调主体(即用户),平台强调载体(即基础设施),数据强调客体(即载荷),活动则强调行为。就网络空间而言,虚拟角色、数据、平台是施加管理的作用点,但管理的规则通常会表现在对活动的约束上。

① 方滨兴,邹鹏,朱诗兵.网络空间主权研究[J].中国工程科学,2016,18(6):1-7.
② 方滨兴.论网络空间主权[M].北京:科学出版社,2007.

2.2 网络空间领域的重点问题和网络空间的分层

网络空间具有跨国性、隐蔽性、军用和民用设施混淆、网络攻击门槛低等特点,根据网络空间对国家安全的威胁程度,其领域内的重点问题可大致划分为以下 4 类[①]:

① 有组织的网络犯罪,如洗钱、贩毒、贩卖人口、走私、金融诈骗等传统犯罪活动的虚拟化;

② 网络恐怖主义,既包括针对信息及计算机系统、程序和数据发起的恐怖袭击,也包括恐怖组织借助网络空间进行传统恐怖主义活动的宣传和动员等;

③ 一般性的网络冲突,这类冲突烈度较低,还不至于引发国家间的军事对抗,但是却上升到了政府间的外交层面,如欧美之间因网络监听引发的冲突等;

④ 网络战,即参与方至少有一方是国家行为体的网络空间的军事对抗,由于上升到战争行为,所以网络战对国家安全威胁的程度最高,它既可以独立存在,也可以是当代战争中的一部分。

从国家间互动的角度来看,网络犯罪和网络恐怖主义是各国普遍面临的安全威胁,国家之间的合作大于冲突;网络战和网络冲突则更多地体现为国家间的利益冲突,国家之间是竞争性的关系,因而国家间的博弈主要在这两个层面上展开。权力与财富、冲突与合作是国际政治的永恒主题。虽然网络空间是一个虚拟的数字化世界,但同样充斥着来自各种利益集团和各类行为体的利益争夺,而国家行为体的介入也令"网络空间"这个原本技术色彩浓厚的领域增添了政治学的色彩。有学者指出,"我们如今再也不能对网络空间的政治特性漠然视之,网络空间正在成为一个由政府、军方、私人企业和公民网络等各种行为体参与的,高度竞争、殖民化和重塑的领域"[②]。

网络空间的分层类似于互联网结构中 TCP/IP 的分层,以及 OSI (Open System Interconnect)的七层互联网模型[③],我国已有多位著名科学家、院士提出了网络空间的分层模型[④]。

网络空间中的任一信息系统或系统体系自底向上可分为设备层、系统层、数据层和应用层 4 个层次,每个层次都面临着不同的安全问题,相应地形成了网络空间安全的 4 层次模型,如图 2-1 所示。

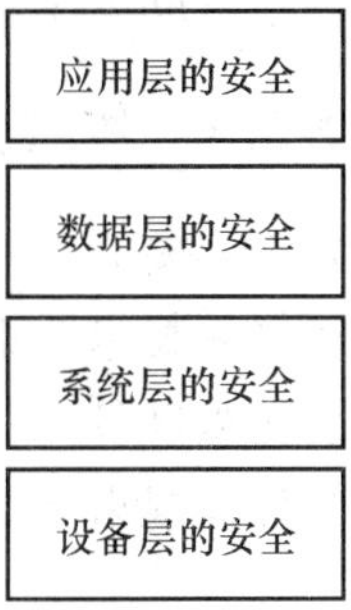

图 2-1 网络空间分层模型

其中,设备层的安全应对在网络空间中信息系统设备所面对的安全问题;系统层的安全应对在网络空间中信息系统自身所面对的安全问题;数据层的安全应对在网络空间中处理数据的同时所带来的安全问题;应用层的安全应对在信息应用的过程中所形成的安全问题。

---

① Choucri N. Cyberpolitics in International Relations[M]. Cambridge:The MIT Press,2012:8.
郎平. 全球网络空间规则制定的合作与博弈[J].国际展望,2014(6):138-152.
② 罗军舟,杨明,凌振,等. 网络空间安全体系与关键技术[J].中国科学:信息科学,2016,46(8):939-939.
③ Stevens W R,Fall K V. TCP/IP 详解卷 1:协议[M]. 北京:机械工业出版社,2000.
④ 方滨兴. 从层次角度看网络空间安全技术的覆盖领域[J].网络与信息安全学报,2015,1(1):2-7.

2.3 网络空间安全的定义

20世纪90年代以来,信息安全开始向网络安全聚焦,经历了一个逐步发展和逐步强化的过程。在20世纪90年代广泛使用的"信息安全"一词,在进入21世纪的十多年中,已逐步与"网络安全"和"网络空间安全"并用,"网络安全"与"网络空间安全"的使用频度不断增加,这在发达国家的相关文献中尤为突出。

尽管信息安全至今仍然是人们常用的概念,但在2002年世界经济合作与发展组织通过了关于信息系统和网络安全的指南文件,特别是2003年美国发布了网络空间战略的国家文件之后,"网络安全"和"网络空间安全"开始成为较之"信息安全"更为社会和业界所聚焦和关注的概念,在理论研究和实践中也使用得更加频繁。

从信息论角度来看,系统是载体,信息是内含。因此从定义上而言,网络空间是所有信息系统的集合,是人类生存的信息环境,人在其中与信息相互作用、相互影响。而网络空间安全则是指"在网络空间中广泛存在的信息系统可能对网络空间(cyber)、物理空间(physical)和社会空间(society)造成的安全问题",例如常见的终端安全、网络内容安全、网络舆情监测等。

从网络空间安全的内含与外延而言,网络空间安全可以指信息安全或网络安全,但侧重点是与陆、海、空、太空等并行的空间概念,并一开始就具有军事性质。与信息安全相比较,网络安全与网络空间安全反映的信息安全更立体、更宽域、更多层次,也更多样,更能体现出网络和空间的特征,并与其他安全领域更多地渗透与融合。

网络空间安全涵盖的具体内容主要有以下4点[①]。

2.3.1 物理层安全

物理层安全主要研究针对各类硬件的恶意攻击和防御技术,以及硬件设备在网络空间中的安全接入技术。在恶意攻击和防御方面的主要研究热点有信道攻击、硬件木马检测方法和硬件信任基准等,在设备接入安全方面主要研究基于设备指纹的身份认证、信道及设备指纹的测量与特征提取等。此外,物理层安全还包括容灾技术、可信硬件、电子防护技术、干扰屏蔽技术等。

2.3.2 系统层安全

系统层安全包括系统软件安全、应用软件安全、体系结构安全等层面的研究内容,并渗透到云计算、移动互联网、物联网、工业控制系统、嵌入式系统、智能计算等多个应用领域,具体包括系统安全体系结构设计、系统脆弱性分析、软件的安全性分析,智能终端的用户认证技术、恶意软件识别,云计算环境下的虚拟化安全分析和取证等重要研究方向。同时,智能制造与工业4.0战略被提出后,互联网与工业控制系统的融合已成为当前的主流趋势,而其中工业控制系统的安全问题日益凸显。

---

① 罗军舟,杨明,凌振,等.网络空间安全体系与关键技术[J].中国科学:信息科学,2016,46(8):939.

2.3.3　网络层安全

网络层研究工作的主要目标是保证连接网络实体的中间网络自身的安全,涉及无线通信网络、计算机网络、物联网、工控网等的安全协议,网络对抗攻防、安全管理、取证与追踪等方面的理论和技术。随着智能终端技术的发展和移动互联网的普及,移动与无线网络的安全接入显得尤为重要。而对于网络空间安全监管,需要在网络层发现、阻断用户恶意行为,重点研究高效、实用的匿名通信流量分析技术和网络用户行为分析技术。

2.3.4　数据层安全

数据层安全研究的主要目的是保证数据的机密性、完整性、不可否认性、匿名性等,其研究热点已渗透到社会计算、多媒体计算、电子取证、云存储等多个应用领域,具体包括数据隐私保护和匿名发布、数据的内在关联分析、网络环境下媒体内容安全、信息的聚集和传播分析、面向视频监控的内容分析、数据的访问控制等。

2.3.5　网络空间安全是国家安全的延伸

网络空间与政治、经济、文化、军事正日益成为各国博弈的新领域。网络空间安全不仅对国家安全产生深刻影响,还成为大国合作的新领域,带来了深远的合作前景以及发展空间。"国家安全"这个概念很早就出现在中外的文献中[①],对于现代的国家安全概念来说,近现代的西方国家形成了"现实主义国家安全理论""理想主义国家安全理论"以及"民主和平论"三大体系。其中以"民主和平论"作为现代国际政治领域中的国家安全论则起源于 20 世纪 80 年代。现代国家安全的定义尽管已被应用扩展到除政治领域、军事领域之外的其他领域,但是国家安全的准确定义始终是模糊的集合概念。2014 年 4 月,习近平主席于国家安全委员会的第一次会议上明确了中国现代国家安全的整体概念,明确指出"中国现代的国家安全"包括 11 种安全,主要涵盖政治安全、国土安全、军事安全、经济安全、文化安全、社会安全、科技安全、信息安全、生态安全、资源安全以及核安全等多领域的安全。其中信息安全对于现代国家安全的研究具有重大意义。

美国和其他西方相关国家随着计算机的普及和网络技术的快速发展,也充分认识到了信息在国家发展中重要的地位,信息获取的速度和能力也被看作国家对网络战略把握能力的标尺。2009 年,美国军方代表 Barry Fulton 认为"互联网已经成为后冷战时代最显著的标志",不仅人们的日常生活越来越离不开庞大的信息网络,还上升到一个国家的政治、文化、军事、经济层面,这些层面也越来越依赖于复杂的信息网络发挥自己的作用,来自网络的威胁构成了21 世纪国家安全最严重的挑战之一[②]。国家的一些重要的基础设施也逐渐依托于信息网络进行通信和管理,正是互联网的"去主权性"等本质属性决定了网络空间的发展必然与国家安全理论体系的发展密不可分。

在现代国家安全理论体系中,影响国家安全的因素包括积极方面的因素与消极方面的因素,网络空间的发展对于国家实力的提升同样存在积极与消极两个方面的影响。

从积极方面来看,网络空间的信息流动自由,获取方便,随着互联网的深入普及,越来越多

---

① 王琦. 中美网络空间竞争与合作研究[D]. 延边:延边大学,2018.
② The United States Air Force Blueprint for Cyberspace[Z]. Air Force Space Command,2009(2):2.

的人轻而易举地就可以获得网络中的信息,从而加快了网络空间技术的发展以及应用。一些网络空间的附属产业链也在需求中不断出现,而且网络空间的"公域属性"也打破了传统的国界限制,让世界民族在网络空间方面出现真正的融合趋势,这对传播国家文化、政治思想,提升国家形象都有极为重要的意义。

从消极方面来看,在"国家安全"理论体系中需要构建一个国家的多维度安全,以确保国家安全的完整性,这是一个闭合的理论环,网络空间因其多利益攸关方的不同利益诉求而不具备绝对的安全性,因此国家安全体系下的网络空间极易导致国家安全的不确定、不稳定因素出现,而这些有害国家安全的因素在现代已经演变为"网络数据窃密""网络黑客攻击"等恶性行为,严重影响了国家安全。

综合而言,在现代国家安全体系的发展中,网络空间安全体系的构建已经成为至关重要的一部分,网络空间的发展正在改变国家安全战略的制定与安全体系的构建,在现代国家安全学中,非传统安全的地位与传统安全的地位处于相同的高度。

2.4 网络空间安全治理的定义

2.4.1 基本概念

治理和国家治理是源于西方的学术概念,从概念上而言,是"各种管理共同事务方式的总和,是不同利益得以调和的持续行动过程"[①]。从研究的角度出发,我们认为,治理即治国理政,是一项发展性极强的管理活动和一种因时而进、因势而新的社会现象。"马克思主义国家理论是习近平国家治理思想的发轫之地"[②],网络安全治理是国家治理思想在网络空间的提升拓展。

中国的网络空间安全治理已经从立法角度开始明确地使用"网络空间主权"的表述,并就主权适用于网络空间安全治理提出了自己的主张,即主权原则应适用于网络空间;应该强化联合国在网络空间安全治理中的地位;反对网络空间单边主义与双重标准,倡导平等共治的命运共同体模式。但是,为了更好地争取对网络空间安全治理的话语权,中国还应从外交方式、理论研究、国内网络治理能力,以及重视非国家行为者等角度提升在网络空间安全全球治理中的因应之道[③]。

2.4.2 习近平网络安全治理观

习近平网络安全治理观[④]体系完整、内含丰富,概括起来,集中体现为习近平网络安全治理观的战略观、共建观、利益观、技术观、国家观和人才观,其中战略观是治理的目标路径,共建观是治理的策略大同,利益观是治理的起点归宿,技术观是治理的手段依靠,国家观是治理的价值遵循,人才观是治理的智力保障,几种思想观点交错支撑,共同构成了习近平网络安全治理观。

① 全球治理委员会.我们的全球伙伴关系[M].牛津:牛津大学出版社,1995:23.
② 刘振江.论习近平国家治理思想的内在逻辑[J].马克思主义研究,2017(3):19.
③ 白皓.网络空间安全治理的中国主张——以主权原则为视角[J].信息安全与通信保密,2017(4):30-38.
④ 谢永江.习近平总书记的网络安全观[J].中国信息安全,2016(5):34-35.
张绍荣,代金平,张晓歌,习近平的网络安全治理观[J].重庆邮电大学学报(社会科学版),2017.

①"一体两翼双轮驱动"的网络安全战略观。2014 年,习近平在中央网信领导小组首次会议上指出,网络安全和信息化是一体之两翼,驱动之双轮。所谓"一体",即网络强国的目标主体,这是国家战略,也是目标愿景;所谓"两翼双轮驱动",即"网络安全"和"信息化",两者犹如鸟之两翼、车之两轮,双翼并展、双轮共驱是网络强国主体目标的实现路径。

②"网络空间命运共同体"的网络安全共建观。站在全球互联网发展治理的高度,2015 年习近平在第二次世界互联网大会上首次提出了"构建网络空间命运共同体"的共建主张,为全球网络安全治理指明了道路和方向,得到了世界各国的纷纷响应。网络空间命运共同体虽然构建于虚拟的网络空间,但依赖于现实世界人们的共同推动和努力。因为无论是网络空间,还是现实世界,其安全治理推动的主体都是人民或网民,这就决定了在虚拟空间与现实世界欲构建的命运共同体之间,必然存在着紧密的逻辑联系。

③"以人民为中心发展"的网络安全利益观。互联网因汇聚不同地域的人们走进同一个世界而成为网络空间,以人民为主体的广大网民是网络空间的主人,人民的利益、网民的诉求是网络安全治理的最大利益。习近平反复强调:"国家安全工作归根结底是保障人民利益,要坚持国家安全一切为了人民、一切依靠人民,为群众安居乐业提供坚强保障。"

④"核心技术自主创新"的网络安全技术观。习近平指出:"网络安全的本质在对抗,对抗的本质在攻防两端能力的较量。"互联网核心技术是我们最大的"命门",核心技术受制于人是我们最大的隐患。因此,我们必须牢牢树立核心技术自主创新的网络安全技术观,抓紧突破网络发展的前沿技术和具有国际竞争力的关键技术,构建起以自主创新为主、引进消化吸收为辅的网络技术创新体系。

⑤"尊重网络主权反对霸权"的网络安全国家观。网络主权是国家主权在网络空间的拓展和延伸。放眼网络空间,互联网在带来利好的同时,也使网络安全风险日益突出,网络主权随时面临威胁和挑战。习近平强调:"要理直气壮维护我国网络空间主权,明确宣示我们的主张。"由于网络核心技术一直为发达国家所掌握,根服务器分布也主要集中在少数发达国家手中,所以在较长的时期内,网络空间被西方大国主导,表现出网络霸权。基于维护国家安全,网络安全治理坚持尊重网络主权,反对网络霸权,坚持多样化的发展道路,充分尊重各自选择的网络运行模式和管理政策机制显得尤为重要。

⑥"聚天下网信英才而用之"的网络安全人才观。人才资源是国家的第一资源,是实现网络安全长治久安的关键。习近平指出,"人才是第一资源""要聚天下英才而用之,为网信事业发展提供有力人才支撑"。互联网是青年人的天地,网络空间既是高层次网信人才聚集之地,也是高层次网信人才培养之地,理应不忘初衷培养人才,尤其在培养青年网信人才上下大功夫,努力培养更多掌握核心技术的网信创新人才。要招募一流的优秀学生加盟网信事业发展,通过扶持创建一流的网络空间安全学院培养未来人才,为网络发展储备优质的后备人才。

2.5　网络空间主权

2.5.1　我国网络空间主权主张

国家主权具有以下"444"特征。

- 4 个基本要素:领土、人口、资源与政权。
- 4 项基本权力:独立权、平等权、自卫权与管辖权。
- 4 条基本原则:尊重主权、互不侵犯、互不干涉内政、主权平等。

网络空间主权作为国家主权的一个延伸,自然也继承了这些特征[①]。

我国相关方面著名专家提出的"网络空间主权"概念则具有对应的 4 个基本要素:"领网",相当于领土;"虚拟角色",相当于人口;"数据",相当于资源;"活动规则",相当于政权。其中信息通信技术系统所构成的平台承载的网络空间就是"领网",信息通信技术系统中的操作数据的主体就是"虚拟角色",信息通信技术系统所承载的电磁信号形态就是"数据",决定是否能够实时进行数据操作的条件就是"活动规则"[②]。

我国相关方面著名专家提出的"网络空间主权"概念还对应有网络空间主权的 4 项基本权利,即网络空间独立权、网络空间平等权、网络空间自卫权与网络空间管辖权[③]。

（1）网络空间独立权

网络空间独立权是主权的重要表现,它要求一国的互联网系统,无论是在资源上还是在应用技术上都不受制于任何国家或组织。但是,现有互联网依赖于根域名解析体制,从而直接影响网络独立权。解决该问题的可行方式有:①在政策上可以将互联网的根域名解析系统管理权划归到主权国家所组成的国际组织〔如国际电信联盟(ITU)〕,各成员国享有相同权利,承担平等义务;②在技术上可以采取"基于国家联盟的自治根域名解析体系",采用类似于自治域间路由对等扩散的思路,构造一个"域名对等扩散"的方法,让各个顶级域名所有者不仅向原根报告,还向其他国家级根域名掌控者报告其顶级域名服务器的地址信息,从而不唯一地受制于根域名服务器[④]。

（2）网络空间平等权

网络空间平等权是独立权的延伸,使得各国的网络之间能够以平等的方式实现互联互通,国家不因拥有网络资源的不平等而造成互联网地位的不平等。在互联网国际治理方面各国具有同等权利,国家不分大小,实行一国一票的方式。

（3）网络空间自卫权

网络空间自卫权也是独立权的延伸,国家有权保护本国网络空间不受外部侵犯,而且必须建立具有保护主权空间的军事能力。一是要通过建设"网络边防"来保卫"领网",阻隔来自境外的攻击;二是要明确军队在保卫国家网络基础设施与重要信息系统方面的职责,以发挥军队的作用。

（4）网络空间管辖权

网络空间管辖权是国家对本国网络系统、数据及其运行的最高管理权。各国事实上已经在实行着网络管辖权。界定网络空间管辖权的范围需要先界定"领网"所在,这就是"位于领土的、用于提供网络与信息服务的信息通信技术设施"。这也是目前各国对互联网管理的一个默认基础。由此,国家可以自主决定本国的网络管理机制,决定在境内互联网运营主体的经营模式、经营内容、处罚措施等。

---

① 方滨兴.论网络空间主权[M].北京:科学出版社,2007.
方滨兴,邹鹏,朱诗兵.网络空间主权研究[J].中国工程科学,2016,18(6):1-7.
② 方滨兴,邹鹏,朱诗兵.网络空间主权研究[J].中国工程科学,2016,18(6):1-7.
③ 方滨兴.论网络空间主权[M].北京:科学出版社,2007.
④ 方滨兴.从"国家网络主权"谈基于国家联盟的自治根域名解析体系[EB/OL].(2014-11-27)[2016-10-03].http://news.xinhuanet.com/politics/2014-11/27/c_127255092.htm.

2.5.2　其他国家的理解

网络空间主权相关治理理念早已客观存在于世界各国事务中,尽管很多国家坚持由"利益攸关方"来主导国际互联网,否定网络空间主权的存在,但是,各国客观上几乎都在互联网空间行使网络空间主权。一旦在互联网空间中出现了冲突,也只有政府出面才能彻底解决。近些年出现在网络空间中的事例,反映出国家主权事实上已经施加在网络主权之上,如美国通过没收域名来打击盗版[①],英国封锁侵权网站[②],德国对互联网传播的非法信息进行过滤[③],印度政府电信部屏蔽网站[④],新加坡打击宣扬极端主义言论[⑤],韩国打击散布网络谣言的行为[⑥],法国打击网络种族主义行为[⑦],以色列打击网络赌博行为[⑧]等。事实上,美国设立网军,也是定位在保护"领网"。

关于国家主权,还有一种"利益攸关方"的提法,2003 年 12 月 12 日,联合国信息社会世界高峰会议《原则宣言》明确提出:与互联网有关的公共政策问题的决策权是各国的主权。对于与互联网有关的国际公共政策问题,各国拥有权利并负有责任[⑨]。美国的《爱国者法案》授权执法部门要求美国的互联网运营商给予情报方面的配合,这充分表明了政府的作用与地位。

但是从网络空间主权的角度来说,仅靠"利益攸关方"无法解决所有问题。互联网与电信网明显不同,是先在美国运行的一个网络,然后邀请各国接入,接入国只能遵从发明者制定的标准。美国一开始就回避了与他国政府打交道的路径,而话语权则保留在对互联网的发展贡献最大的"利益攸关方"身上。"利益攸关方"的管理模式实际上就是在互联网空间建立一个"丛林法则"的模式:"利益攸关方"就是强者,弱者只有跟随,几乎没有发言权,而且没有任何决策权。美国放弃对互联网名称与数字地址分配机构(ICANN)的管理并将之交给国际社会中的"利益攸关方",也是可以理解的一种战略姿态。ICANN 掌控在美国政府手里会让国际社会诟病,交到按照"丛林法则"运转的国际社会的手里,由于美国的企业是丛林中位于"食物链上游"的"狮群",美国的利益反而最大化了。表面上这是先来先到的公平,但实际上这是一种伪公平。有些国家受限于国家发展水平不高,在民族觉悟和对资源重要程度的理解上醒悟得比较晚[⑩]。

———————————

①　U. S. Immigration and Customs Enforcement. Operation in our sites[EB/OL]. (2014-05-22)[2016-09-18]. https://www.ice. gov/factsheets/ipr-in-our-sites.

②　李明. 英国高等法院裁定海盗湾违反版权法[EB/OL]. (2012-02-20)[2016-10-06]. http://tech. sina. cn/i/2012-02-20/23526746542. shtml.

③　German regulatory body reported illegal material [EB/OL]. (2005-12-14)[2016-09-18]. https://www. lumendatabase. org/notices/9415#.

④　Indian cyber silence:journalists muted after race riots [EB/OL]. (2012-08-23)[2016-09-11]. https://www. rt. com/news/indiatwitter-crackdown-riots-348/.

⑤　Thread:third racist blogger sentenced to 24 months supervised probation[EB/OL]. (2005-11-23)[2016-09-11]. http://forums. vrzone. com/chit-chatting/44764-third-racist-blogger-sentenced-24-months-supervised-probation. html.

⑥　崔真实凌晨家中自杀,外界猜测与安在焕死亡有关[EB/OL]. (2008-10-02)[2016-09-18]. http://ent. qq. com/a/20081002/000083. htm.

⑦　巴黎法院判决雅虎必须阻止法国网民接触纳粹网站[EB/OL]. (2000-11-21)[2016-10-06]. http://www. chinanews. com/2000-11-21/26/57081. html.

⑧　Hartman B. Police bust multi-billion online gambling rings [N/OL]. The Jerusalem Post,2012-11-10[2016-09-11]. http://www. jpost. com/National-News/Police-bust-multi-billion-online-gambling-ring.

⑨　张莉. 欧盟《通用数据保护条例》对我国的启示[J]. 保密工作,2018(8):47-49.

⑩　方滨兴,邹鹏,朱诗兵. 网络空间主权研究[J]. 中国工程科学,2016,18(6):1-7.

本章对网络空间、网络空间安全、网络空间安全治理和网络空间主权的基本定义进行了详细的介绍,其中,对网络空间的分层模型进行了层级上的细分介绍,并据此延伸到我国的网络空间安全治理观和其他国家的网络空间安全治理观。其中需要注意的是,当前我国的网络空间安全治理观构建于"网络空间主权"的基础上,与美国所主导的"利益攸关方"的治理模式存在比较大的分歧和差异。

第 3 章

国内外网络空间安全治理现状

在互联网飞速发展的今天,网络安全在国家安全中的地位日益凸显。党的十八届三中全会提出推进国家治理体系和治理能力现代化,作为国家治理体系的重要构成,推进网络安全治理是国家治理能力现代化的重要体现。党的十八大以来,以习近平为核心的党中央准确把握世界互联网发展的潮流大势,立足我国互联网应用大国的现实国情,高度重视网络安全治理工作,提出了一系列新思想,阐明了一系列新主张,形成了系统完整的网络安全治理观,为新时期国家网络安全治理提供了根本遵循,为世界互联网治理贡献了中国智慧,具有十分重大而深远的理论和现实意义。

本章将从两个方面介绍网络空间安全治理,首先介绍网络空间安全治理的溯源、概念、互联网治理以及基于域名的互联网管理。然后本章介绍各国在网络信息(主要是舆情信息)方面的网络空间安全治理情况,将首先从法律法规角度入手,集合整理各个国家在网络空间安全治理领域的舆情应急管理上的相关规定,包括美国、德国、法国、新加坡等国家,包括其相关事件的法律边界的规定、法律条款的实施等,同时对比我国国内的相关法律法规,结合我国现阶段的网络现状和社会情况,摸索可吸取的借鉴之处。

3.1 网络空间安全治理溯源和 ICANN

3.1.1 互联网治理

1. 互联网治理的概念

网络空间安全治理的前身其实是"互联网治理"[①],而"互联网治理"则最初来自于 2005 年 11 月的第二阶段信息社会世界峰会(World Summit on the Information Society,WSIS),这次大会对"互联网治理"首次给出了官方的定义。随后这一定义被联合国互联网治理工作组(Working Group on Internet Governance,WGIG)所使用,一直沿用至今。

WGIG 报告的第二部分对互联网治理(Internet governance)做出如下定义:"政府、私有部门、公民社会通过制定程序和规划来塑造互联网的演进和使用;互联网治理是指在此过程中,他们共同认可的原则、规范、规则以及决议的发展和应用。"

其中"治理"一词的使用值得深入推敲,在 2003 年日内瓦召开的第一阶段峰会中,各国就如何解读"治理"发生了严重的分歧。很多国家代表将"治理"等同于"政府管理"(government

---

① 腾讯研究院. 未知的破晓:解构互联网法律前沿[R]. [S. l. : s. n.],2017.

regulation),实际上两者在语义上也可以通用。然而从"多元利益共同体主义"(multi-stakeholderism)的角度出发,互联网治理不仅有政府的参与,后者还应当与私有部门(private sector),甚至是公民社会(civil society)协商合作。从定义的理念上"互联网治理"是一个主体平等协商的过程,而不仅限于政府议程。治理并非政府管理,更不是管控(control)。

2. 互联网治理的框架

互联网治理涉及诸多繁杂、交叉,甚至相互交叉的领域。在哈佛大学伯克曼互联网与社会研究中心(Berkman Klein Center for Internet & Society)和牛津互联网研究院(Oxford Internet Institute,OII)于2005年共同发布的关于互联网治理的报告《渐显的互联网治理马赛克》中,议题的多样性得到了足够的重视。涉及领域的多样性很可能会导致技术、应用、政策等多个领域的分化,互联网治理所追求的一贯性的治理思路因此受到威胁。所以,互联网治理需要做的首要任务是在繁杂的图景中梳理出关于不同机构、结构以及程序的关系,使互联网治理的框架清晰地呈现出来。

《渐显的互联网治理马赛克》提出互联网治理议题的"三元划分"思想,也即将互联网治理议题分为"以互联网为中心""以互联网用户为中心"以及"不以互联网为中心"3类。

首先,以互联网为中心(Internet-centric)的治理问题主要是在技术层面,涉及基础设施、网络标准和协议、网络运行的适应性和持续性等。这一层面是互联网治理的基础,也是本章的主要内容。

其次,以互联网用户为中心(Internet-user centric)的治理问题主要是在使用层面,涉及互联网的使用和滥用,以及网络管辖权的问题。具体的问题包括垃圾邮件、隐私与数据保护、网络犯罪或欺诈、网络安全、网络色情等。

最后,不以互联网为中心(non-Internet centric)的治理问题一般而言并不涉及互联网,但与具体的互联网政策相关,比如言论自由、网络审查、知识产权、数字鸿沟、人权、文化和语言多样性等。此处结合IANA管理权移转的事件着重梳理第一层面的互联网治理议题,如表3-1所示。

表 3-1 互联网治理议题的"三元划分"

类　型	核心问题	示　例
以互联网为中心	核心网络基础设施、网络标准和协议的发展	因特网和万维网的标准制定、因特网地址的分配
以互联网用户为中心	个人或组织对互联网的利用和滥用	垃圾邮件治理、用户隐私、数据保护、网络欺诈及其他犯罪、恶意网络攻击
不以互联网为中心	非互联网相关的政策和实践问题	政治言论、网络审查、版权、商标、数字鸿沟、人权、文化和语言多样性

3. 互联网治理的主体

(1) 互联网数字分配机构

互联网数字分配机构(The Internet Assigned Numbers Authority,IANA)目前是互联网名称与数字地址分配机构(The Internet Corporation for Assigned Names and Numbers,ICANN)的一个部门。

在ICANN创立之前,IANA主要由南加利福尼亚大学的信息科学研究院(Information Sciences Institute,ISI)依据其与美国国防部签署的合同负责管理。ICANN成立之后与美国商务部签署了另一份合同,并至此正式在美国政府的监督下开始管理互联网。管理权移转之后,IANA 的职权也相应地移交给了 ICANN 下设的公共技术标识组织(Public Technical Identifiers,PTI)。

（2）美国国家电信与信息管理局

美国国家电信与信息管理局（The National Telecommunications and Information Administration,NTIA）是美国商务部下设的一个行政机构,主要负责向美国总统提供与电信和信息政策相关的建议。

NTIA 的政策制定主要侧重于扩大美国宽带互联网接入以及频谱使用等。管理权移转之前,ICANN 根据合同在 NTIA 的监督下开展互联网域名系统的管理。

（3）互联网名称与数字地址分配机构

互联网名称与数字地址分配机构成立于 1998 年,负责全球范围内 IP 地址的分配、自治系统号码(autonomous system numbers)的分配以及域名系统中的根区(root zone)管理等。

在 2016 年 10 月 ICANN 与 NTIA 的合同到期后,前者正式脱离美国政府的控制,成了"国际多元利益共同体"(global multi-stakeholder community）的代表。

3.1.2　狭义上的互联网治理内容

IANA 主要行使三大职责。

（1）数字资源(number resources)

IANA 负责协调全球的互联网协议地址系统,也即地址(IP address)。目前有两种主要的 IP 地址类型:IPv4 以及 IPv6。除此之外,IANA 还负责将自治系统号码分配给区域互联网注册机构(Regional Internet Registries,RIRs)。

（2）域名(domain names)

IANA 的另一个职责是负责管理根区数据库(Root Zone Database,RZD)。RZD 中包含了所有的顶级域名（Top-Level Domains,TLDs)。常见的通用 TLDs 包括 .gov、.edu、.com、.org、.net 等。根据 Verisign 提供的数据,全球 3.34 亿底层域名注册记录中,有 1.27 亿是 .com 域名,占比 38%。域名 .net 排名世界第五,.org 排名世界第六。域名系统(Domain Name System,DNS)是一个分布式数据库,通过将域名和 IP 地址相互映射,能够使用户通过域名更方便地访问互联网,而不需要记住 IP 数串。举例说明,域名的存在使得网络用户在上网时只需要在浏览器中输入某个网站的网址即可,例如,需要访问新浪网国内信息页面,输入"https://www.sina.com.cn/"即可。若没有这样的域名系统,用户就必须准确输入新浪网国内信息页面的真实 IP 地址"202.102.94.124"。

（3）协议参数管理(protocol parameters management)

IANA 还负责互联网协议中很多的代码和编号系统。这一工作需与互联网工程任务组(Internet Engineering Task Force,IETF)协同完成。

3.1.3　ICANN 互联网治理框架

随着现代互联网治理的方向越来越国际化,相关治理原则也逐渐明晰起来。2014 年美国国家电信与信息管理局（National Telecommunications and Information Administration,NTIA）作为当时域名系统的管理者以及管理权移转的监督者,明确提出了未来互联网治理的四大原则。

- 多元利益共同体模式（multi-stakeholder model）。
- 保障因特网域名系统的安全、稳定和弹性（resiliency）。
- 满足世界范围内消费者和合作者的需求和期待。
- 保障因特网的开放性（openness）。

首先，在技术层面，互联网治理要实现域名系统的"安全、稳定和弹性"。

其次，在使用层面，需要满足消费者以及合作者的需求和期待。

再次，因特网的开放性是互联网治理的重要目标之一。这里所谓的"开放性"具有多维度的属性，不仅指技术上的开放性（technical openness），还包括经济（跨境供给与消费）、社会（人权）和其他维度（用户赋权、分布式控制、包容式治理等）的开放性。

最后，NTIA 明确表示，不接受将管理权移转给政府或政府间组织，未来的互联网治理应当采用"多元利益共同体模式"。这里的利益共同体包括各个国家、私有部门、公民社会、政府间组织以及国际组织等。

3.2　网络空间安全治理的相关国际组织

当前，随着互联网跨国发展的趋势越来越明显，世界各国政府、学术性机构、国际性组织以及其他非政府性组织之间加强了在互联网治理上的跨国和跨地区合作，下面将介绍在该方面比较有代表性的国际组织和机构[①]。

3.2.1　信息社会世界峰会

信息社会世界峰会（World Summit on the Information Society，WSIS）是各国领导人参加的与信息社会建设相关的会议，目标是建设一个以人为本、具有包容性和面向发展的信息社会。在这样一个社会中，人人可以创造、获取、使用和分享信息和知识，使个人、社区均能充分发挥各自的潜力，促进实现可持续发展并提高生活质量。

信息社会世界峰会最初于 2001 年由联合国大会通过决议设立。在 2001 年 12 月 21 日，联合国大会通过决议，采纳了国际电信联盟（International Telecommunication Union，ITU）的倡议，决定举办信息社会世界峰会。信息社会世界峰会首次以两阶段的方式举行，首先于 2003 年 12 月在瑞士日内瓦举行了第一阶段峰会；然后于 2005 年 11 月在突尼斯的首都举行了第二阶段峰会。联合国大会成立了无名额限制的政府间筹备委员会，起草成果文件，并就其他利益相关方参与峰会的形式制定了相应的议事规则。信息社会世界峰会首次采取了多利益相关方共同参与的方式，吸引了众多国际组织、非政府组织、民间团体和私营部门的广泛参与，近年来，信息社会世界峰会每年都会举行一次，讨论相关重要事宜。

2003 年信息社会世界峰会第一阶段在日内瓦举行，在该次会议上，通过了日内瓦《原则宣言》和《行动计划》。在 2005 年 11 月的突尼斯峰会上，信息社会世界峰会通过了"突尼斯承诺"。承诺重申明确支持 2003 年 12 月日内瓦信息社会世界高峰会议第一阶段会议通过的日内瓦《原则宣言》和《行动计划》。信息社会世界峰会的目标是遵循《联合国宪章》的宗旨和原则及相关法律和政策，建设一个以人为本、具有包容性和面向发展的信息社会，让世界各国人民

---

① 张东. 中国互联网信息治理模式研究[D]. 北京：中国人民大学，2010.

均能创造、获取、使用和分享信息和知识,充分发挥其潜力。

在互联网治理方面,信息社会世界峰会秉承的原则是:实施关于互联网治理的《日内瓦原则》,并重申了该原则,即互联网已发展成为面向公众的全球性设施,其治理应成为信息社会日程的核心议题。互联网的国际管理必须是多边的、透明的和民主的,并有政府、私营部门、民间团体和国际组织的充分参与。互联网的国际管理应确保资源的公平分配,促进普遍接入,并保证互联网的稳定和安全运行,同时考虑语言的多样性,建设以人为本,提倡包容并消除歧视。针对影响互联网安全的相关恐怖主义、网络犯罪、垃圾邮件等具体问题,提倡由国家间、政府间、非政府组织间开展共同合作和共同努力来实现对互联网的治理,并重视发展中国家平等参与互联网治理的机会,制定有关域名分配、互联网资源协调使用和管理、互联网安全等方面的公共政策及其他相关政策。

3.2.2　联合国互联网治理工作组

2003 年 12 月在瑞士日内瓦举行的信息社会世界峰会第一阶段的会议上,参会的各国政府首脑认识到了互联网的重要性,但对互联网的治理方式存在比较明显的意见和分歧,因此请求联合国秘书长成立一个互联网治理工作组(Working Group on Internet Governance,WGIG)。

于是,2004 年 7 月成立了互联网治理工作组的秘书处,有关建立工作组的磋商会议在信息社会世界峰会秘书长特别顾问尼蒂恩·德赛(Nitin Desai)先生的主持下,于 2004 年 9 月20 日和 21 日在联合国日内瓦办事处举行。最后,于 2004 年 11 月 11 日互联网治理工作组秘书处宣布成立由 40 位来自政府、私营部门和民间团体的成员组成的 WGIG,WGIG 需通过和各国政府协调,处理互联网治理相关的事务。

3.2.3　互联网治理论坛

联合国互联网治理论坛(Internet Governance Forum,IGF)成立于 2006 年 11 月,是联合国根据信息社会世界峰会的决定设立的有关互联网治理问题的开放式论坛,秘书处设在瑞士日内瓦,近年来,IGF 每年都会召开会议,讨论互联网治理中出现的新问题,应对互联网治理的新挑战。在 IGF 设立之初,互联网治理论坛的使命、职能、性质、工作内容,联合国秘书长在论坛的创建、运行过程中的贡献及相关活动由信息社会世界峰会进行了说明。

3.2.4　其他相关国际组织

在互联网治理的相关活动中,还有以下相关国际组织发挥了重要作用。

(1) IETF

互联网工程任务组(The Internet Engineering Task Force,IETF)的主要任务是负责互联网相关技术标准的研发和制定,他是国际互联网业界具有一定权威的网络相关技术研究团体,属于公开性质的大型民间国际团体,汇集了相关技术、管理、研究人员。

(2) APEC

亚太经合组织(Asia-Pacific Economic Cooperation,APEC)是亚太地区经济合作官方论坛,成立于 1989 年。APEC 下设的电信和信息工作组(TEL)的工作集中在反垃圾邮件、反网络犯罪以及信息安全方面。

(3) INTERPOL

国际刑警组织(INTERPOL)在打击网络犯罪方面,有大量的基于各个地区的工作小组,这些小组在打击信息技术犯罪领域开展交流与合作。2015年,国际刑警组织在新加坡成立的国际刑警全球创新综合机构(IGCI)正式启动,这是国际刑警组织针对网络犯罪成立的跨国网络犯罪防护中心。该中心的目的就是对网络犯罪手法进行解析,与加入国际刑警组织的190个国家和地区的侦查机关实现信息共享,打击数字网络犯罪。

(4) ICRA

互联网内容分级协会(Internet Content Rating Association,ICRA)是为了帮助监护人监督和指导未成年人合法浏览互联网,让儿童安全使用互联网,预防犯罪,推进网络内容过滤的国际性非赢利组织,1999年由英国的IWF(Internet Watch Foundation)、美国的RSAC(Recreational Software Advisory Council)、德国的ECF(Electronic Commerce Forum)(3个非赢利组织)在英国共同设立。

3.3　各国网络空间治理的信息管理制度和治理方法

就舆情应对研究发展而言,国外起步较早,我国主要研究舆情概念界定与辨析、舆情信息工作、舆情机制、网络舆情等,是基于政府舆情信息工作来开展的,研究层次相对较浅。国外则主要是舆论主客体、民意调查以及舆论、媒体和决策之间的关系方面的研究,特别是关于民意调查的研究与实践,已经形成了一个完整的理论与应用体系。另外,因社会形态差别,国内外对舆情研究的目的不同,我国研究的目的主要是服务于政治,以政府政策方针为导向,为政府执政服务。国外则除了服务政治外,在社会经济、文化中也有广泛应用。综上所述,国外舆情研究相对国内而言,更加成熟,更加系统化,应用也更加广泛,在学术研究与应用实践上已成为国内舆情理论与实践研究的导向、舆情研究借鉴与参考的"他山之石"。

在国外舆情应对中,民意调查一直是热点,无论是理论还是实证,都是国外舆论研究的重要部分。民意调查也称民意测验,是"运用系统性、科学性、定量性的步骤,迅速、准确地收集公众对公共事务的意见,以检视公众态度变化的社会活动,其主要功能是真实反映各阶层民众对公共事务的态度,作为政府或相关单位拟订、修正、执行政策的参考"。民意调查主要服务于政府、政党与企业。有学者将国外的民意调查看作公共舆论的"晴雨表"、国外政府及单位决策的"风向标",在美国政治与社会中,民意测验可以说无处不在,无论是民主党执政还是共和党执政,民意分析都是总统直辖的政府机构一个不可分割的组成部分,收集社会舆情已经成为一种常态性的政治活动,每年花在民意调查上的金钱大约为数十亿美元。美国政府建立了一个强大的舆情收集与分析系统,其在推行新闻发言人制度,推销美国政府工作政策,争取民众支持等方面做出了重要贡献。

3.3.1　美国

从国外网络舆论治理的归属来看,其表现出以传统媒介管理模式为基础的特征。由于网络是一种电子媒介,因此目前主流的归类方法是把网络归属于传统广播电视的管理之列,如美国、澳大利亚、法国、新加坡等国都采用此种方法。在美国,其传统电子传播领域,包括电信、广电等,全部隶属于联邦通信委员会(FCC),网络也不例外。澳大利亚广播局(the Australian Broadcasting Authority,ABA)负责调查与制定网络舆论管理的各种规定,并在1999年针对网络舆论管理出台了《澳大利亚广播服务修正案》。在法国,CST(le Conseil Superieur de la

Telematique)通过检索终端 Minitel 系统管理网络舆论,确保网络舆论与法国电信签订的合同内容相符。新加坡的网络舆论管理采用多元管理的方法,主要由广播局(the Singapore Broadcasting Authority,SBA)管理网络舆论的内容,同时加上执照分类制度、内容事后审查等辅助手段①。

从各国现实状态来看,实际上没有哪个国家的政府真正放弃了网络舆论的管理。本章将从西方发达国家和亚洲国家分别加以介绍他们对网络舆论的管理,如美国、德国、法国、加拿大、新加坡、韩国。

美国是互联网的发源地,拥有世界最发达的网络设施和最大的用户群体,而且网络管理较为规范和成熟,其在管理理念与实践方面有很多值得我国借鉴的地方,下文就这几个方面加以说明:法律、政策、网络论坛服务商及用户的治理、行业协会积极参与、倡导行业及用户自律、技术发挥的重要作用、网络匿名制等。

1. 网络舆情法律

在美国,在联邦方面,立法、司法和行政 3 个体系相对独立,分别行使各自的权力。在立法方面,由参、众两院组成的国会作为最高立法机关,对包括因特网在内的电信立法法案进行听证、辩论、表决,从而影响国家电信政策的制定,另外,国会也可通过一些非正式的方式,如控制预算、人事任命、立法威胁、公共舆论等来施加压力,影响政策的制定。在司法方面,区域法院、上诉法院和美国最高法院组成了美国的联邦司法体系,他们拥有对电信管理机构进行监督,并解决其间纠纷的权力。在行政方面,行政机构主要是指由各部组成的美国联邦政府。

从州的方面看,各州是相对独立的,他们的权力主要来自于法律的授权,各州都拥有自己的立法、司法和行政机构。宪法在规定了联邦和地方的权利与义务之后,各州又通过州议会来确定本州的法律。在美国,各州都制定有自己的宪法或基本法,以此作为管理本州的主要原则。美国有 50 个州。各州均因地制宜,关于互联网的某些重要问题,拥有各自的立法。这种州立法的状况尽管难免造成一些困难,如一些认定标准上的混乱等,但是在一定程度上还是能够适应当地的具体情况的,并通过各种不同管理机构之间的一定程度上的合作,顺应当地的发展形势,建立起符合本州实际状况的网络管理体制。每个州都有自己的司法系统,包括区域法院、中级上诉法院和州最高法院。

美国立法与司法的造法有很大的不同,法院造法则通过案例的传承来进行。法院审查已经发生行为的合法性,法院仅对诉讼中的当事人进行约束;而立法创造法律,是在立法权限下,仅对将来的所有人的行为在立法上进行规范。当司法创造的普通法与立法产生法律冲突时,除非违反美国宪法,否则立法通常优于司法适用。美国对因特网的相关法律有一定的传承性,一般根据已有法律的相关条款,结合美国当前因特网发展的实际情况,从而进行引申发展,确立新的关于因特网的条文和法案。美国正是以判例法的方式,对其政策和法律体系不断地进行完善、发展,保持了其网络法规政策的连续性和渐进性,稳中求进,从而建立起了这种在目前的世界各个国家中显得较为成熟的网络管理体系,保证了互联网络正常、持续的成长。

美国还存在一些专门负责某个领域的管理事务,拥有一部分执行权和一部分准立法权与准司法权,直接对国会负责的相对独立的委员会。联邦通信委员会就是这样一个专门针对美国的通信政策与通信产业的独立机构。他根据 1934 年的通信法而成立,兼有立法、司法和行

---

① Ang P H. How Countries Are Regulating Internet Content [EB/OL]. [2010-05-01]. http://www.panAsia. org.sg.

政执行职能,可以制定规章,仲裁争议,执行各项法规。在执行有关职责时,他要受到联邦司法系统的制约,受法院监督。在美国的各种机构中,联邦通信委员会是对美国的通信和互联网产业最具影响力的机构。

2. 网络舆情政策

(1) 言论自由至上——"9·11"事件之前

迄今为止,美国政府网络治理依然是在遵从宪法第一修正案之下进行的,即国会不得制定任何法律剥夺言论自由和出版自由。对信息自由或言论自由的强调,不仅贯穿了一切有关信息传播的立法行为、法律规章,也是美国政府监管的首要准则,成为对"传统媒体"和"新兴媒体"进行监管的共性。

美国国会于1789年9月25日通过了史称《权利法案》的10条宪法修正案。它的主要内容为,国会不得制定关于下列事项的法律:确立国教或禁止信教自由,剥夺言论自由或出版自由,剥夺人民和平集会和向政府诉冤请愿的权利等①。从此,保护言论自由的法律原则在美国得以确立。1919年,美国奥利弗·霍姆斯大法官,在申克起诉美利坚合众国一案中,确立了著名的"明显而当前的危险"原则。从此,政治表达自由的立法和司法原则在美国得到了确立。

宪法第一修正案禁止普通立法对言论自由进行限制,导致了美国对言论自由的立法进行严格的违宪审查,并宣告对言论自由的限制立法无效。例如,美国政府于1996年首次颁布了针对网络色情的《传播净化法案》(*Communication Decency Act*,CDA),规定严禁通过互联网向未成年人发布带有色情内容的信息,否则将受到刑事处罚。该法案迅速引起了美国社会尤其是网络从业者与民权组织的抗议。美国公民自由联盟(American Citizen Liberty Union)以美国政府违宪为由,起诉至费城法院,要求法院宣布该法案违宪、无效。费城法院裁决CDA违宪。美国政府不服判决,上诉至最高法院。经过长达1年的艰难辩论和审理,美国最高法院最终做出了否决CDA的历史性判决②。史蒂文斯大法官(justice Stevens)代表法庭宣布:该项立法明显对言论自由构成了威胁,虽然它的目的是避免让未成年人接触到具有潜在危害的言论,但它"事实上禁止了成年人依据宪法而享有的接受或发表言论的自由"。

(2) 言论自由与国家信息安全利益冲突的衡量——"9·11"事件之后

美国在"9·11"事件以前,政府监管除违法内容依法惩处外,其他主要是依行业自律与市场调节来进行管理,并以法律的手段来确保自我调节的有效性。从其司法实践可以看出,虽然网络舆情是新兴的传播途径之一,但已被纳入表达自由保护范围的网络言论中,得到了与传统言论自由保护同等的待遇,即对于网络舆情同样不允许随意地立法限制。这是同美国公民宪法权利与自由保护方式密切相关的。

然而,在"9·11"事件之后,美国政府认识到互联网也对国家信息安全构成了一定的威胁。国家信息安全指确保"国家行为体认为的特定的信息基础设施、特定信息流动以及国家对于上述设施和信息的控制能力不面临威胁"。从这个意义上理解,对国家信息安全的保障必定损害个人自由;但国家信息安全本身又是为了保障民主制度内公民的整体利益。因而,在美国的信息监管体制中,"在特定安全问题的刺激下,民众愿意以自由权利受到限制为代价,换取安全保

---

① Ang P H. How Countries Are Regulating Internet Content [EB/OL]. [2010-05-01]. http://www.panAsia.org.sg.

② 杨会永,李晓娟. 美国宪法第一修正案的理论阐释与媒体管制[J]. 河南科技大学学报(社会科学版),2008(3): 90-93.

障……民众对于因信息控制而感到不适的心理承受能力,构成了控制战略的限度"①。

在国家信息安全的问题上,美国的立法体制一直在寻找国家信息安全和个人自由之间的平衡点,在"9·11"事件之后这种平衡有向国家信息安全倾斜的趋势。但是近年来已有不少文化人士意识到这对美国式民主制度存在潜在威胁,呼吁找回原本对个人言论自由的尊重。个人自由与国家信息安全的矛盾在"9·11"事件之后日益突出,《爱国者法案》和国会在2002年通过的《国土安全法》将这种冲突在立法层面上推向高峰。前者是"9·11"事件以后美国为保障国家信息安全颁布的最为重要也是争议最大的一部法律,主要针对在美国境内发生的(支持)恐怖主义的犯罪行为,明确授权政府有关部门可以对公民进行跟踪和窃听,可以查阅公民的上网记录、私人信件和电子邮件等,以确定其是否支持或参与了恐怖主义活动;而后者的最主要目标是实现各部门的信息共享。令人担忧的是,这两部法案的适用范围显然包括了言论最为自由的网络空间,这在沙米案中表现得淋漓尽致。沙特青年沙米是一名在美国就读的计算机博士生,因其担任网管的数家伊斯兰网站上有诸多宣扬极端暴力及圣战的内容,甚至还有向巴勒斯坦激进组织哈马斯捐款的邀请函和招募圣战者(mujahideen)的信息,沙米的行为立刻升级为违反《爱国者法案》的"为恐怖组织直接或间接地提供专业指导或帮助、传播器材、现金、金融票据、金融服务和人员"的犯罪行径。最终,由于缺少明确的事实证据,爱达荷州联邦地方法庭判决政府败诉,陪审团终于对沙米宣告无罪。

该案表明,对为恐怖分子和他们的恐怖主义行为提供各种各样的支持的起诉是很困难的,因为这样会破坏个人的言论自由。例如,法院在审理沙米案的时候,需要联邦政府提供证据,表明沙米在互联网上的言论和行为符合"明显而当前的危险"原则,而联邦政府只能反驳被告人在某种特定的行为(如筹款和招募)中是不受言论自由的保护的。

在美国,对国家信息安全和个人自由矛盾的调节主要依靠司法系统和公共舆论。整个沙米案审理的过程中反对定罪的力量来自于部分议员、法官和民间团体,还有资深议员正式向国会提出议案,要求修正《爱国者法案》,理由是:它对公民的自由构成了威胁。《今日美国》引用美国洛杉矶地方法院法官安德雷·科林斯(Andrey Collins)在2004年加州地区法院审理的一个案件中的裁决,即"《爱国者法案》禁止对国外恐怖组织提供'专业的意见和帮助'这一条款太模糊",还引用了爱达荷大学马丁国际事务学校(Martin School of International Affairs)的主管兰德·里维斯(Rand Lewis)的话,"我们这个法律是摇晃不定的。我的感觉告诉我沙米案是对《爱国者法案》的一次测试。消极的支持者通常不知道他们在支持恐怖主义,所以当你进入这些灰色地带,要探究人们知道什么而不知道什么的时候,我觉得这就是这部法律最困难的地方"。

在公共舆论方面,媒体纷纷质疑给沙米定罪的困难性,从而质疑《爱国者法案》的适用范围。《纽约时报》引用乔治敦大学法学教授大卫·科尔(David Cole)的话,"(按照这样的逻辑)有人如果修理一个传真机,如果这个传真机是某些组织的,那这个人也有可能被起诉'向恐怖主义行为提供专业帮助'②"。

该案件的判决将要验证美国在反恐时期,甚至是日后在网络信息自由与万能的"国家信息安全"发生冲突时究竟两者孰轻孰重;同时从监管的角度也深层次地反映出这样一个重要趋

---

① 杨会永,李晓娟.美国宪法第一修正案的理论阐释与媒体管制[J].河南科技大学学报(社会科学版),2008(3):90-93.

② 张向英.《传播净化法案》:美国对色情网站的控制模式[J].社会科学,2006(8):136-143.

势,即传统的渠道监管在新媒体崛起的背景下已经不得不转向"渠道＋内容"并举的监督方式。而这个"内容"甚至没有转化成具体的行动,只能用"直接或间接地"这样模糊的词语加以限定。

3. 网络论坛服务商及用户的治理

(1) 网络论坛服务商的免责与例外

• "受益"与否是网络论坛服务商能否免责的必要条件

网络论坛用户数量众多,充斥着各种各样的信息,有时会出现侵权的现象,网络服务商对于这些信息是否承担责任,在什么情况下应当承担责任,美国数据版权法第 512 条第 3 款对此做了明确规定。根据该条的规定,只要在版权人提出要求时,网站具备特别技术及时删除相关内容,且该网站没有直接从侵权行为中受益,则可以免除网站的侵权责任。由此可见,网络论坛服务商是否"受益"是决定其是否承担责任的核心要件。

现今,美国有一些上载音乐、图片或者视频的网站,比如 YouTube、土豆网等就是其中著名的网站,很多精彩视频被粘贴在上面。有些视频的上载侵犯了他人的著作权,包括 YouTube 在内的服务商为此遭到很多起诉。借鉴美国数据版权法的规定,只要他们未从中受益,就完全可以成功援引该条进行抗辩。不过,是否受益的判断标准目前并没有形成统一的意见。例如 Google 的子公司 YouTube,根据其远景规划,未来将开展广告业务,而其开展广告业务的优势正是通过这些视频吸引大量的人群点击网站,通过浏览量从事广告业务来获得收益,这样的行为在将来很有可能被认定为直接受益。

• 是否构成信息的再提供是网络能否就侵权言论免责的条件

除数据版权法的规定之外,通讯标准法第 230 条也为网络论坛服务商提供了庇佑。根据该条规定,因为他人在网站上张贴信息而造成人格侵权的网站只要没有再提供或者传播信息,将免除责任,虽然该条仅针对文本信息,但很多法院将其扩展到了其他形式的侵权。

(2) 网络论坛用户言论的规制

• 规则游走于言论自由与侵权的博弈之间

一般而言,网络论坛用户不享有网站那样的豁免,必须时刻注意自己的言论,在发布帖子和上传文件时要遵循法律规定,如果造成侵犯他人人格权或者侵害知识产权要承担相应后果。然而,这一规则始终受到"言论自由"保护的限制,究竟何时构成言论自由,何时构成侵权在美国反而始终含混不清。与此相关的重要判例主要集中在学生论坛所引发的侵权案件中,其中最重要的是印第安纳州上诉法院判决的"A. B. v. State"案。该案中 A. B 在 Myspace 中制作了一个虚假的网页,让人误以为是他所在中学的校长的网页,并在网站上发表了很多咒骂性内容。该校长为此进行了举报。少年法庭认为这构成刑事骚扰。但印第安纳州上诉法院推翻了该判决,认为 A. B 不过是张贴了反对校长制定的政策的言论,这是一种政治言论,应当受到宪法保护。然而,之前在"Layshock v. Hermitage School District"以及"J. S. v. Blue Mountain school District"两个案件中的学生就没有那么幸运,学校对他们做出的惩罚得到了联邦区法院的支持。

• 网络论坛用户的个别法定义务

除了对侵权性言论的规制外,一些州也出台了各种法律来规范网络论坛,监督论坛上的言论,特别是利用网络进行性交易的行为。比如,弗吉尼亚州出台的法律要求曾经发生性犯罪的人必须注册其邮箱地址,登记其网络名称,并允许警方利用技术手段检查网络用户信息。再如,针对未成年人谎报年龄的问题,北卡罗来纳州通过一项法律,要求父母或者监护人必须提前在特定网络论坛上注册,并使用自己的信用卡进行验证。由于一个信用卡只能注册一次,这就防止了儿童利用父母的信用卡进行注册。康涅狄格州议会则建议制定法律,要求网站必须想办法确认用户的年龄,否则将面临每天 5 000 美金的罚款[①]。

4. 自律及技术引导

美国联邦通信委员会(Federal Communications Commission,FCC)于 1997 年 3 月 27 日公布的《网络与电讯传播政策报告》(*The Internet and Telecommunication Policy*)中主张"政府应避免不必要的管制,传统媒体管制规范不完全适用于网络管理"。FCC 并不承担网络内容管制的职责。因此,美国政府将重心转入倡导业界开发软件和行业自律。

由于美国言论自由理念的悠久传统以及法律管制屡次受挫,加之美国在网络技术发展水平和网络规模方面都居于世界领先地位,有率先实行自我约束、自我管理的能力,故政府不设置专门的管制机构,而考虑让位于行业协会。即使该自律性行业组织往往是由行政部门牵头设立的,他们的运作也是自主的,不受行政部门和司法部门干涉。

(1) 行业协会积极参与

行业协会作为政府和行业的沟通平台,为业内厂商提供合作交流的机会,以确保其权益不受侵害;同时,倡导行业自律以确保其行为符合法律和道德标准,对违反规定者,行业协会将采取相应措施来规范其整改。美国计算机协会制定的网络伦理八项要求,包括避免伤害他人、公正且不采取歧视性行为、尊重知识产权等内容。计算机伦理协会制定的"摩西十诫"提出网民不应使用计算机去伤害别人,不应盗用别人的智力成果,不应侵犯他人的知识产权。1998 年,由 46 家企业和团体组成的隐私在线联盟公布了其在线隐私指引。南加利福尼亚大学网络伦理声明指出了 6 种不道德网络行为的类型,其中包括在公共用户场所做出引起混乱或造成破坏的行动、伪造电子邮件信息等内容。

(2) 倡导行业和用户自律

"与政府的直接干预比较,自律有其优势,是一个较适合的政策取向。"美国的民间组织建立相应自律模式,保持互联网行业健康、稳定发展,如美国民权自由联盟、新闻教育基金会、美国在线、民主与技术中心等组织。例如,伯特尔斯曼基金会是因特网内容自律计划的支持者,多次召开会议,制定备忘录,成立自律研究专家组。"计算机人员担负起社会责任"(CPSR)在1998 年制定的《一个星球,一个网络:因特网时代原则》是典型的宪章式网络规范。纽约媒体道德联盟主张建立网上道德标准,在网站上提供了网民与 ISP 联系的具体指导信息,以及判断对方是否触犯法律的方法。电子信任组织是一家独立的非赢利组织,为互联网上的个人信息提供保密,以此建立信任。该组织认证并监督网站的隐私和电子邮件政策,监督施行惯例并每年解决上万个客户隐私问题。

美国政府及各方力量竭尽所能地净化网络空间,倡导文明、理性的上网行为,积极培养网络使用者科学的价值观、道德观和判断力,唤起自觉维护真理,建立正确的价值观和道德观的责任感,从容应对不良信息造成的负面影响。美国学者吉莫尔曾说过:"公民制造和陈述新闻译本是必然的,最好的策略就是帮助这些新的新闻记者理解和重视道德规范。"由此可见,现今的网络使用者就好比新闻记者,他们在获得接近事实真相的权力时,就应反思自身的社会责任。美国各大网站制定了相应规则,网络使用者可通过电子邮件向网站举报他人的违规行为。例如,一些网站在全美招募志愿者,对网站论坛实行分地管理,杜绝违法及有害信息。在这些网站提出的《网络礼仪》中则全面阐述了 10 个网络礼仪核心规则,具体讨论了电子邮件、讨论

---

① 沈逸.控制优先:9·11 后的美国国家信息安全政策[J].复旦学报(社会科学版),2006(4):22-30.

组、信息检索的行为准则。

美国在网络隐私权保护方面主要采取政策性引导下的行业自律模式,国会立法只起到补充与辅助的作用。该模式又被称为指导性立法主义,其最具特色的形式是建议性的行业指引(suggestive industry guidelines)和网络隐私认证计划(online privacy seal program),建议性的行业指引是由网络隐私权保护的自律组织制定的,参加该组织的成员都承诺将遵守保护网络隐私权的行为指导原则,最典型的代表是美国隐私在线联盟(Online Privacy Alliances,OPA)的隐私指引。网络隐私认证计划是一种私人行业实体致力于实现网络隐私保护的自律形式。该计划要求那些被许可张贴"隐私认证标志"的网站必须遵守在线资料收集的行为规则,并且服从多种形式的监督管理。网络隐私认证计划为类似于商标注册的网上隐私标志张贴许可,它使得消费者便于识别那些遵守特定的信息收集行为规则的网站,同时也便于网络服务商显示自身遵守规则的情况。这意味着网络隐私认证计划的认证标志具有商业信誉的意义,是一种特殊的认证标志[1]。目前,美国国内存在多种形式的网络认证组织,最为有名的是TRUSTe 和 BBBonline 组织。

(3)技术手段控制

目前美国计算机业界积极研发相关的软硬件设施,常见的是对内容进行分级和过滤,其作用类似于"电子守门人"。麻省理工学院所属 W3C(World Wide Web Consortium)推动了PICS(Platform for Internet Content Selection)技术标准协议,完整地定义了网络分级的检索方式。以 PICS 为核心的 RSAC 研发了 RSACI(RSAC on the Internet)分级系统,以网页呈现内容中的性(sex)、暴力(violence)、不雅言论(language)或裸体(nudity)等 4 个维度的表现程度进行相应的信息收集,以判断该网页内容的分级层次。CyberPatrol 是美国过滤软件的代表,通过对 CyberLISTS 进行更新,用户可以对名单进行修改。政府通常订立阻止用户访问的"互联网网址清单",以实现不良信息的过滤和筛选[2]。

在消费者隐私权行使方面,技术上一般有两种制度,即定入制度(OPT In)和定出制度(OPT Out)。在定入制度下,只要用户不反对,网站就可以收集和使用其个人数据,而在定出制度下,必须得到用户的明确许可才可以。在这两种情况下,用户都只有单一选择权,或同意或反对,主动权仍掌控于网站之手。于是有了新的技术标准,即个人隐私选择平台(Personal Privacy Preference Platform,P3P),在一定程度上弥补了这一缺陷。P3P 是目前最著名的技术保护形式;它实际上是网络服务商和消费者之间就有关个人信息的收集问题所达成的一种电子协定[3]。跟其他软件一样,P3P 软件也在不断地升级更新,目前 P3P 有六七种版本。得到P3P 软件的用户可以将其个人隐私偏好设定在该软件的选项中,当受访问的站点收集或贩卖个人数据时,P3P 就会禁止该站点或者提醒用户,由用户做出选择是否进入该站点[4]。

相对于政府的法律等管制手段,技术管制不仅避免了传统法律适用的尴尬情况,而且可以有效地杜绝网络上的不良信息,且成本较为低廉。但技术本身的机械性并不能灵活地处理各种具体问题。同时,控制技术会产生相应的反控制技术。

5. 信息公开

美国被公认为是世界上信息公开制度最完善的国家,信息公开的主要目标是为公众和媒

① 沈国麟,陈晓媛.政府权力的扩张与限制:国家信息安全与美国政府网络监管[J].新闻记者,2009(12):61-64.
② 李小兵,丁广宇.美国有关网络规则的最新发展与思考[J].法律适用,2009(5):83-84.
③ 徐敬宏.美国网络隐私权的行业自律保护及其对我国的启示[J].2008,31(6):955-957.
④ 石萌萌.美国网络信息管理模式探析[J].网络传播研究,2009(7):95-98.

体提供准确、全面和及时的信息,消除流言蜚语,以确保突发事件应对工作的顺利进行。

美国 1946 年制定的《联邦行政程序法》规定了公众可以得到政府文件的权利。美国除了"政府信息公开是原则,不公开为例外"、权利平衡等原则外,1966 年《信息自由法》还规定了这样几条原则:所有人均有查阅和获得信息的平等权利;说明信息(文件)不公开的理由掌握在行政机关手中,而非申请人;当人民被不当拒绝获得文件时,有向法院申诉和请求救济的权利;免除公开事项的设定必须要有可行性。这一规定使公众的知情权落到了实处。该法与后来的《阳光下的政府法》《隐私权法》共同构成了美国的行政信息公开制度。

政府网站因其便捷高效性和超时空性已经成为一种新兴的信息传播渠道,其在突发事件信息公开方面的作用和潜力不容忽视。在这方面,美国的经验值得我们借鉴。美国政府门户网站在"9·11"事件中发挥了重要的作用。以联邦紧急事务管理署的网站为例。"9·11"事件爆发后,联邦紧急事务管理署的网站便立即开设了专题栏目,第一时间发布了启动联邦应急响应计划的消息。随着救援工作的不断进行,该网站还每天发布最新的救援情况,与网民进行互动,并进行各方面工作的信息公开:如为市民提供大量的电子地图,包括灾害事故现场情况、世贸中心周边地区情况、交通管制情况、救援队伍部署情况、医疗机构分布图等极有价值的信息。

由此可见,政府网站包括网络媒体作为信息传播者,以其自身接触面广、信息来源渠道多、接收信息迅捷高效、辐射渗透能力强等特点,在现代社会发挥着重要的信息传播和舆论引导作用。在突发事件应对中,突发事件应对主体可以通过实现与政府网站、网络媒体的良好互动,促进突发事件信息全方位、立体化地传播。还可以通过充分发挥政府网站、网络媒体的舆论引导作用,帮助突发事件应对主体赢得公众的理解和支持,推动政府和公众联动机制的形成[1]。

6. 文化道德方面的管制

由于言论自由的价值观和法哲学在美国具有悠久的传统和深厚的社会基础,美国政府在对信息的法律管制方面步履维艰,屡屡受挫,故美国政府更加注重支持行业自律和技术管制,形成了引导式的自律管制模式。这种模式符合网络发展本来的自由本质和专业化特点,有利于网络的迅速发展,也有利于缓解政府压力。

在倡导健康文明的网络文化和道德方面,美国通过税收优惠和经济补助等经济手段对网络色情进行间接管制。美国在 1998 年年底通过了《网络免税法》(*The Internet Tax Freedom Act*),规定政府在两年内不对网络交易服务征收新税或歧视性捐税,但如果商业性色情网站提供 17 岁以下未成年人浏览裸体服务、真实或虚拟的性行为,缺乏严肃文学、艺术、政治、科学价值的成人导向的图像和文字,不得享受网络免税的优惠。2003 年 6 月,美国联邦最高法院最终裁定《儿童互联网保护法》合宪,允许国会要求全国公共图书馆为联网计算机安装色情过滤系统,否则图书馆将无法获得政府提供的技术补助资金。目前,美国所有学校和公共图书馆的计算机里都按规定安装了色情过滤软件[2]。尽管网络过滤系统可能会在过滤色情网站的同时也"错杀"一些合法信息网站,但图书馆可以在网络用户的要求下暂时停止该系统的运作,所以这不会给用户造成太多不便。美国政府认为,既然公共图书馆不提供色情图书和色情电影服务,那么图书馆计算机也理所当然不应出现色情内容。此外,美国政府鼓励业界为家长建立指导网站。为培养未成年人获取、利用、辨别和传播信息的能力,美国采取学校教育、家庭教养、社区教化、大众传媒引导等多种形式,帮助未成年人抵御色情信息的不良影响。如今,在美国

---

① 汪志刚.美国法上的"网络匿名发表言论权"述评[J].北京航空航天大学学报(社会科学版),2006,19(2):45-49.

② 纪晓昕.电子商务中的隐私权保护[M]//张平.网络法律评论(2).北京:法律出版社,2002:307.

大部分中小学已开设媒体素养(media literacy)课程。

7. 美国网络匿名制问题

崇尚言论自由是美国的传统,网络匿名发表言论权作为网络言论自由的一部分,得到了美国法律的尊重。以宪法第一修正案所保护的言论自由为依据,通过判例法的发展,美国确认了网络匿名发表言论权,并为其提供额外的程序保护。

在互联网虚拟世界里,人们拥有更为广泛的言论表达自由,因为"对于那些发表合法的,但不受欢迎言论的人来说,匿名使他们被认出的概率变小,同时也减轻了他们对报复的恐惧"。但同时,网络用户的匿名状态也给追查滥用网络匿名进行违法犯罪活动的犯罪分子带来困难。因此,对于如何"扬利去弊",美国的相应策略对各国处理网络匿名问题有一定的借鉴意义。

在匿名发表言论权方面,"Melntyre v. Ohio Elections Commission"案确认了在政治主张或争辩中匿名的惯例。秘密投票也许是这一惯例的最好例证——无须担心受报复,完全凭良心投票是一项好不容易才争取到的权利。而且基于宪法传统,在缺乏明显证据的情况下,人们假设政府对言论内容的管制可能会侵犯人们的言论自由,而非促进观念的自由交换,在民主社会中,鼓励表达自由的好处比任何理论上未经证实的检查利益来得重要。因此,匿名发表言论的权利应该受到法律的保护,但不应成为欺诈、虚假广告和诽谤责任人的庇护场所。互联网这一新兴媒体在培育被第一修正案奉为神圣的价值方面具有巨大的潜力,不能容忍内容审查制度对互联网这一潜力的发挥所产生的妨碍和干扰。美国对网络言论自由的高度尊重和对网络匿名权的承认实际上是其一贯的宪法传统的延续。

在网上言论自由和权利的限制方面,世界上没有任何一个国家完全放弃了对互联网的监管。任何权利都有可能被滥用,并带来权利的冲突。因此,对网络匿名权和网络言论自由进行一定的限制是十分必要的,一旦超过"合理的限度",必然会引起负面作用,甚至因缺乏法律妥当性而接受法治原则的审查。美国的实践表明,通过强制性的立法介入网络内容的管理并不是解决问题的最佳途径,因过多严格的立法介入将使互联网付出巨大代价,互联网是一个"分散的、无国界的","匿名的、互动的","通信方式多样的、技术环节复杂的"媒体,过多的立法限制会有悖于互联网的发展规律,阻碍其自由、蓬勃发展。因此美国倾向于采取以"技术手段"与"业者自律规范"为主导的方式来规范网络内容,以弥补法律作用有限性之缺失。

网络匿名发表言论权受到尊重的同时,也要保护他人的自由和尊严。作为对网络匿名发表言论权的制约,美国法律赋予那些因匿名的"错误"言论而受到侵害的当事人以获得救济的权利,但这只不过是在该问题上所进行的利益衡量的一方面。另外,如果允许原告通过法院强制被告"揭开面纱",而事后原告又不能证明被告的言论在法律上是"错误"的,那么原告要求被告"揭开面纱"的权利同样可能会被滥用,并因此而给匿名权以实质性的打击。当真如此,所谓的利益衡量也就只能说是有悖于正义的了。因此,应当在"寻求救济的需要与匿名权之间取得一种平衡"。"程序上的保护措施"的提出所反映的就是政策调整的这种艰苦努力。虽然对于这些"程序上的保护措施"是否可以真正地帮助实现公正的问题,目前的意见尚未达成一致,但至少有一点是十分明确的,那就是对原告的主张进行必要的程序检验是利益衡量中不可缺少的环节①。

任何一种管制模式都与其本国民族文化息息相关。文化开放、文化包容、文化进取是美国文化的三大特征。美国的这种文化传统对传播的体制和管理产生了无所不在的影响。由于强

---

① 丰芳芳. 突发事件应对中的行政信息公开[D]. 成都:西南政法大学,2009.

调独特个性和尊严,倡导自由开放,再加上宪法第一修正案,公民的言论自由权利受到法律的严格保障。以行业自律为主导的网络舆情治理模式的最大优点在于倡导和贯彻自律自治原则,便于创造一个开放自由的互联网产业发展空间,鼓励和促进产业的发展;劣势在于行业自律缺乏有力的执行措施和保障手段。由于政府无法直接介入监管,所以网络纠纷不易处理。此外,功能强大的过滤软件会过度屏蔽而阻断一些正常的信息,这在一定程度上侵犯了公民的表达自由权利。另外,控制技术会产生相应的反控制技术。因此,在必要时政府仍须适当程度地涉入,法律也须承担辅助作用。

3.3.2　德国

1. 法律的保护及限制

在德国,网络言论被视为言论的一种,因而被纳入言论自由的范围内进行宪法保护。德国对网络言论采取的是"宪法的直接保护和特别立法的保护、限制相结合"的方式。在宪法保护方面,德国《基本法》构成了德国宪政体系的基础,也是言论自由保护的基础。德国《基本法》第5条指出:"每个人都有权在言论、文字和图像中自由表达和传播其见解,并从通常可获得的来源中获取信息。通过广播和摄像的出版自由和报道自由必须受到保障,并禁止审查。根据普通法律条款、保护青年的法律条款及尊重个人荣誉之权利,上述权利可受到限制。"

在德国,对于言论自由的限制,主要有两个方面:一是立法规制;二是司法审查。在普通立法规制方面,为了阻止激进的网上宣传,德国通过了《信息和传播服务法》(ICSA,又称《多元媒体法》)。作为欧洲第一个全面规制网络内容的立法,《多元媒体法》在3个主要方面对德国的互联网控制产生了影响。第一,它对ISP加强了对非法内容传播的责任,比如说对有关纳粹复兴内容的传播,"将会使用该法律","可以技术性地阻止其传播"。第二,它通过法令设定特定的"网络警察",监控危害性内容的传播。第三,《多元媒体法》将在网上制作或传播对儿童有害内容的言论视为一种犯罪。在德国所认定并强烈坚持的民主下,法院对有关网络言论采取了严厉的监控措施,而且支持此类法规的适用性。

德国是西方民主国家中第一个对网络危害性言论进行专门立法规制的国家,也是西方民主国家中第一个因允许违法网络言论而对网络服务提供者进行行政归罪的国家。在德国的社会价值取向和德国的权利自由保护方式下,网络言论受到立法的严格规制。

德国的司法实践是通过适用普通立法并通过"法益衡量"来限制网络言论自由的。法益衡量在德国宪法学上即狭义的比例原则。所谓狭义的比例原则,是指立法机关所采取的对人民损害最小之方法,必须与该方法所欲达成之立法目的相当。是否相当,须就该方法所造成的人民权益之侵害,与其所欲维护之法益两者之间,予以衡量。政府认为,当两种利益发生冲突时,(普通法院)必须尽可能调整两种宪法价值;如果这不可能实现,那么根据案件性质及其特殊情形,他必须决定何种利益应作出让步。

德国在保护和限制网络言论自由的"法益衡量"中,"公共利益"被置于较高地位。德国司法部部长齐普里斯在中国政法大学进行演讲时,在谈到言论自由的保护与网络言论的规制之间的关系时指出:"在德国,每个人的基本权利都受到法律的保护,但是,这里面有一个衡量权利的问题,如果国家认为一个权利比另一个高,比如说保护青年比保护言论自由更重要,那么凭这一点就可以对某些言论进行一定的管制。即国家建立了一种'强制的民主'——权力机关将限制公民的表达权利,如果这种表达侵犯了其他的公民权利、公共秩序或者刑法规范。可以肯定地确定为'基本权利'受到了侵害,包括言论自由将会受到限制,如果行使权利的行为将会对基本的宪政秩序本身产生威胁[①]。"

在信息公开方面,德国非常注重政府与新闻媒体的沟通和政府与网民的积极互动,以避免个别网民恶意诽谤或谣言四起。重大突发事件信息的发布通常由总理和各部部长来执行,举行发布会,"回答记者和传媒提出的每一个问题",形成了为记者服务、为媒体服务、为公众服务的传统。德国还于 2005 年制定了《信息自由法》(*Das Informationsfreiheitsgesetz*),该法明确对公民享有的"政府信息普遍知情权"进行了界定,并针对电子政府和网络化的特点进一步完善了政府信息公开的渠道和方式。

2. 危机信息平台

德国建立了一个内外分离、集中处理、便捷高效的危机信息平台,该平台系统主要由两个彼此独立的子系统构成。一是德国危机预防信息系统(German Emergency Planning Information System,deNIS),该系统集中了互联网上所有可以找到的危机预防措施信息并面向社会公众开放,主要向人们提供在面对各种危机情形时应当如何采取保护措施等信息,并及时与网民互动。该系统网络平台有 2 000 多个相关链接,人们可以很方便地查询到各种有关民众保护和灾难救助的背景信息以及各种预防危机的措施等信息。二是德国危机预防系统 2(deNIS2),主要是建立民事保护和灾难防护领域的内部信息网络,来支持非同寻常的危险和损失发生时迅速的信息分析,为决策者在民众保护和灾难救助上提供信息,这一内部平台可以帮助决策者有效地应对危机,大大地减轻了决策层的预先评估和资源管理工作。同时,德国还建立了及时有效、多举并用的预警系统[②]。

3.3.3 法国

1. 治理调控的 3 个时期

针对因信息技术和互联网发展而引发的问题,法国政府采取了一系列的治理措施:制定调控政策和相关法规,完善网络管理和改进信息技术。例如目前采取的分级制度,其将网络舆论内容分成不同的级别,浏览器按分类系统所设定的类目进行限制。最常见的是设置过滤词,通过过滤词的设置阻挡有关内容的进入。例如,国外开发出了一套舆论分析软件,1 s 能阅读 10 篇文章,能够自动分析网站、报纸等新闻媒介发表文章所持的基本观点,帮助政府和一些大公司全面地了解公众舆论对他们的看法。

法国政府首先肯定互联网积极的一面,认为它给人类提供了巨大的自由空间,未来有可能使人类过上更加开放和全面参与的民主生活,就像 1789 年法国的《人权与公民权宣言》中所指出的:"给予人类最宝贵的人权之一。"与此同时,因特网也有可能威胁到人们的隐私权、著作权及个人和国家的安全。要想使因特网真正成为一个自由的空间,并充分保护网络用户的权益,需要政府对网络进行规范化管理,网商依法操作和用户在网上自律。法国前总理若斯潘曾指出:"网络给人以自由,但必须确定自由的限度。我们应保护所有人的权利,特别是弱者的权利,所以因特网的规范化势在必行。这就要求每个人担负起责任。责任这个问题过去都由政府来承担,即由政府制定并执行法规。这是一种不当的做法。事实上,法律与自律互不矛盾,而是相得益彰。新制定的法案提倡和鼓励个人和企业各负其责。"

---

① Werbaeh K. Digital Tornado:The Internet and Telecommunications Policy[EB/OL].[2019-05-06]. http://www. fcc.gov/Bureaus/OPP/working_papers/oppwp29.pdf.

② 邢璐.德国网络言论自由保护与立法规制及其对我国的启示[J].德国研究,2006,21(3):34-38.

　　法国对因特网的管理调控经历了 3 个时期:"调控"时期、"自动调控"时期与"共同调控"时期。

　　在最初的"调控"时期(20 世纪 70 年代),规范互联网和发展信息技术完全由政府管理。1978 年,法国政府成立了旨在保护公民隐私权的"法国信息与自由委员会";同年颁布了《信息技术与自由法》;1980 年,法国政府制定了《通讯电路计划》;1983 年建立起了"微网"网络;1986年拟定了一项规模庞大的《建立信息高速公路计划》;1988 年 1 月 5 日为打击信息犯罪颁布了《戈弗兰法》;1994 年政府批准了电信局局长泰里的《信息高速公路》报告。

　　随着互联网的快速发展和网络用户的迅猛增加,出现了许多始料不及的问题,法国政府在抓信息技术发展的同时开始将注意力转向了网络治理。政府领导人逐渐认识到,单纯从国家的角度管理和控制已不切合实际,最好采取循序渐进地与网络技术开发商、服务商共同协商管理的方式,要求网络技术开发商和服务商注重网络管理并向用户普及网络知识,即提倡"自动调控"。在这种管理政策的指导下,法国网商先后成立了"法国域名注册协会""互联网监护会"和"互联网用户协会"等网络调控机构,另外还新建了一批宣传信息与法律的网站。1996 年,法国消费者委员会成立,以督查新的传播通信技术是否符合现行的电信法和保护消费者的权益。

　　网络环境深刻地改变了人类的社会生活方式和人们对自由、发展的看法,在为人类带来巨大利益的同时,也是一个令人担忧的空间,有时网上出现的问题仅靠某个人、某个机构或某个国家是无法解决的。只有人人参与、多方共同努力,才能将问题化解和把危害或损失降到最低限度。法国政府现今将这种观点付诸实践,提出并开始执行"共同调控"的管理政策,《信息社会法案》应运而生。法国的"共同调控"建立在政府、网络技术开发商、服务商和用户三方经常不断的协商对话基础之上。为使"共同调控"真正发挥作用,目前法国成立了一个由个人和政府机构人员组成的常设机构——互联网国家顾问委员会。

2.《信息社会法案》

　　法国制定的《信息社会法案》的核心思想是:从法律上明确每个人的权利与责任,保证网上的通信及交易自由和信息传播的安全可靠,努力实现信息社会的民主化。该法案主要包括以下几个方面:保障网上通信自由的同时明确每个人的权利与责任,文学艺术作品数字化与保护知识产权,对因特网上的域名实行规范化管理,提高电子商务的安全性和可靠性[①]。

　　在信息公开方面,1789 年的法国《人权和公民权宣言》第 15 条规定公民有权对政府公文提出知情请求。法国政府在《行政文书公开法》(1978 年)的基础上进一步通过制定《数字签名法》(2000 年)来保障法国政府信息公共服务网站(Service-Public.fr)向社会公众提供服务。该网站面向所有民众,便于民众与政府沟通,并可使民众获得政府各部门的公开信息。此外,该网站还专门设有与政府部门相关的网页。通过该网页,民众可以事先了解与政府部门打交道的程序以及享有的权利。同时,法国设有比较健全的新闻发布制度。突发事件发生后,国家有关部门可以在第一时间获得突发事件的相关信息,并及时将信息传递给公众,这有效地缩短了突发事件信息传播的时间,有效地杜绝了谣言等社会不良信息产生和传播的空间。

3.3.4　加拿大

　　加拿大政府授权对网络舆论信息实行"自我规制",将负面的网络舆论信息分为两类:非法

---

　　① 　江小平.法国对互联网的调控与管理[J].国外社会科学,2000(5):47-48.

信息与攻击性信息。前者以法律为依据,按法律来制裁;后者则依赖用户与行业的自律来解决,同时辅以自律性道德规范与网络知识教育,取得了较好的管理效果。

值得一提的是,在全球咨询公司埃森哲每年对全球电子政务发展的调查研究中,在网络服务和电子政务成熟度方面,加拿大自2001年以来已连续多年名列第一。加拿大很早就在国家层面上出台了电子政务发展战略。1994年,加拿大政府发布了《运用信息通信科技改革政府服务蓝图》,这是世界上第一份国家层次发布的从信息通信技术角度全面进行政府改革的框架性文件。

在政府网站方面,加拿大"政府在线"项目目前由该国公共事务与政府服务部负责,其愿景是把加拿大政府建设成全球与公众联系最出色的政府。在加拿大,参与"政府在线"项目的相关政府机构需要将上述目标写入其电子政务工作报告之中,以此评估项目进展以及规划下一步工作。除了自身评估,加拿大政府还很重视政府网站"用户"的参与。从2001年12月开始,加拿大中央政府的CIO部门选择了一些加拿大老百姓作为代表,为"政府在线"项目提供使用反馈并参与研究如何解决各个部门启动"政府在线"项目遇到的常见问题。当发生突发事件时,完善的政府网站将迅速发布相关救援信息[①]。

3.3.5　新加坡

由于文化传统的不同,或由于市场运行机制不成熟,或由于社会稳定缺乏一定的保障,一些亚洲国家对网络舆论内容的管理具有较多限制[②]。

新加坡注重维护社会道德,维持社会稳定,制定并实行了分类许可制度和互联网运行准则,对于不宜内容和互联网从业者的义务都作了十分详细的规定,最大限度地消除了执法过程中的模糊性和不确定性,为有效管制互联网不适宜内容奠定了基础,形成了以政府为主导的强制性的立法介入模式,严格而务实,取得了良好成效。

新加坡是亚洲乃至世界上互联网发展较快的国家之一,是世界上首个对网络进行立法管制的国家。新加坡宪法规定保护公民言论自由,但同时政府有权对其进行限制,以维护社会和谐、公共秩序和公共道德。李光耀明确指出:"根据新加坡的经验,多种种族和多种宗教混合的局面易生变化,因此美国的'舆论市场'概念,不但不能产生和谐的见解,达到兼听则明的效果,相反却时常会导致暴乱和流血[③]。"基于新加坡国情,新加坡确立了"负责任的媒体自由模式"。

新加坡政府对网络内容的管制较为严格,对互联网的控制持强硬态度。其在1996年和1997年先后制定了《新加坡广电局(分类许可证)通知》(*The Singapore Broadcasting Authority "Class License" Notification*)和《互联网运行准则》(*Internet Code of Practice*),确定分类许可证制度,并明确规定由新加坡广播局(SBA)对网络内容实施管制,规定了网络服务提供商(ISP)和网络内容提供商(ICP)在网络内容传播方面所负的责任以及禁止传播的内容。另外,新加坡广播局在网络政策方面制定了七大指导原则。①SBA完全支持网络的发展。②SBA的网络体系强调公共教育、产业自律、促进实际网址的建立,利用反映公众价值的颁发证书的体系稍微予以规制。③SBA的管制范围仅包括对公众发行的资料,对仅作为私人间交

---

① 何祛.政府网站的建设与完善:从加拿大、德国政府网站谈起[J].软件世界,2006(8):67-68.

② 新加坡联合早报.李光耀40年政论选[M].北京:现代出版社,1996:551.

③ 李晶.新加坡网络内容管制制度述评——兼论中国相关制度之完善[J].公安大学学报(自然科学版),2002(4):45-49.

流的电子邮件和网络聊天室不予规制。④SBA 重点针对与新加坡有关的事务。⑤SBA 主要关注在网上易于取得的色情资料,规范的重点是发布色情作品的有影响力的网址。⑥SBA 对网上服务仅给以轻微的规制。⑦SBA 鼓励产业和公众成员继续提供反馈,因而使规制框架反映技术进步和社会关注,并与之协调。

1. 管制政策

虽然新加坡政府对突发事件网络舆情的管制政策以严格著称,但是新加坡政府近年来也采用一些产业自律政策。新加坡政府一方面强调依法管理,另一方面也注重规则的合理性,在制定因特网法规的过程中充分征求社会各界的意见,力争制定一个能兼顾因特网技术优势和社会需要的运转良好并不断完善的管理办法。此外,为保证网络管制规则的合理性,新加坡政府成立了国家互联网顾问委员会(NIAC)。该委员会是新加坡政府专门为互联网的发展和管理而设置的咨询机构。其由来自政府机构、业界、研究机构等各方面的代表组成,其职责是就互联网发展中出现的各种问题向政府提出参考建议,协助政府制定有关的法律法规,及时收集社会各界对政府有关政策的反馈意见。一方面,网上言论的匿名性和网络空间自身缺少规制使得网上信息流动完全处于一种自由状态,色情、暴力、种族歧视等有害信息极易传播与泛滥,因而要求国家对其予以一定的管制;另一方面,网络产业作为一门新兴产业尚处于发展阶段,国家的政策应以扶持为主,不应对其给予过分严格的控制,以免阻碍其自身的发展。而且网上行为的开放性和相当程度的不可监督性使得自律成为解决问题的关键。因此,国家也应遵循产业自律的方针,要求网络服务商、互联单位和使用者们承担一定的义务,国家的管制只是一种确保安全的最后手段。

2. 管制机构

新加坡管制网络内容的机构是新加坡广播局(SBA)。新加坡 1997 年《网络行为准则》第一条规定:"新加坡广播局负有保证其广播服务不违反公共利益、公共秩序与维护民族和睦的责任,并保证其节目正派、有品位。"第二条规定:"……依《新加坡广播局法》,SBA 有权对违反行为法的获执照者施以包括罚款在内的处罚。"2003 年 1 月,新加坡广电局、电影与出版物管理局(the Films and Publications Department)、新加坡电影委员会(Singapore Film Commission)3 家机构合并为新加坡传媒发展局(Media Development Authority,MDA)。由此,MDA 成为网络内容的主管机构。具体执行网络内容检查任务的则是政府信息与艺术部下设的检察署。

3. 管制措施

新加坡管制网络内容的措施主要有如下两个。

(1) 实行许可制度,对网络服务商实行分类管理

2001 年 10 月修订的分类许可证制规定,互联网服务供应商(ISP)必须在 MDA 登记。互联网内容提供商(ICP),除了与政治和宗教相关的网站外,一般无须专门注册。网络提供商的主要责任是要防止和及时地清除网上出现的不宜信息,承担过错责任。但新加坡政府严格管理网络内容,具体界定了许可证持有者不得传播的"禁止内容",并对互联网服务提供商和内容提供商应尽的义务做了详细解释。

(2) 实行严格的检查制度

在新加坡,对因特网信息进行检查的任务是由政府信息与艺术部下面的检察署负责的。其检查制度体现了区别对待的特点:对进入家庭资料的检查严于对进入公司企业的检查;针对青年人的信息利用严于对成年人的信息利用;对公共消费信息的检查严于对个人消费信息的

检查;对仅用于艺术、教育等资料的检查较为宽松。

4. 管制对象

根据 1997 年新加坡《因特网行业守则》,新加坡网络内容的管制对象主要是 ISP 与 ICP。《因特网行业守则》第三条第一、二款规定了 ISP 的义务。①一个因特网接入服务提供者或转接者只要拒绝进入 SBA 所公布的含有禁止性资料的网址,就视为履行了其义务。②对有关新闻组,在下列情况下 ISP 视为履行了义务:a. 不订阅可能包含禁止性资料的新闻组;b. 不订阅SBA 可能会检查的任何新闻组。第三条第三、四款规定了 ICP 的义务。①确保在其服务器上的私人讨论(如聊天室)的主题不被第四条所禁止。②在 BBS 等公开性的邀请他人投稿的地方,应在正常履行编辑任务或被告知时,拒绝接受含有禁止性资料的投稿。③对在其服务器上的其他程序,应确保不含有法规所禁止的资料。另外,ICP 应拒绝接触被广播局认定为禁止性的资料。上述条款不适用于对其服务器上的程序无编辑控制能力的网络出版商或网络服务器主管。

总的说来,新加坡对 ISP 和 ICP 的责任规定较为明确,遵循了对网络适当规制的政策,并未给其施加过多的义务。ISP 和 ICP 在内容管制方面承担的应属过错责任。

5. 管制客体

网络内容管制的客体是指禁止在网上传播的内容或资料。1997 年新加坡《因特网行业守则》第四条对"禁止性资料"作了一个明确的规定。第一款概括了其范围,包括与公共利益、公共道德、公共秩序、公共安全、国家安定的基础相违背或被新加坡现行法律禁止的资料。第二款具体规定了在判断什么是禁止性资料时应考虑的一些因素,包括色情、暴力、种族歧视和宗教仇恨等。第三款作了补充规定:在决定哪一种资料是法规所规定的"禁止性资料"时应考虑资料内在的医学、科学、艺术或教育价值。可见,新加坡对禁止性资料的定义较为全面,同时具有一定的针对性和灵活性①。

6. 色情管制

大多数新加坡人对色情内容持保守态度。通过分析 1999 年至 2002 年间的研究结果发现,新加坡的公众群体一直支持政府对媒体色情内容进行严格管制。新加坡将网络视为广电媒体,审查网络信息也遵循以往针对广电媒体的标准,即政府对所有媒体均进行严格的事前检查。《新加坡电影法》第 29 条规定,任何人如拥有、放映或发行淫秽影片即构成犯罪。

1998 年 3 月,新加坡信息与艺术部部长宣布,要求提供家庭接入的网络服务,过滤掉色情网页,并向家长们提供一个安全可靠的解决办法。广播局还要求学校、公共图书馆、社区中心以及网络咖啡屋等向青年人提供互联网服务的机构安装必要的桌面控制软件。同时家长也被鼓励在与互联网连接的家庭计算机上安装类似的软件。从 2003 年 1 月起,MDA 还投入 500万美元设立了互联网公共教育基金(Internet public education fund),用于互联网内容管制工具的研制和开发。

新加坡政府积极推动公共教育计划,包括在官方主页上设专页和"家长小贴士",同时与业界和其他各界共同开展公共教育项目,如交谈、小测试、展览等活动,鼓励社会各界的参与。新加坡广播局于 1999 年 11 月 13 日成立了志愿者组织——互联网家长顾问组(PAGi),鼓励家长指导孩子安全正确地使用互联网。PAGi 还开发了过滤网络色情的"家庭上网系统"(Family Access Networks,FAN),新加坡三大互联网接入服务提供商已经全部向用户提供该

---

① 龚文库,张向英. 美国、新加坡网络色情管制比较[J]. 新闻界,2008(5):131-134.

系统。另外,MDA 与教育部联合开发了 Learning Journey Programme 软件,指导学生如何使用媒体。

7. 新加坡小结

政府对网络舆情的管制得到了媒体和民众的支持,这与新加坡遵循的共同价值观密切相关。1991 年 1 月,《共同价值观白皮书》得到新加坡国会的批准,成为新加坡的国家意识和精神支柱。其主要内容包括:国家至上,社会为先;家庭为根,社会为本;社会关怀,尊重个人;协商共识,避免冲突;种族和谐,宗教宽容。《共同价值观白皮书》主张国家、社会利益高于个人利益的价值标准。没有新加坡民族国家的存在与巩固,个人利益无从谈起。因此,"不得与政府提倡的社会价值观相违,尤其禁止传媒进行鼓励、放纵和渲染淫秽色情的内容和极度暴力的内容,以维护社会道德和信仰的安全,从而维护政府的统治及民众思想的净化"。

新加坡网络治理模式虽然便于政府管控,但由于没有采取分级标准,一定程度上限制了成年人的言论自由权利,且新加坡政府监管人员的增速远远跟不上待审查资料的增速,用户的规避行为有时也导致网络管制无法有效进行。虽然新加坡政府声称对网络采取轻触式管理(light-touch regulatory framework)以及鼓励行业自律,但缜密的新加坡法律渗透到现实生活中的方方面面,使用户在现实世界中成为被严格教化的公民(governed cultural citizens),现实世界的法律法规直接作用于他们网络中的言行。新加坡网络自律的这种"自我管理"(auto-regulation),实际上从外面可以随时监控,偶尔暂停监控也无足轻重,因为这种监控的威慑力已深入人心。由此看来,新加坡的经验就是将威慑力深入人心,使权力机制自动有效地运作,无须随时随地依赖人力操作。

在新加坡,更多强调的是群体利益、需求和目标,个人把社会规范和责任至上,个人的权利则处于从属地位。在互联网治理中,政府具有绝对的权威性,甚至具有侵犯公民隐私权,但新加坡公民对此却没有太大异议。只有将网络治理与特定民族的文化观念、历史传统联系起来,才能理解为什么在一个国家允许大张旗鼓地表达的内容,在别的国家却会引发敌视、镇压甚至骚乱[①]。

3.3.6 韩国

韩国是世界上互联网最普及的国家之一,上网人口占总人口的近 70%。韩国政府从管理、立法、监督和教育几个方面采取行动,加强对网络的管理。

1. 法律

韩国是第一个有专门的网络审查法规的国家。韩国早在 1995 年就出台了《电子传播商务法》,其信息传播伦理部门(Information&Communication Ethics Office)对"引起国家主权丧失"或"有害信息"等网络舆论内容进行审查。信息部(Minister of Communication)可以根据需要命令信息提供者删除或限制某些网络舆论的内容。

2001 年,韩国先后颁布"不健康网站鉴定标准"和《互联网内容过滤法令》,在网络管理法律框架内确立信息内容过滤的合法性。同年,信息通信伦理委员会经过审查鉴定,提出一份包含 11.9 万个网站地址的"黑名单",要求韩国互联网服务商加以屏蔽。为了健全网络管理法规,韩国政府近年来陆续通过了《促进信息化基本法》《信息通信基本保护法》《电信事业法》《促进信息通信网络使用及信息保护法》等与网络信息有关的法案。其中《电信事业法》明确规定,

---

① 龚文库,张向英. 美国、新加坡网络色情管制比较[J]. 新闻界,2008(5):131-134.

传播淫秽信息、通过黑客手段攻击计算机和网络、传播计算机病毒等属于非法行为,应严格禁止。

在韩国,各个国内网站都要求申请网站邮箱或聊天账号等的用户填写详细的客户资料,填报真实姓名、住址、身份证号、职业等详细信息。为杜绝虚假信息,网站对每个申请人的姓名和身份证号核实无误后,才提供邮箱或账号。通过这种方式,可以对上网聊天和发送电子邮件的用户真实资料进行备案,防止不法之徒利用虚假信息从事网络犯罪。

对于 17 岁以下没有身份证的青少年,网站在获取青少年详细信息后,会通过向手机发送密码的方式确认使用者身份。由于韩国手机在销售时必须有身份证明,网络管理部门在需要时可以通过与手机运营商合作,追查上网者的真实身份,对未成年者加强管理,提供保护。

2. 网络实名制

网络实名制是韩国网络管理最大的特点,成为网络安全的基础。为规范网民上网行为,减少网上不良信息,韩国政府逐步推行"网络实名制"。2005 年经广泛征求社会各界意见后,韩国政府发布"网络实名制"这一网络管理规定。根据该规定,网民在网站留言、建立和访问博客时,必须先登记真实姓名和身份证号,通过认证方可使用。

2006 年年底,韩国国会通过了《促进信息通信网络使用及保护信息法》修正案,规定主要门户网站在接受网民留言、发布照片和视频等操作前,必须先对网民个人的真实姓名和身份证号码等信息进行记录和验证,否则将对网站处以最高 3 000 万韩元的罚款。由此,韩国成为世界上首个强制推行"网络实名制"的国家。

2007 年 6 月,韩国日访问量超过 30 万人次的 35 家主要网站开始陆续采用实名制。从 2009 年 4 月开始,采用实名制的范围扩大到日访问量超过 10 万人次的其他 153 个网站。

经过数年推动,虽然仍有一些人对"网络实名制"这一网络管理法则耿耿于怀,但是大多数韩国人对此已能平静接受。

政府对相关青少年保护的法律进行了修订,增添了与网络有关的内容。如新修改的《青少年保护法》规定,19 岁以下及高中以下学生禁止在晚上 10 点后出入网吧,从而杜绝青少年在网吧彻夜不归的现象。

除了法制保障,政府还积极倡导民间自律和监督行动。为了在青少年中树立正确的网络伦理观,韩国相关部门还在小学、初中的德育教科书和高中的道德、市民伦理、计算机等教科书中增添了有关网络伦理的内容。政府还要求教师必须进修信息通信伦理意识的课程,以在教学中向学生正确传授相关知识[①]。

亚洲国家历来有重视保密文化的传统,韩国信息公开立法相对西方国家起步较晚,在立法和政策中对于政府信息公开的限制也较多。然而,这并不意味着韩国对网络环境下知情权的立法保护水平落后。韩国一开始就对网络环境下的知情权立法保护采取了统一立法模式,通过制定《关于实现电子政府促进行政业务电子化的法律》(2003 年)来规范电子政府的信息公开行为。该法第 4 章详细规定了网络民愿申请、电子民愿窗口、行政信息电子提供、身份确认等内容;第 6 章则规定了政府在信息化建设中的具体义务。

---

① 李拯宇. 韩国多管齐下加强网络安全管理[EB/OL].[2006-05-21]. http://kaoshi.gmw.cn/content/2006-05/21/eontent_.498799.htm.

3.4　大众对社会舆论的常见误区

3.4.1　舆论、社会舆论、网络舆论的基本定义

1. 舆论

所谓舆论,是公众关于现实社会及社会中各种现象、问题所持有的信念、态度、意见和情绪表现的总和,具有相对的一致性、强烈程度和持续性,对社会发展及有关事态的进程产生影响,其中混杂着理智和非理智的成分。

关于舆论,我国古代称之为"舆诵""舆颂""清义",指众人的意见。目前我国多数专家学者也把舆论看成意见,认为舆论是多数人对于某一事件有效的公共意见。

2. 社会舆论

所谓社会舆论[①],就是针对特定的现实客体,一定范围内的"多数人"基于一定的需要和利益,通过言语、非言语形式公开表达的态度、意见、要求、情绪,通过一定的传播途径,进行交流、碰撞、感染,整合而成的,具有强烈实践意向的表层集合意识,是"多数人"整体知觉和共同意志的外化。

3. 网络舆论

网络舆论就是人民群众通过互联网了解国家事务,广泛、充分地交流和发表意见、建议,对国家政治、经济、法律、文化、教育、行政等活动进行褒贬与评价,即社会舆论在网络上的汇集。

3.4.2　网络舆论与社会舆论的相互关系

1. 网络的特征使个体意识容易形成舆论

随着互联网的普及,我国网民数量急剧增加,当前社会中,所有网民都有可能将其思想意识通过开放的互联网转化为公共意识,从而形成舆论。单个网民的意识只是单个舆论,但是由于网民数量巨大,信息传播便捷,这时,网络舆论非常容易迅速形成大规模的聚集意识,并进行下一次的快速传播。此外,网络舆论一旦形成便难以控制,容易将政府把关人和各级新闻管理部门不愿意传播的信息传播出去,从而形成一场难以控制和收场的舆论风暴,对社会造成重要和深远的影响,影响现实社会中大众的生活和社会的稳定。

2. 网络舆论起于网络却源于现实

首先,网络舆论发起者是真实社会中的实体民众[②]。"网民"与"公民"虽然从定义上而言是两个不同世界里的不同群体,没有任何关系,但是他们的本质却同为一体,那就是"人"。这个"人"因为其本身具有现实社会的真实身份而成为真实世界中的"公民",公民本身又作为一个社会实体而留在现实社会之中,而他的思想意识却因为互联网的影响而进入了网络世界,这种思想意识在网络世界当中就充当了他的另外一个相对独立的身份,即"网民"。

---

①　胡桂贤.浅析科技信息传播对社会控制的相关作用[J].黑龙江科技信息,2011(14):198.

②　Lin N. Foundations of Social Research[M]. New York：McGraw-Hill, 1976.

然后,"网民"的意识形态与思维方式本身来源于现实社会[①]。虚拟的"网民"在网络世界里只是以"思想"的形式存在于网络空间,而这种思想起源于与之对应的"公民"所存在的真实社会环境,具体影响比如:网民的思维方式受到其社会身份的限制和影响;网民在网络中看问题的角度基本取决于他的现实社会视角;网民的情绪大多源于其本身的真实社会交际或现实社会的某种变化,而很少源于网络本身。

最后,网络舆论的产生往往是由于现实社会群体[②]。这些社会群体内部往往容易形成对各种现象的统一认识,持有相同或近似的态度和意见,甚至是类似的情绪,从而在互联网上扩大和传播。就舆论本身而言,它不是一个实际存在的单一个体,而往往是公民群体的意识形态。那么,网络舆论也就不是一个网民所传达的情绪符号,而是一个网络群体所表现出来的公共意识形态,而这个群体都身处真实的现实社会之中,受社会影响而形成共同的意识,在网络上形成网络舆论,并将其传播和扩散。

3. 网络舆论间接影响社会舆论

网络舆论本身源于现实社会,它是由社会群体的公共意识在网络上汇集而成的,因此网络舆论一旦形成,就非常容易引起网民的共鸣[③],反过来影响社会舆论。网络舆论的影响主要有以下两点。

(1)网络谣言影响恶劣

网络谣言易形成无法控制的非理性社会舆论,导致真实社会中的群体性非理性行为,比如2011年日本大地震中我国群众的非理性大规模抢盐事件、利比亚政变中群体的反抗政府军运动等。

(2)网络假新闻使网络失去公信力

据相关统计,2001年评选出来的"十大假新闻"中有6条的始作俑者都是网络媒体,这也就是说,网络媒体远比其他媒体更容易出现假新闻,这一切源于网络媒体的"优势"与多元化[④]。这些假新闻对现实带来的影响不言而喻。

4. 网络舆论反作用于现实社会

2003年被评为中国的"网络舆论年",也就是在这一年,中国互联网上的舆论聚焦到"孙志刚案""刘涌案"和"宝马撞人案",这3件事在网络上掀起了巨大的波澜,引起了全社会的高度关注。这3件事影响了整个社会,唤起了一些沉睡的意识,甚至改变了国家的法律法规。

此外,还有颇有影响的大连PX项目事件,该事件也是网络舆论作用于现实社会的一个典型例子。大连PX项目事件是指2011年8月14日发生在中国辽宁省大连市的对二甲苯(化工业中简写为PX)化学污染工程项目的公民抗议运动。该事件促使中共大连市委和大连市人民政府于当天作出将福佳大化PX项目立即停产并搬迁的决定,此外,当天下午18时中央电视台简要播出了大连决定搬迁PX项目的消息,大连PX项目最终终止。

此外,其他一些舆情案例事件,诸如"刘涌案""宝马撞人案""局长日记案""赵作海案"等也是网络舆论反作用于社会的典型例子。

---

① 赵之滢,于海,朱志良,等.基于网络社团结构的节点传播影响力分析[J].计算机学报,2014(4):753-766.

② 克里斯塔基斯,富勒.大连接:社会网络是如何形成的以及对人类现实行为的影响[M].简学,译.北京:中国人民大学出版社,2013.

③ 汪小帆,李翔,陈关荣.网络科学导论[M].北京:高等教育出版社,2012.

④ 翟凤文,赫枫龄,左万利.字典与统计相结合的中文分词方法[J].小型微型计算机系统,2006,27(9):1766-1771.

3.4.3 把大众传媒的言论等同于社会舆论

在传媒界,大众传媒往往被称为"舆论界"。尽管大众传媒上的部分言论可能代表了一定范围内的舆论,或者这些言论本身就是舆论领袖或某些有影响的舆论人给出的,但并不是媒介上的所有言论都是舆论或舆论的体现。从另外一个角度而言,虽然大众传媒上的某些言论以社会舆论的姿态出现或者代表了一部分人的社会舆论,但实际上并不反映现实世界中绝大多数公众的意见和倾向。

3.4.4 把民意等同于社会舆论

民意指的是民众的意愿,在我国指的是人民群众共同的、普遍的思想或意愿。民意与社会舆论在多个方面存在着巨大区别。两者的区别主要表现在 3 个方面。首先,这两者概念的外延不同。社会舆论大于民意,社会舆论包括代表民意的舆论和不代表民意的舆论,民意的范围相对而言,要窄一些。其次,这两者概念的规模不同。社会舆论的规模可大可小,而民意一般是指较大范围内的民众意愿和倾向。最后,这两者概念的存在形态不同。社会舆论一般反映在外的,能被直接感知的,而民意有时却没有外显,未必能被人直接感知到。民意有显性形态和隐性形态两种形态,尚未表达出来的隐性形态的民意需要通过民意测验或出现了违反民意的事件后才会被凸显,被人感知,其具有一定的潜伏性和隐藏性。

除了区别之外,民意和社会舆论这两个概念之间也存在着一定的联系。两者的联系主要表现在如下几方面。

- 民意和社会舆论可能会在一定的条件下相互转化。当沉默或者潜藏的民意被测出或被激发出来以后,又有适当的环境条件便于民意的表达,民意就会转化为一种公开的舆论表达而在社会上广为传播。
- 同样,当代表民意的舆论被压制和转移以后,其就会转化为无声的民意而在社会上潜藏起来,等待下一次机会来临时的激发和展现。
- 当代表民意的舆论被某些团体或个人进行人为操纵时,这时舆论就有可能变为不代表大多数人意愿的舆论,成为违反民意的舆论,即民意被公开和公然强迫改变。

3.4.5 把众意或公意等同于社会舆论

18 世纪瑞士裔法国思想家、哲学家、作家、政治理论家卢梭曾经指出,人民的意见通常有众意和公意两种,众意是人们的相同意见和不同意见的总和,而公意是以公共利益为依归的,是众意的"最大公约数"。通过剖析众意和公意的基本概念,可以发现如下几方面。

- 显然众意并不等同于社会舆论,社会舆论指的是一种倾向一致的集合意识,而众意则包含复杂,兼容了相同意见和不同意见。
- 公意,假如不带褒贬色彩,含义与社会舆论相当,但公意又不完全等同于社会舆论。社会舆论是众人议论、意见表达、交流、碰撞和整合的结果,而公意却不一定如此。例如,在社会生活中,如果事先未经讨论,忽然要求公众就某一公共事务进行全民表决,此时形成的代表大多数人公共利益的公意可能就不是社会舆论,尽管此后它可以在某些条件下转化并聚集为社会舆论。

3.5 危机舆情应对处置

3.5.1 危机舆情处理 CPS 综合空间分析框架模型

Builder 和 Banks [1] 于 1991 年提出的"人工社会"方法较早地采用计算机仿真的思想构建人工社会,他们基于 Agent 技术建立了一个虚拟的社会实验室,以进一步认识各种社会现象,探索更好地解决诸如非常规突发事件的方法。

2014 年,中国科学院自动化研究所的王飞跃教授结合了计算实验和平行系统的思想,提出了 ACP 理论,也就是"人工社会-计算实验-平行执行"方法[2],ACP 理论结构图如图 3-1 所示,真实社会与人工社会之间是平行控制。

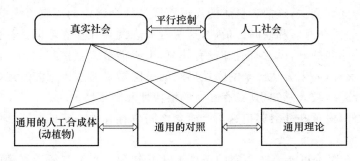

图 3-1　ACP 理论结构图

ACP 理论是指真实社会当中的一切想法、决策、规律都可以通过人工社会来进行模拟、仿真、实验、预测和评估,然后在真实社会中实施,并将实施后的结果带入新的人工社会中去迭代,构成一个完整的计算实验的平行系统。

在人工社会迅速发展的今天,ACP 理论已经是一门集成了计算机科学、社会科学、模拟技术、多 Agent 系统技术等学科的交叉领域,是一种典型的基于 Agent 的建模和仿真方法。其人工社会的基本思想是:人类社会是一个由许许多多的个人构建而成的复杂系统,可以在多维空间中建立每个个体(即社会大众中具体的人)的模型,即 Agent 模型。这些个体模型是必须依赖于真实物理空间存在的,所以同时还需要对现实世界的其他方面进行建模,比如说地理信息系统、网络信息系统和心理空间等,最终构成完整的人工社会模型。

通常,在研究过程中[3],特别是在研究危机舆情处理的时候,研究者通常会首先在 3 个不同的空间维度对紧急事故情况下的公众相关信息进行采集,这 3 个空间分别是物理空间(physical)、信息空间(cyber)和心理空间(social),这就是 CPS 综合空间分析框架模型,在危机或者重大事件舆情发生时,在物理空间、信息空间和心理空间上,通过该模型采集国家和社会

---

① Builder C H, Banks S C. Artificialsocieties: a concept for basic research on the societal impacts of information technology [R]. Santa Monica: RAND, 1991.

② 王飞跃. 人工社会、计算实验、平行系统——关于复杂社会经济系统计算研究的讨论[J]. 复杂系统与复杂性科学, 2004, 1(4): 25-35.

③ Deng X L, Yu Y L, Guo D H, et al. Efficient CPS model based online opinion governance modeling and evaluation for emergency accidents [J]. Geoinformatica, 2018, 22(2): 1-24.

大众所发生的变化,管理部门可对危机舆情进行分析和把控。

首先,CPS综合空间分析框架模型在物理空间中,通常会收集相关的物理信息,如破坏数据和伤亡数据等;在信息空间中,在基于分布式挖掘系统的帮助下,可以通过网络爬虫在新浪微博、腾讯微博、百度新闻、百度搜索、天涯论坛和Twitter收集公众意见;在心理空间中,可以对在线社交网络软件中关于重大紧急事件的舆论走向、高转发量数据进行倾向性分析。其次,该模型后台数据库根据各方面获得的数据和情报,进行各种模拟与计算,为决策制定做数据支持。最后,该模型根据分析计算结果,针对决策制定者身份,制定合适的决策,达到对紧急事故舆情进行有效处理的目的。

3.5.2　我国政府部门危机舆情应对的组织结构

目前,我国危机舆情应对层次结构如图 3-2 所示。国务院应急管理办公室是我国应急管理的最高行政管理机构,他的职责是指挥和调度各个省区市的应急办以及各部委局的应急组织结构。在这样的职能结构之下,省区市的应急办指挥属下的各市区的应急办,并协调不同城市或区域的厅局处的应急部门。我国的应急管理机制较为有效并且在应对突发事件时已经取得了一定成效,第一部综合性应急法律《中华人民共和国突发事件应对法》自 2007 年 11 月 1日起施行,我国应急管理体系建设已逐步进入制度化、程序化、规范化的轨道。

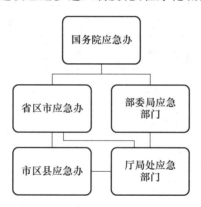

图 3-2　我国危机舆情应对层次结构

下面详细介绍省内政府间关系。省内政府间包含以下几方面的关系[①]:一是省-市-县三级政府间的关系;二是省-市-县各级政府主管部门之间的关系;三是省内同级政府间的关系;四是省政府部门与市政府以及市政府部门与县级政府之间的斜向政府关系。由于乡镇政府并非具备完整功能体系的地方政府,所以乡镇政府在此暂不作考虑。对各级地方政府的职能部门或机构的管理强调政令的上下一致,由此形成一个个相互平行的"条条结构";对于各级地方政府不仅强调一级政府的独立和完整,而且要确保政府内部各部门的相互协调和配合,由此则形成一个相互联系的"块块结构"。因此,条块结合是省内政府间关系的最大特征,图 3-3 和图 3-4分别为我国省级和地市级政府协调组织结构。

---

① 张晨,金太军,吴新星.应对重大突发公共事件省内政府间协调的制度分析——以 2008 年阳宗海砷污染事件为例[J].中国行政管理,2010(9):67-72.

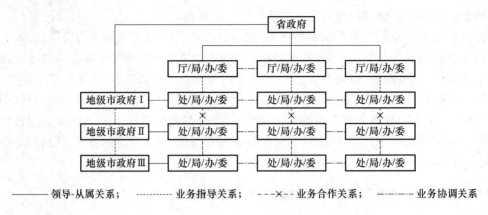

图 3-3　省级政府协调组织结构

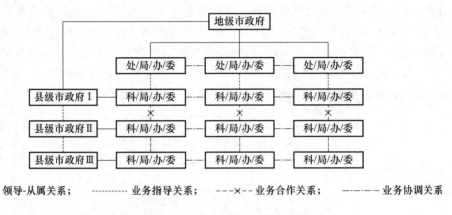

图 3-4　地市级政府区/县(县级市)协调组织结构

按照我国宪法和法律的规定,省-市-县三级政府之间属于领导与被领导关系,而上级政府部门与下级政府对口部门之间属于业务指导关系。

突发性灾难事件具有复杂性、紧急性、互动性、不确定性和不可预测性等特征,社会现代化和信息化又使突发事件灾难性扩大,同时我国应急管理机制建设起步晚,而我国的突发灾难性事件种类多、分布广,事件后果相对严重,借鉴美、日等发达国家的成功经验,建立符合我国国情的应急管理机制具有十分重要的现实意义。

3.5.3　我国政府部门危机舆情应对的工作流程

危机舆情应对的工作流程可以根据不同的研究侧重点作不同的阶段划分[1],有时划分得比较细,有时则划分得比较粗,如有三阶段、四阶段、五阶段及六阶段划分法等。无论哪种划分方法,其共同之处是都以时间序列为基础,从前向后对突发事件整个危机管理动态过程中的各个阶段加以研究。

以四阶段划分法为例,将突发事件的危机管理过程分为减灾、预备、反应和恢复 4 个阶段。

- 减灾是排在时间序列中最前面的,就是通过采取各种防范措施,尽量减少突发事件的形成机会,使其不出现或少出现。
- 预备是在突发事件出现之前就做好各种准备工作,在那些虽然经过减灾的努力仍然无

---

① 苗兴壮. 国内外公共突发事件应对研究述评[J]. 广东培正学院学报,2006(1):49-55.

法避免的突发事件一旦出现时不至于措手不及,预备阶段包括突发事件的预警系统的建设、紧急应对人员的培训及必要的事前演习等。

- 反应阶段是在突发事件出现以后及时采取紧急应对措施,启动在预备阶段事先制订好的预案,尽量控制其影响范围,将生命和财产的损失减少到最低限度。
- 恢复阶段是在紧急应对行动之后,采取各种必要的措施消除突发事件给经济、社会造成的各种不良影响,恢复正常的社会秩序。

防范及应对突发事件的预案和计划的制订、危机预警、危机决策、危机中的沟通、媒体管理、危机公关、形象管理、危机情景管理等内容,实际上都是整个突发事件危机管理动态过程中的某个侧面或片段。

表 3-2 和表 3-3 为具体的国家处理重大突发事件的工作流程。

表 3-2　Ⅰ级(重大突发事件舆论危机)响应处置程序

程序步骤	现场处理	相关部门工作
1	第一时间向上级报告	第一时间向主管领导报告
2	启动重大突发事件处置预案	启动重大突发事件处置预案
3	启动Ⅰ级舆论应对机制	启动Ⅰ级舆论应对机制
4	成立现场舆论应对指挥组织	成立领导小组第一时间赶赴突发事件现场
5	及时处置现场有关标识	成立舆论应对工作组
6	加强现场员工教育管理	明确下属局信息发布体系
7	加强现场记者采访管理	新闻发言人赶到第一现场
8	研究具体应对方案	研究具体应对方案
9	明确现场信息发布体系	与国家舆情管理部门沟通
10	与现场重点媒体进行沟通	与全国重点媒体进行沟通
11	与所在地新闻管理部门沟通	处置重点负面新闻报道
12	与下属局统一信息发布口径	确定信息发布口径
13	统一发布有关事件权威信息	统一发布有关事件权威信息
14	持续向上级报告现场动态	组织网络评论员开展舆情监控和正面舆论引导
15	积极引导现场记者离场	对事件舆情进行阶段性评估
16	做好必要的后续工作	必要时启动延伸应对方案
17	总结并改进舆情管理工作	总结并改进舆情管理工作

表 3-3　Ⅱ级(一般突发事件舆论危机)响应处置程序

程序步骤	现场处理	相关部门工作
1	第一时间向上级报告发生事件	第一时间向主管领导报告
2	启动Ⅱ级舆论应对机制	启动Ⅱ级舆论应对机制
3	成立现场舆论应对指挥组织	下属局宣传部工作人员第一时间赶赴突发事件现场
4	及时处置现场有关标志	指导所属单位研究应对方案
5	加强现场员工教育管理	必要时有关下属局领导赶到第一现场
6	加强现场记者采访管理	与有关媒体进行沟通
7	明确现场信息发布体系	处置重点新闻报道

程序步骤	现场处理	相关部门工作
8	与下属局统一信息发布口径	确定信息发布口径
9	统一发布有关事件权威信息	统一发布有关事件权威信息
10	积极引导现场记者离场	对事件舆情进行阶段性评估
11	做好必要的后续工作	做好必要的后续工作
12	恢复常规舆情管理状态	恢复常规舆情管理状态

第 4 章

网络空间现有国际规则及其对我国的启示

4.1 背 景

近年来,随着移动互联网、物联网、云计算、大数据等新型技术的应用,国家政治、经济、贸易、科技、军事等领域对网络空间的依赖度逐步增加。同时,随着网络犯罪、网络恐怖主义以及情报机构和军队等借用 DNS 劫持、木马病毒攻击、钓鱼网站等手段对网络的攻击,给各国在网络空间上的利益带来了巨大损失①。

解决网络空间威胁需要各国从多维度积极合作,构建有效的治理之道,管理、技术和法律等要素结合是网络空间治理的有效手段,良好的网络运行与治理规制是网络空间治理的重要组成部分,正所谓"没有规矩不成方圆"。网络空间的国际属性决定了建立全球范围内统一认可的共同规制是网络空间治理的根本,但是由于各国意识形态、宗教、国家制度等诸多原因,当前在网络空间领域国际共同规则的制定面临着诸多困难。

网络空间的规则体系是由法律、公共政策、条约、公约等所确立的运行和治理方式。网络空间规则体系自身的制定具有一定的滞后性,但是其不应该长期处于缺失的状态,网络空间规则体系的建设是实现各国维护好网络空间安全的基础,是构建网络空间命运共同体的前提。

当前,网络空间规则的制定主要围绕技术、军事安全和对策 3 个层面展开博弈。国家间的博弈主要表现为美国与欧洲对互联网主导权的争夺以及美欧与中、俄在治理理念和模式上的对立②。

目前,网络空间规则的制定仍然处于"规范兴起"的起始阶段,要达成一项全球网络空间协定还面临诸多困难和挑战,但是,明晰彼此底线并努力寻求共识应该成为推动网络空间规则制定的首要目标和任务。

4.2 当前网络空间国际立法的阻碍因素

当前网络空间国际立法的阻碍因素主要有如下几个。

① 各国网络战能力的不平衡性阻碍国际立法,其中包括各国网络战能力相差悬殊和各国

---

① 黄道丽.建立网络空间共同规则,促进国际社会合作共赢[J].中国信息安全,2015(12):81-83.
② 方滨兴.论网络空间主权[M].北京:科学出版社,2007.

对网络战立法的不同看法。

② 网络战引发的国际法后果问题，其中包括法律的滞后性和网络战的不断发展，对应的法律相对而言比较落后。

③ 国家对国际法的期望值问题，其中包括国家对国际法期望值低和国家对国际法期望值低阻碍立法。

④ 国际军事斗争形势问题，其中包括各国间网络攻击十分常见和各国网络战的立法缺乏动力等。

著名的互联网治理专家穆勒（Mueller）以其构建的互联网政治总体框架（即所谓的"网络民族主义"）来理解中国反对现有互联网治理机制、推进主权观念和政府间管理机构建立的各种尝试[①]。根据穆勒对 IGF 最初四年发展的经验性考察，尤其是对该平台上互联网治理的全球政治活动的观察，IGF 中存在 3 种类型的政治斗争，分别是与议程设置、代表权、根本原则有关的政治冲突。中国在代表权上争取更制度化的解决方案，同时要使之遵循传统的政府间组织模型；在议程设置上支持讨论争议性的议题（如关键互联网资源的管理问题）。

2016 年 11 月，美国东西方研究所全球副总裁布鲁斯·麦康纳在接受光明网记者的专访中如是说道[②]，"网络空间与人们的生活息息相关，各国政府都应该控制好各自的'网络武器'，遵守国际规则。""各国都有各自的'网络武器'，为了不让网络空间成为另一个'战区'，我们需要制定相应的网络空间国际规则。"同时，他也很期待网络空间国际规则的制定，并预测在未来五年内，符合各国和各国人民利益的国际规则将会成为现实。

4.3 网络空间现有规则管制的技术标准和主要范围

4.3.1 技术标准

当前的相关标准主要聚焦在国际电信联盟制定的相关技术标准。2014 年 3 月，ISO/IEC 国际标准化组织正式投票通过和发布了国际标准技术报告《未来网络问题陈述与要求第 5-安全》，该报告较为彻底和深层次地剖析与阐述了网络空间安全存在的问题，对网络空间安全提出了全面要求和全新理念。中国专家明确宣示了网络空间的"国家主权和管理权"主张，提出必须用全新的理念、规则协议和技术，构建全球平等、没有战争威胁的网络空间主动安全管理体系。

中国国家主席习近平在致第三十九届国际标准化组织大会的贺信中称："国际标准是全球治理体系和经贸合作发展的重要技术基础。国际标准化组织作为最权威的综合性国际标准机构，制定的标准在全球得到广泛应用。"

4.3.2 网络犯罪

随着社会信息化程度的快速提高，计算机网络犯罪问题在世界范围内日益备受关注。网

---

① Mueller M L. Networks and states: the global politics of Internet governance [M]. Cambridge: The MIT Press, 2010.

② 麦康纳: 中国推动网络空间国际规则制定符合各国及人民利益 [EB/OL]. (2016-11-20) [2016-12-10]. http://topics.gmw.cn/2016-11/20/content_26958268.htm.

络犯罪具有全球化、风险化、侦查取证难度大等特殊性,现有打击网络犯罪的国际法规不完善,并且目前尚未形成全球性公约对此进行规制。各国针对网络犯罪的国内法本身具有的域外效力有限,在打击网络犯罪时,这些规则显然难以支持。目前来看,形成全球性法律文书以有效地打击网络犯罪,将成为国际社会急需解决的问题。

1.《网络犯罪公约》的主要内容

2001 年 11 月 8 日欧洲委员会提出的《网络犯罪公约》是国际社会合作打击网络犯罪的第一个国际公约,其主要目标是在缔约方之间建立打击网络犯罪的共同的刑事政策、一致的法律体系和国际协助。该公约也称《布达佩斯网络犯罪公约》,是 2001 年由欧洲理事会的 26 个欧盟成员国以及美国、加拿大、日本和南非等 30 个国家的政府官员在布达佩斯所共同签署的国际公约。《网络犯罪公约》制定的目标之一是期望国际对于网络犯罪的立法有一致共同的参考标的,也希望国际在进行网络犯罪侦查时有一个国际公约予以支持,从而得以有效地进行国际合作。目前,欧洲委员会的《网络犯罪公约》已有 62 个缔约国,其条约有升格为各国国家立法的趋势。该公约第二章"国家层面上的措施"的第二部分"程序法"规定了有关电子证据调查的特殊程序,为各国制定电子证据刑事调查制度提供了一套具有开创价值的立法模型[①]。

《网络犯罪公约》除序言外,全文分为 4 章,共计 48 个条文。序言说明《网络犯罪公约》的功能、目标;第一章为术语的使用,即对网络犯罪涉及的术语进行名词定义,其中包括计算机系统(computer system)、计算机数据(computer data)、服务提供者(service provider)与电信数据(traffic data)等;第二章为国家层面上的措施,包括刑事实体法、刑事程序法和管辖权 3 个部分,其目的为要求各签约国在国内对应这 3 个部分采取措施,且在程序法部分规定了有关电子证据调查的特殊程序法制度,值得注意的是,在规范非法访问(illegal access)的行为方面,《网络犯罪公约》要求各国应立法明定非法访问为犯罪行为并应予处罚;第三章为国际合作,包括一般原则和特殊规定两个部分,在一般原则中包含规范引渡及相互合作等相关问题,而特殊规定则系有关计算机证据获取的问题,签约国应创建一周 7 天且一天 24 小时皆能联系的合作机制的网络,各国也要对相关人员加强训练,并配备必要的装备以配合各国合作事项的进行;第四章为最后条款,主要规定《网络犯罪公约》的签署、生效、加入、区域应用、效力、声明、联邦条款、保留、保留的法律地位和撤回、修订、争端处理、缔约方大会、公约的退出和通告等事项。

2. 关于《网络犯罪公约》的重要观点

《网络犯罪公约》为各国打击网络犯罪提供了一个法律模式。我国有关计算机犯罪的刑事实体和程序方面的立法与该公约的规定存在差异。为了打击计算机网络犯罪,我国应借鉴该公约的规定完善相关立法,并加强与其他国家之间打击计算机网络犯罪的合作。鉴于各国立场不同,如何形成全球性打击网络犯罪的国际法规范,是对现有国际法律规则进行修正,还是建构新的全球性国际规范? 各个国家有不一样的看法[②]。

《网络犯罪公约》作为国际社会反对网络犯罪、加强国际合作的重要产物,第一次明确了网络犯罪行为的种类及行为人的责任,规定了有关电子证据调查的特殊程序法制度,并确立了网络犯罪管辖的基本原则,但也存在网络犯罪划定范围过大、人权与自由保护不足、管辖权过分包容并易导致冲突等问题。因此对该公约需理性看待,应发掘、借鉴其闪光点来推动我国的网

---

① 皮勇.《网络犯罪公约》中的证据调查制度与我国相关刑事程序法比较[J]. 中国法学,2003(4):148-163.

② 朱明丽. 打击网络犯罪的国际法规范研究[D]. 广州:华南理工大学,2018.

络犯罪立法①。

2018年4月,联合国网络犯罪政府专家组第4次会议在维也纳举行。根据专家组第3次会议的决定,在后续会议中以《网络犯罪问题综合研究报告(草案)》(*Draft Comprehensive Study on Cybercrime*)为基础,讨论网络犯罪的实质问题,本次会议的重点就是对网络犯罪"立法和政策框架"和"定罪"议题进行了讨论,其中讨论的基础为一系列旧的区域性公约,包括《布达佩斯公约》在内②。当前,相关专家认为应当建构全球性打击网络犯罪的国际法规范。同时,结合前述的研究成果,对于建构全球性国际法规范,提出路径建议:发挥联合国在推动建构打击网络犯罪国际法规范中的主体作用,充分利用现有的国际法规范,重视非国际组织体;以及建构新公约的框架建议,在借鉴《布达佩斯网络犯罪公约》等现有的国际法规范的基础上,提出包括序言、刑事实体法、刑事程序法、国际合作机制等四方面的框架建议③。

4.3.3 网络战

当前网络战的相关规则主要以《塔林手册1.0》为核心。《塔林手册1.0》(*Tallinn Manual 1.0*),全称为《适用于网络战争的塔林国际法手册》,是由北约卓越合作网络防御中心(NATO Cooperative Cyber Defense Centre of Excellence,NATO CCDCOE)于2009年年底邀请的国际专家小组(20名西方国际法专家)历时3年(2009—2012年)集体编著而成的④。

1.《塔林手册1.0》的介绍及其背景

《塔林手册1.0》的总编辑为来自美国的迈克尔·施密特(Michael Schmitt),国际专家小组的成员分别来自英、美等西方国家。在起草过程中,主要由3个组织指派人员参加:北约(NATO)、红十字国际委员会(International Committee of the Red Cross)、美国网络司令部(United States Cyber Command)⑤。

《塔林手册1.0》的两大突出特点是:第一,其编纂者强调关注"实然法"(Lex Lata),而非"应然法"(Lex Ferenda),宣称该手册的内容属于《国际法院规约》第38条所指的"各国权威最高的公法学家学说",所提出的各项规则是习惯国际法的反映;第二,有关内容主要以国际法中关于规制战争(武力)问题的两个重要体系诉诸武力权(jus ad bellum)和战时法规(jus in bello)为中心。该手册的95条规则中,除了前9条(分别涉及与网络空间相关的主权、管辖权等内容)外,其余规则都与诉诸武力权和战时法规直接相关。

事实上,《塔林手册1.0》是一部在现有国际法框架内约束规制网络行动的文件,并不是法律文件,不具有法律层面上的约束力。但从发起机构和编纂人员的组成可知,《塔林手册1.0》兼有学术、政治和军事多重背景,且是以美国为代表的西方国家对网络空间的看法。

2.《塔林手册1.0》的主要组成内容

《塔林手册1.0》由四部分组成,分为9章,共95条规则。第一部分"一般国际法与网络空间"包括主权、审慎原则、管辖、国际责任法和未受国际法规制的网络活动。第二部分"国际法的专门机制与网络空间"包括国际人权法、外交与领事关系法、海洋法、航空法、空间法、国际电

---

① 杨彩霞.国际反网络犯罪立法及其对我国的启示——以《网络犯罪公约》为中心[J].时代法学,2008(3):104-108.

② 李彦.建构新的全球打击网络犯罪公约路径[J].中国信息安全,2018(7):93-94.

③ 朱明丽.打击网络犯罪的国际法规范研究[D].广州:华南理工大学,2018.

④ 黄志雄.网络空间国际规则制定的新趋向——基于《塔林手册2.0版》的考察[J].厦门大学学报(哲学社会科学版),2018(1):1-11.

⑤ 刘小川.《塔林手册》视野下网络攻击的武力使用问题分析[D].北京:中国社会科学院,2017.

信法。第三部分"国际和平、安全与网络活动"包括和平解决、禁止干预、使用武力、集体安全。第四部分"网络武装冲突法"包括一般武装冲突法、敌对行为、特定人员、目标与活动、占领、中立等内容[1]。

《塔林手册1.0》的基本立场是现有国际法规范完全可以适用于"网络战争",国际社会无须创制新的国际法规范以管辖网络行为。由此出发,《塔林手册1.0》限定了其讨论网络(攻击)行为的范围。首先,在诉诸战争权层面,该手册只讨论达到"使用武力"程度的网络行为,而不讨论主要由国内法管辖的一般网络犯罪。其次,在战时法层面,该手册只讨论涉及"武装冲突"(armed conflict)的网络行为,而通常不涉及诸如国际人权法或国际电信法的管辖领域。在这个意义上,《塔林手册1.0》讨论的是狭义的网络攻击行为,如针对某国核设施的网络操作或者针对敌方指挥官或指挥系统的网络攻击,而不包括已经纳入传统国际战争法讨论的机动(kinetic)武器攻击,如轰炸敌方网络指挥中心等,也不包括无线电干扰(jamming)等电子攻击形式。

在《国际网络安全法》部分中,第一章为"国家与网络空间",主要内容是确定国家、网络基础设施(cyber infrastructure)与网络行为之间的基本国际法关系。第二章是关于"使用武力"的规定。国际专家组强调,第二章对"禁止使用武力"和"自卫"的概念使用,完全来源于《宪章》第二条第四项的法律分析。对于网络攻击造成何种程度的伤亡、破坏和毁灭才算"武力攻击",专家们存在争议。虽然专家们普遍认为2007年爱沙尼亚遭受的网络攻击不构成"使用武力",但有部分专家认为2010年伊朗遭受的网络攻击已经构成"使用武力"。大多数专家认为,网络攻击的意图本身并不重要,国家有权对个人或组织发起的网络攻击(战争)进行自卫反击。在《(网络)武装冲突法》部分中,第三章是关于武装冲突法的一般规定,规定达到武装冲突境地的网络行为应当受到武装冲突法的管辖。第四章定义"敌对行为",这是《塔林手册1.0》最长也是最重要的一章。第一节定义何为"参加武装冲突"。在该节的标题评注中,专家组强调预防的"可行性"(feasibility),而非"合理性"(reasonable),这是因为网络攻击在手段和技术上具有不同于海陆空攻击的特殊性。进攻方负有"对民事目标的细致区分""核实目标""精选手段和方法""根据比例原则预防""精选攻击目标""取消和悬置攻击"以及"攻击警告"等预防义务;受攻击方负有尽最大限度的可行性保护平民或民事目标的义务。第五章规定网络战争中的"特定人员、目标和行为"的保护,这种保护义务来源于国际人道法。第六章基于武装冲突法规制有关"占领"的网络行为,因此不涉及非武装冲突法的占领行为。第七章是《塔林手册1.0》的最后一章,规定了基于武装冲突法的网络战争的中立法[2]。

3.《塔林手册1.0》的衍生——《塔林手册2.0》

(1)编纂人员的变化[3]

《塔林手册1.0》出版后,受到了各国政府和学界的关注,同时也引发了一些质疑,各国政府和学界认为该手册过度渲染"网络战"威胁,进而谋求通过国际法上的武力自卫权来应对网络攻击;其编纂成员全部来自美国、英国、德国等西方国家的"国际专家组",不具有真正的国际代表性。为此,CCDCOE在2014年年初举办的一个"低烈度网络冲突"小型研讨会上,宣布将

---

①　莉欣,武兰.网络空间安全视野下的《塔林手册2.0》评价[J].信息安全与通信保密,2017(7):65-71.

②　陈颀.网络安全、网络战争与国际法——从《塔林手册》切入[J].政治与法律,2014(7):147-160.

③　黄志雄.网络空间国际规则制定的新趋向——基于《塔林手册2.0版》的考察[J].厦门大学学报(哲学社会科学版),2018(1):1-11.

针对不构成使用武力的"低烈度"网络行动,从诉诸武力权和战时法规以外的平时国际法角度编纂一份新的《塔林手册》,即《塔林手册2.0》。《塔林手册2.0》是《塔林手册1.0》的姊妹篇和升级版,两者既有很大的延续性,又有若干重要区别。延续性主要体现在:《塔林手册2.0》仍由北约CCDCOE发起;担任项目组组长的仍然是美国海战学院国际法系的 Michael Schmitt 教授;《塔林手册2.0》仍由一批专家以非官方身份集体编纂;《塔林手册2.0》仍然关注"实然法",而非"应然法"。

《塔林手册2.0》和《塔林手册1.0》均由北约卓越网络合作防卫中心发起,项目负责人都是美国教授 Michael Schmitt,核心班底也基本一致。但是,国际专家组成员的国际化程度有所提高,除北约成员国专家外,白俄罗斯、泰国、日本和中国也各有一名专家参与。在起草思路方面,《塔林手册1.0》和《塔林手册2.0》均强调适用现实世界已有的国际法规则,即把现实世界的国际法规则适用到网络空间来。两次起草工作的专家都是以个人身份参加的,而不是受所在国政府委托的。

也就是说,《塔林手册2.0》的发起者、核心班底和工作方法都基本不变。在《塔林手册2.0》的内容中,战时法(即"网络战"部分)是由《塔林手册1.0》修订而来的,其作者(包括修订者)是《塔林手册1.0》的国际专家组;新增的平时法部分是由一个新的国际专家组完成的。

(2)编纂内容的变化

与《塔林手册1.0》局限于"网络战"方面的诉诸武力权和战时法规不同,《塔林手册2.0》更关注不构成使用武力和武装冲突的和平时期网络行动。由于绝大多数网络行动都发生在和平时期,显然,《塔林手册2.0》的适用范围比《塔林手册1.0》宽泛得多,并有望产生更大的影响力[①]。

作为升级版,《塔林手册2.0》与《塔林手册1.0》的区别主要表现在:首先,前者在《塔林手册1.0》有关诉诸武力权和战时法规等针对"网络战"的国际法规则基础上,新增了适用于和平时期的"低烈度"网络行动的国际法内容;其次,在负责编写《塔林手册2.0》新增部分的19名国际专家组成员中,邀请了3名分别来自中国、白俄罗斯和泰国的非西方专家,相比全部由西方国家专家组成的《塔林手册1.0》国际专家组,《塔林手册2.0》国际专家组国际化程度有所提高;最后,鉴于《塔林手册1.0》受到的另一个质疑,即该手册某些内容并未反映有关国家的立场和实践,《塔林手册2.0》的工作程序也进行了改进,举行了两次政府代表咨询会议,用以听取各国政府的评论和意见[②]。

4.3.4　数据保护

在数据保护方面主要以欧盟的《欧洲通用数据保护条例》(*General Data Protection Regulation*,GDPR)比较有代表性,欧盟最新的个人数据保护法案《一般数据保护条例》(以下简称《条例》)于2018年正式实施。《条例》在1995年颁布的《个人数据保护指令》(以下简称《指令》)基础上做出了一系列重大调整,如加强个人数据权利保护,强化企业维护数据安全的责任,限制企业针对个人的数据分析活动,加强对数据跨境转移的监管等。欧盟《条例》的颁布在全球范围内产生了广泛而深刻的影响,为大数据时代的个人隐私保护树立了新标杆,对我国

---

①　黄志雄.《塔林手册2.0版》:影响与启示[J].中国信息安全,2018(3):84-87.
②　黄志雄.网络空间国际规则博弈态势与因应[J].中国信息安全,2018(2):33-36.
　　何晓跃.网络空间规则制定的中美博弈:竞争、合作与制度均衡[J].太平洋学报,2018(2):25-34.

构建公民隐私保护法律体系以及维护国家数据主权具有重大的借鉴意义[①]。

欧盟历来重视个人隐私与数据保护,1981 年的《关于自动化处理的个人信息保护公约》、1995 年的《关于个人信息处理保护及个人信息自由传输的指令》(以下简称《指令》)和 2018 年 5 月 25 日正式实施的《通用数据保护条例》(以下简称"GDPR")分别是欧盟在不同阶段的标志性法律文件。总体来看,相关法规约束力逐渐增强,隐私保护标准逐步提高,操作条款也愈加具体[②]。

1. 欧盟出台《通用数据保护条例》的背景

一是互联网基础设施升级和技术进步使欧盟个人数据保护面临新情况。近年来,智能手机和移动互联网迅速普及,个人在使用移动互联网便捷服务时,也在互联网上留下了大量个人隐私数据。互联网企业在全面掌控和利用个人数据进行深加工的过程中,往往会触碰侵犯个人隐私权的法律底线。此外,个人数据信息不仅具有重要的商业价值,其跨国流动还可能对国家安全构成重大威胁。因此,2018 年欧盟出台的新版的《通用数据保护条例》既有加强个人隐私权保护的考虑,也是维护自身国家安全的需要[③]。二是全球互联网产业竞争格局的变化对欧盟提出了新挑战。目前,美国和中国是全球互联网产业发展"第一梯队"成员,欧盟国家以及日本等传统制造业强国则相对落后。在全球排名前 20 的互联网公司中,基本上都是美国和中国企业。在社交媒体和搜索服务等基础应用方面,欧盟市场几乎被以谷歌公司为代表的美国企业垄断。在网络基础设施方面,欧盟也处于相对弱势的地位。在此背景下,欧盟选择通过加强个人数据权利保护的方式提高互联网产业的竞争力和话语权。三是欧盟建立统一数据规则参与全球数据市场竞争的新举措。近年来,欧盟试图统一其成员国个人数据保护标准,从而建立统一的欧洲数据市场。长期以来,欧盟各成员国的个人数据立法标准存在巨大差异,不利于欧盟统一数据市场的形成。《通用数据保护条例》的出台不仅有利于欧盟形成一致的个人数据保护标准,推动欧盟成员国自身大数据产业的健康发展,还能提高欧盟在与美国和中国等数据大国博弈中的话语权。

2.《通用数据保护条例》的主要内容和特点

GDPR 在延续欧盟加强个人数据保护的传统思路基础上,将 1995 年《指令》的 34 条规定扩展至 99 条,同时增加了许多新概念、新原则和新权利,主要内容、突出变化和主要特点如下[④]。

① 法律层级由"指令"(directive)升级为"条例"(regulation)。1995 年《指令》是一项立法法令,它设置了所有欧盟国家必须实现的目标,但由各成员国决定如何适用,即需各成员国通过制定相应的国内法来进行转换。因此,基于自身历史、文化、制度等因素,各国在具体立法上可能存在较大差异。而 GDPR 是一项有法律约束力的立法法案,直接适用于整个欧盟,不再需要各成员国国内法转换,有效地解决了成员国之间法律制度的差异问题,从而在真正意义上统一了欧盟各成员国的数据保护规定。GDPR 实施前,欧盟各成员国均有数据保护机构,各国对 1995 年《指令》的解释与具体执行存在不一致、不协调等问题。为确保各成员国对 GDPR 执行尺度的一致性,GDPR 要求建立"一站式"(one-stop-shop)监管模式,即开展个人数据处理

①　姜涛,姚天顺,张俐.基于实例的中文分词-词性标注方法的应用研究[J].小型微型计算机系统,2007,28(11):2090-2093.

②　张莉.欧盟《通用数据保护条例》对我国的启示[J].保密工作,2018(8):47-49.

③　桂畅旃.欧盟《通用数据保护法案》的影响与对策[J].中国信息安全,2017(7):90-93.

④　王瑞.欧盟《通用数据保护条例》主要内容与影响分析[J].金融会计,2018(8):17-26.

活动的企业根据主要经营地确定主数据保护机构,并由主数据保护机构行使统一管辖权;其他成员国数据保护机构与主数据保护机构之间进行监管合作。"一站式"监管模式通过主数据保护机构对相关企业实现集中高效监管,企业无须分别向各成员国的多个监管机构履行监管义务。此外,GDPR 规定,各成员国数据保护机构对 GDPR 的解释应具有统一性。

② 明确域外适用性,GDPR 的适用范围有所扩大。1995 年《指令》的适用范围取决于属地因素,要么机构的成立地在欧盟,要么利用欧盟境内的设备进行个人数据的处理活动。相较而言,GDPR 管辖的主体,除欧盟境内的数据控制者和数据处理者外,还包括欧盟境外的数据控制者和处理者,只要其数据处理活动向欧盟境内的个体提供商品或服务,或涉及监测欧盟境内主体活动的一概都受 GDPR 管辖。这意味着任何网站甚至手机软件(App)只要能够被欧盟境内的个人所访问和使用、产品或服务使用的语言是英语或特定的欧盟成员国语言、产品标识的价格为欧元,都将适用于 GDPR。这也是 GDPR 在全球引起极大关注的重要原因之一。无论是银行、保险、航空等传统行业,还是电子商务、社交网络等新兴领域,只要涉及向欧盟境内个人提供服务并处理个人数据,都将属于 GDPR 的适用范围。

③ 违规处罚力度大幅提高。除跨境管辖外,GDPR 令全球高度关注的另一个原因是其严厉的处罚措施。按照 GDPR 的规定,欧盟和成员国数据保护机构除可行使警告、申诫、责令整改或中止数据传输等处罚权力外,还可针对违规行为处以高额罚款。GDPR 根据违规程度,设置了两档罚金。a. 处以 1 000 万欧元或者上一年度全球营业收入的 2%,两者取其高。针对的违法行为包括:未实施充分的 IT 安全保障措施,未提供全面、透明的隐私政策,未签订书面的数据处理协议等。b. 处以 2 000 万欧元或者企业上一年度全球营业收入的 4%,两者取其高。针对的违法行为包括:无法说明如何获得用户的同意,违反数据处理的一般性原则,侵害数据主体的合法权利以及拒绝服从监管机构的执法命令等。由于引入全球营业收入作为处罚基准之一且取其高者为违规处罚金额,因此,GDPR 对于违规行为,特别是大型跨国公司的违规处罚力度相当大。以微软为例,其 2017 年全球营业收入为 899.5 亿美元。如果微软严重违规(符合第 2 档处罚规定),欧盟有权依据 GDPR 对其处以 35.98 亿美元罚款(远超过 2 000 万欧元)。此外,无论违规行为是主观故意或过失导致,都将面临高额处罚,区别只在于适用哪一档罚则而已[①]。

④ 数据主体权利得到强化。GDPR 在 1995 年《指令》的基础上,进一步明确细化了数据主体的权利,从而在实现加强个人数据保护目标的同时,促进欧盟内部信息流动。其中,数据被遗忘权、数据可携带权为 GDPR 引入的新型权利,值得关注。

⑤ 强化数据控制者和处理者的问责机制。为充分保障数据主体的权利,GDPR 要求企业在内部建立完善的问责机制。一是创新性地要求企业设立数据保护官(Data Protection Officer,DPO)。数据保护官的联系方式必须予以公布,且向监管机构报备。二是要求企业进行文档化管理(documentation)。数据控制者必须全面记载其数据处理活动,做到一举一动都有据可查。三是明确数据泄露报告义务。一旦发生数据泄露事故,数据控制者应在 72 小时内通知监管机构。企业应当建立周密的制度安排,包括数据安全管理流程、泄露事故发现、上报预案等,以符合 GDPR 的严格要求。四是明确数据处理者的义务。1995 年《指令》主要适用于数据控制者,GDPR 则对数据控制者、数据处理者在大多数情况下提出了相同的要求,例如,数

---

① 桂畅旎.欧盟《通用数据保护法案》的影响与对策[J].中国信息安全,2017(7):90-93.

据处理者也需设立数据保护官,在发生数据泄露事故时应及时报告数据控制者等①。

3.《通用数据保护条例》对我国的启示和建议

① 全面提高数据收集与处理活动的透明度,从全球范围看,加强大数据时代的个人隐私保护是不可逆转的潮流。尽管在个人数据隐私保护的理念、立法模式以及法律内容等方面,欧盟与美国存在显著差别,但两者的共同之处在于都强调公民个人数据收集与处理活动的透明性。这应当成为我国完善个人数据隐私保护立法的首要原则。具体而言,企业收集、处理个人信息须经数据主体明确授权;企业或组织采集个人数据时,必须以适当方式说明数据使用目的、应用情境以及潜在的风险情况;在应用情境发生变化时,数据采集方必须进行突出说明。在此基础上,我国应全面提高个人数据收集与处理活动的透明度,保障数据主体的知情权和隐私权。我国于 2017 年 12 月颁布的《信息安全技术个人信息安全规范》(简称《安全规范》)首次从国家技术标准的层面提出了个人数据采集的规范,其中对数据采集的透明度进行了明确规定。我国应当在此基础上进一步加快相关立法工作,尽快出台适合我国国情的个人数据保护法律法规。

② 明确界定相关数据主体的权利与责任是保障个人隐私和促进数字经济健康发展的法律基础。对于数据主体而言,应当借鉴欧盟立法经验,明确赋予数据主体知情权、数据获取权、修改权以及携带权等基本权利,对于《通用数据保护条例》开创的个人数据被遗忘权和删除权,则应当根据我国互联网产业发展以及个人隐私保护的需要认真研究并制定执行细则。对于数据使用主体,应当明确其保护个人隐私和数据安全的法律责任,要求其采取必要的技术和管理措施全面加强数据保护。应当借鉴欧盟的经验,一是引入数据泄露通知制度。当发生个人数据泄露等重大风险时,数据保管方必须及时向监管机构上报,通知并配合数据主体采取妥善措施降低潜在的负面影响,并为此承担法律责任。二是确立隐私保护的缺省原则——数据采集最小化原则。即企业仅采集、保存和使用与其开展特定业务直接相关的个人数据,并确保数据在最小范围内流转使用。三是数据保管方在委托第三方进行数据处理或分享数据时,数据使用主体应当履行监督义务并承担相应法律责任。

③ 做好个人隐私权与企业发展权的平衡,从欧盟《通用数据保护条例》颁布实施后所产生的社会影响上来看,大数据时代加强个人数据隐私保护的法律设定应当考虑权利平衡原则。从微观层面看,应当维持个人数据的被遗忘权和删除权、企业发展权和社会责任之间的平衡。从宏观层面看,维护国家数据安全、鼓励互联网技术创新和培育互联网产业的全球竞争力也需要平衡。公民隐私数据保护应当"有理、有利、有度",不应以牺牲互联网企业的利益和整体产业发展为代价。为个人隐私数据提供司法保护时,也应建立和完善对互联网企业的司法和行政救济体系,从而平衡好双方利益,促进我国互联网行业健康持续发展。这一点在 2017 年 12 月颁布的《安全规范》中并未进行明确的界定,学术界和司法界还应当在借鉴国际经验的基础上,从培育我国数字产业长期可持续发展和提升人民生活幸福感的高度,做好平衡个人隐私权与企业发展权的法律制度设计。

④ 从严监管数据分析活动和进行跨境数据转移的大数据分析是挖掘数据价值、发展数字经济的必要手段。然而,不受法律约束的大数据分析,既有可能侵犯公民个人隐私权,也有可

---

① 何波.欧盟《通用数据保护条例》简史[J].中国电信业,2018(6):60-63.

能为国家数据安全带来隐患。因此,我国应参考欧盟《通用数据保护条例》的相关规定,对相关企业使用个人隐私数据进行大数据分析的行为进行规范和监管。尤其是当企业将大数据分析用于评估个人特定方面(如信用评估)时,其评估结果可能对个人产生法律效果或重大影响。故而应当赋予个人数据主体不受其评估结果约束的权利。我国从"数据大国"向"数字强国"迈进的过程中,维护数据主权至关重要,应借鉴欧盟经验,构建符合我国特殊国情的跨境数据传输审查和安全评估机制,对个人数据跨境转移实施严格监管,切实维护公民个人隐私和国家数据安全[①]。

4.3.5　网络空间主权

网络空间主权的概念主要由中国和俄罗斯等主要发展中国家提出,具体概念在这些国家向联合国大会联合提出的《信息安全国际行为准则》和《网络空间国际合作战略》中有所提到,这些国家在治理主体上坚持"基于网络空间主权的各国平等的多边模式"。网络空间主权以国家主权为基础,构建在网络时代的国家主权的坚固基石,同时,反对美国主导的"利益攸关方"的多方模式,因为该模式只有利于西方及美国的互联网上游企业,而没有提供给发展中国家参与治理的话语权。特别地,网络空间主权模式也能很好地保护中国的国家安全,避免出现乌克兰橙色革命、利比亚动乱等混乱局势,保护我国近40年的改革开放丰硕成果。

4.4　我国主要参与制定的网络空间领域国际规则

4.4.1　《信息安全国际行为准则》

2011年,中国、俄罗斯、塔吉克斯坦和乌兹别克斯坦向大会第六十六届会议联合提交了《信息安全国际行为准则》,该准则成为第66次联合国大会正式文件。后来,吉尔吉斯斯坦和哈萨克斯坦加入并成为共同提案国。中国、俄罗斯、乌兹别克斯坦、吉尔吉斯斯坦、塔吉克斯坦、哈萨克斯坦于2015年1月向联合国大会共同提交了新版《信息安全国际行为准则》。

这份《信息安全国际行为准则》文件就维护信息和网络安全提出了一系列基本原则,涵盖政治、军事、经济、社会、文化、技术等各方面,包括各国不应利用包括网络在内的信息通信技术实施敌对行为、侵略行径和制造对国际和平与安全的威胁;强调各国有责任和权利保护本国信息和网络空间及关键信息和网络基础设施免受威胁、干扰和攻击破坏;建立多边、透明和民主的互联网国际管理机制;充分尊重在遵守各国法律的前提下信息和网络空间的权利和自由;帮助发展中国家发展信息和网络技术;合作打击网络犯罪等。该准则类似于西方的《塔林手册》。

该准则的内容如下。

(一)遵守《联合国宪章》和公认的国际关系基本准则,包括尊重各国主权,领土完整和政治独立,尊重人权和基本自由,尊重各国历史、文化、社会制度的多样性等。

(二)不利用信息通信技术包括网络实施敌对行动、侵略行径和制造对国际和平与安全的威胁。不扩散信息武器及相关技术。

---

① 于靓.论被遗忘权的法律保护[D].长春:吉林大学,2018.

（三）合作打击利用信息通信技术包括网络从事犯罪和恐怖活动，或传播宣扬恐怖主义、分裂主义、极端主义的信息，或其他破坏他国政治、经济和社会稳定以及精神文化环境信息的行为。

（四）努力确保信息技术产品和服务供应链的安全，防止他国利用自身资源、关键设施、核心技术及其他优势，削弱接受上述行为准则国家对信息技术的自主控制权，或威胁其政治、经济和社会安全。

（五）重申各国有责任和权利保护本国信息空间及关键信息基础设施免受威胁、干扰和攻击破坏。

（六）充分尊重信息空间的权利和自由，包括在遵守各国法律法规的前提下寻找、获得、传播信息的权利和自由。

（七）推动建立多边、透明和民主的互联网国际管理机制，确保资源的公平分配，方便所有人的接入，并确保互联网的稳定安全运行。

（八）引导社会各方面理解他们在信息安全方面的作用和责任，包括本国信息通信私营部门，促进创建信息安全文化及保护关键信息基础设施的努力。

（九）帮助发展中国家提升信息安全能力建设水平，弥合数字鸿沟。

（十）加强双边、区域和国际合作。推动联合国在促进制定信息安全国际规则、和平解决相关争端、促进各国合作等方面发挥重要作用。加强相关国际组织之间的协调。

（十一）在涉及上述准则的活动时产生的任何争端，都以和平方式解决，不得使用武力或以武力相威胁。

4.4.2 《网络空间国际合作战略》

2015 年我国发布了《中华人民共和国国家安全法》，首次把网络空间主权这一概念提升到法律高度。2016 年 11 月 7 日我国发布了《中华人民共和国网络安全法》，提出"国家主权拓展延伸到网络空间，网络空间主权成为国家主权的重要组成部分"，"网络空间主权不容侵犯"，"坚定不移地维护我国网络空间主权"，"网络空间是国家主权的新疆域"，强调了维护网络主权的重要性，从多维度详细阐明维护网络主权要遵守的法律法规。2017 年 3 月 1 日我国发布了《网络空间国际合作战略》，确立了中国参与网络空间国际合作的战略目标，其中维护网络空间主权是首要目标，足见我国对于网络空间主权的重视程度。

《网络空间国际合作战略》（以下简称《战略》）提出以和平、主权、共治、普惠等 4 项基本原则推动网络空间国际合作。《战略》倡导各国切实遵守《联合国宪章》宗旨与原则，确保网络空间的和平与安全；坚持主权平等，不搞网络霸权，不干涉他国内政；各国共同制定网络空间国际规则，建立多边、民主、透明的全球互联网治理体系；推动在网络空间优势互补、共同发展，跨越"数字鸿沟"，确保人人共享互联网发展成果[①]。

《战略》还从 9 个方面提出了中国推动并参与网络空间国际合作的行动计划[①]，主要包括：倡导和促进网络空间和平与稳定；推动构建以规则为基础的网络空间秩序；不断拓展网络空间伙伴关系；积极推进全球互联网治理体系改革；深化打击网络恐怖主义和网络犯罪国际合作；

① 沈逸.全球网络空间治理原则之争与中国的战略选择[J].外交评论(外交学院学报),2015,32(2):65-79.

赤东阳,刘权.从《网络空间国际合作战略》看我国维护网络空间主权的思路[J].网络空间安全,2017,8(Z1):11-16.

倡导对隐私权等公民权益的保护；推动数字经济发展和数字红利普惠共享；加强全球信息基础设施建设和保护；促进网络文化交流互鉴。

4.5 我国推动的全球网络空间治理结构

结合清华大学崔保国教授和中国社会科学院郎平研究员的研究思路，中美网络空间各自八字原则的区别反映了将来治理和合作的趋势，从机构上而言，我们改变了 2013 年之前网络空间"九龙治水"的格局，形成了以中央网信办为主体，国家互联网新闻办、CNNIC（对应到 ICANN 的功能）、国家互联网应急中心（主要负责病毒和网络攻击）协调的国内治理机构，并且较明显地与国际上的网络空间治理在技术、军事安全和对策等 3 个层面进行互动。

从国际层面来看，我国推动的网络空间治理结构主要要素如下。

（1）治理主体

坚持基于网络空间主权的各国平等的多边模式。网络空间主权以国家主权为基础，构建在网络时代的国家主权的坚固基石，同时，反对美国主导的"利益攸关方"的多方模式，因为该模式只有利于西方及美国的互联网上游企业，而没有提供给发展中国家参与治理的话语权。同时，网络空间主权模式也能很好地保护中国的国家安全，避免出现乌克兰橙色革命、利比亚动乱等混乱局势，保护中国近 40 年的改革开放丰硕成果。

（2）治理机制

构建基于 ICANN（互联网名称与数字地址分配机构）、WSIS（信息社会世界峰会）、IGF（互联网治理论坛）的多边治理机制，形成中美、中俄、中英、中欧等多种双边会谈机制，消灭网络战的危险。通过上海合作组织、金砖四国等构建代表发展中国家利益的网络空间利益组织，便于与欧盟、美国等发达国家在网络空间领域制定规则和享受平等的地位。在打击网络犯罪上基于《塔林手册》，和欧盟、美国等主要国家打击共同的敌人——网络犯罪。遏制网络战，尽量和各国在网络战领域保持和平，不让网络空间成为继海、陆、空、天之后的另外一个全球性的战区。

（3）治理机构

依据中国社会科学院郎平研究员的提法，将网络空间国际规则分为 3 层进行考虑：在技术层，和其他国家与组织一起打击网络犯罪，包括电信诈骗、网络攻击、黑客攻击等非法网络行为，保护各方共同的合法利益；在军事安全层，努力发展自己的网军力量，从技术储备和军事储备上获得与美国、欧盟等国家对等的网络空间军事优势，打破过去美国在网络空间技术上一直处于主导的地位，集中优势兵力和力量发展芯片、量子计算等网络空间所依托的重要基础技术；在社会公共政策层，弘扬和传播网络空间的正面文化，抵制色情、反动等负面文化，最大限度地利用互联网给人类的生活带来便利，享受数字经济的发展红利，趋利避害，"打造清朗的网络空间"，对外传播体现中华民族正能量的传统文化，对内传播西方先进科学知识和科学理念，更好地促进我国现代化事业的建设。

4.6　中国互联网治理现状

4.6.1　互联网治理的重要性

中国的互联网行业目前正处于快速发展的阶段。根据中国互联网络信息中心2019年第44次《中国互联网络发展状况统计报告》的数据显示,截止到2019年6月,我国网民规模达8.54亿,较2018年年底增长2 598万,互联网普及率达61.2%,较2018年年底提升1.6个百分点,互联网的普及率也进一步增加,互联网已发展成了社会公众日常生活中不可缺少的一部分。

作为已发展成面向社会公众的全球性基础设施,互联网在带给我们巨大便利的同时,也产生了网络病毒、网络犯罪、淫秽色情等一系列危害国家、社会和个人利益的问题。为此,不断完善和改进互联网治理已迫在眉睫,被提上日程。

4.6.2　我国互联网治理存在的问题

历经十几年的探索,我国在互联网治理方面得到了不断的加强和完善,在一定程度上维护了互联网的健康与和谐发展。但随着时代的不断发展变化,我国的互联网治理中仍然存在着许多问题与不足,其中最为突出的是以下3点。

1. 治理体制不完善

我国现行互联网治理体制,各部门权责分工基本参照以往传统行业。但传统行业各自为政、多头管理的治理模式并不完全适用于这一新兴行业,造成了治理过程中出现管辖争议、监管交叉和空白等问题。

2. 基础立法尚有欠缺,新趋势立法滞后

虽然我国互联网立法已初成体系,但基础的底层框架立法尚有欠缺,在覆盖方面存在不足。同时对于互联网中新技术和新业务的发展,立法不能及时跟进,存在一定的滞后性。例如,在"互联网＋"的发展下,融合业务已成了互联网发展的主流趋势,但我国在融合背景下的立法仍相对空缺。

3. 监管体系没有协同发展,较空白落后

由于技术支持有限,在我国的互联网治理中监管体系基本处于缓慢发展的状态,存在监管技术手段滞后,相关监管部门和人员监管理念和能力不足等问题。

4.7　国外互联网治理情况及其对我国的借鉴作用

一直以来,英国、美国和日本等发达国家在强调互联网自由的同时,都在不断地加强互联网的治理。综合考查他们的治理措施,以下几点值得我们借鉴和学习。

1. 统一监管机构

设立统一的监管机构,可以打破各领域的壁垒,使信息、业务等更好地融合,节约部门间的协调成本,有效提高监管水平。例如,美国合并设立国家安全人员团队(the National Security

Staff)和国家网络安全顾问办公室,任命专门的网络安全协调员。英国 2003 年 7 月颁布了《通信法》,设立了新的统一监管机构——通信办公室(Office of Communications)。

2. 完善相关立法

立法是基础。完善的立法为监管机构的权责分工、监管执法提供了法律依据,保证了监管活动依法进行;可有效避免争权和推诿,提高监管效率。例如,美国通过大量的直接立法(《反域名抢注消费者保护法》《网络安全增强法》等)和网络司法判例,不断地充实和更新传统法律法规和判例,形成了较为完善的互联网治理法律体系;欧盟制定了大量的网络法律(如《网络犯罪公约》《隐私与电子通信指令》等),并要求成员国通过国内法落实欧盟指令。

3. 加强信息共享

各监管机构权限不同,所掌握的信息也不同,而互联网治理的复杂性要求不同级、同级监管机构间信息共享,协调监管执法行为。因此需要建立和完善监管协调和信息共享机制。美国 2002 年的《网络安全研究与发展法》要求联邦政府对计算机和网络安全研究与发展项目的投资,必须合理协调产业、政府、学术研究项目三者间的信息共享与合作。澳大利亚于 2002 年 3 月成立核心基础设施方面政企合作的任务组,并于 2003 年 4 月设立了可信信息共享网络(TISN)。

4. 注重全员参与

注重全员参与,培养和教育网民互联网治理方面的知识,这有利于互联网自由情景下的治理。美国 2009 年的《网络安全法案》提出,应制定并开展一场国家网络安全意识运动,以提高公众对网络安全问题的关切和认识,告知政府在维护互联网安全和自由、保护公民隐私方面的作用,并能够利用公共和私营部门手段向公众提供信息。澳大利亚的《国家电子安全章程》将个人家庭、企业和政府共同纳入电子安全保障体系。

5. 促进国际合作

网络空间是一个开放的国际资源,应该受到公平的国际机制的规范。支持互联网治理的国际化,避免国际犯罪。俄罗斯在 2012 年 12 月迪拜举行的国际电信大会上提出各成员国政府应加强国际合作,促进互联网发展与治理。2015 年 5 月,俄罗斯与中国签署了《国际信息安全保障领域政府间合作协议》,特别关注利用计算机技术破坏国家主权、安全以及干涉内政方面的威胁。

4.8　完善我国互联网治理的建议

基于我国国情并参考他国经验,针对互联网治理,笔者提出以下几点建议。

4.8.1　体制结构方面

1. 优化互联网治理的金字塔结构

自 2014 年 2 月后,我国的互联网治理结构主要是以中央网络安全和信息化领导小组为统筹,各部门、机构参与的金字塔式治理模式。中央网络安全和信息化领导小组主要起到统筹协调涉及各领域的网络安全和信息化重大问题,研究制定网络安全和信息化发展战略、宏观规划和重大政策,以及推动相关法制政策等的作用。其出现不仅是我国向网络安全和信息化国家战略迈出的重要一步,而且也丰富了我国互联网治理的层次。

此举虽添加了顶层的治理机构,使得原有的互联网治理模式有所改善,但金字塔治理结构里中低端部分存在的实质问题却仍未得到解决,日常监管不力和"踢皮球"现象屡见不鲜。所以基于我国的实际国情,笔者建议应针对金字塔模式的中、低端部分进行优化。具体来说就是按互联网关键治理领域将机构和部门进行归类,合并同一领域节点下的负责相似或相近事项的部门/机构,将原有事项交由合并后的部门/机构管理,实行责任追究制。同时在每一节点建立专业委员会,各机关部门对所属领域的上级专业委员会负责。专业委员会之间定期召开会议,相互协调运作,并每年向中央网络安全和信息化领导小组提交综合的互联网治理评估报告。还可考虑在原有的互联网金字塔式治理结构外单设权威的中央网络安全与信息化专家咨询委员会,对涉及国家互联网治理以及信息化的重大问题提供决策咨询服务。

2. 明确金字塔各层级的职责和权力

在优化了金字塔中、低端层级的互联网治理结构后,应当尽快明确优化层级后的各治理机构的权力和职责,避免再次出现职责交叉和监管空白的现象。

在互联网的监管治理过程中,往往会因结构部门之间的权限和职责划分不清晰,从而导致各机构间责任推诿和利益争夺,无法发挥出金字塔中、低端分区多元治理的效益。所以,要避免监管治理过程中会发生的"名不正、言不顺"、监管空白和交叉现象,笔者建议要通过立法或统筹机构来明确规定其余机构的法律地位和职责权限,做到分工明确,各司其职,最终形成中、低端部分多元统一的和谐治理。

3. 加强宣传已特设的机构、平台,促进全员参与

互联网使用的普遍化、全民化已成为发展趋势。培养和教育新生网民的互联网治理知识,同时提高已使用者的互联网治理意识,是从根本上促进我国互联网治理的一项重要举措。为了达到此目的,我国已特地设立专门的机构平台——中国互联网违法和不良信息举报中心——来接收网民举报的网络乱象和不良信息,并期望以此促进全民共同参与治理,有效地减轻政府工作并形成社会共同监督治理的良好风气。但该类平台目前存在的一个关键问题就在于知名度不高,不被受众所了解。据相关数据显示,约有 78% 的网民不知道此类平台机构的存在。

为能有效达到平台成立的目的,使其真正承担教育作用,扮演网民提供信息的信箱角色,在此笔者建议,应加强该类平台的宣传,普及平台信息,让更多群众认识到有此平台的存在,鼓励促进网民参与,真正形成共同治理的社会风潮。

4.8.2　立法方面

1. 针对互联网主体完善基础性立法

目前互联网治理立法方面存在互联网专门立法滞后、立法位阶较低、基本法较少、部门规章较多的立法碎片化问题和忽略产业发展、公民个人权利保护等立法片面性问题。针对上述问题,笔者主要从政府/监管机构、市场(企业)和用户方面等互联网参与主体的角度提供建议。

(1)政府/监管机构

目前大部分互联网相关立法都是政府各部委根据需要颁布的部门规章和规范性文件,而非由立法机构全国人民代表大会制定的完全意义上的法律,立法位阶低。这直接导致下位法数量多于上位法数量的现象,同时由于缺乏了上位法和体系化设计,还导致立法分散、执法脱节等问题。针对互联网专门立法滞后、立法位阶低的问题,希望政府能提高重视,将互联网立法不仅局限在政府内部各部门,而是通过全国人民代表大会等更为有力的组织机构,举全国之力完善互联网相关立法,听取来自社会各个阶层的声音,制定更为科学、公平、有效的互联网法律。

从法律结构而言,基本法较少,部门规章较多,导致很多部门面对权利时一哄而上,面对义务和责任时则相互推诿。针对立法碎片化问题政府应建立统一的互联网立法机制,在强调工作重点的同时建立具有统领碎片化法律规范的上位法,寻找错综复杂的部门规章之间的平衡点,使得冲突面前有法可依。

(2)互联网企业/提供服务者

目前互联网相关立法过度强调政府对互联网的管理,而对于互联网产业发展的重视不够,造成权利与义务的不对称。与行政机关相比,实际参与市场经营活动的服务提供者(企业),对于互联网行业的认识更为深入和独特,故而其对于互联网立法中的建议也更具针对性,能够促进更为科学有效的互联网法律的诞生。为了促进各个行业的蓬勃发展,各行业的服务提供者需要积极参与到互联网立法的过程中,充分发挥参与市场竞合的实践经验,形成以服务提供者(企业)为依托的互联网立法体系。

(3)用户

针对目前互联网相关立法对公民个人权利保护重视不够的问题,首先应当尽快确立个人信息权,并明确其内涵,从而逐步确定个人信息利用的规则,为个人信息的利用奠定基础的同时,为网络服务提供者收集、利用个人信息提供清晰的规则。在进行个人信息立法时,应在有效保证个人的人格权益的同时在公序良俗和法律秩序的范围内充分发挥其经济效用。此外,不同的信息处理、利用环节,个人信息的利用、保护规则也应当存在一定差别,我国的个人信息立法应当区分不同的个人信息利用,处理环节设置不同的法律规则,以使个人信息能够安全有效地发挥应有价值。

2. 完善"互联网＋"等相关立法工作

互联网与各个传统行业的结合如雨后春笋般不断涌现,发展"互联网＋",在立法过程中一方面要完善互联网融合标准规范和法律法规,增强安全意识,强化安全管理和防护,保障网络安全;另一方面应针对互联网与各行业融合发展的新特点,加快"互联网＋"相关立法工作,提高立法效率以适应并指导处于不断变化的互联网市场环境,研究、调整、完善不适应"互联网＋"发展和管理的现行法规及政策规定。

4.8.3 监管方面

1. 政府监督

针对目前互联网治理存在的监管不力的问题,除了从体制结构和立法层面完善,更要真真正正地落实到政府的执法和监督上,确保各项措施和法律发挥最大作用。政府应在相关立法逐渐完善的基础上加大执法力度,树立网络治理越发重要的意识。可以成立专门工作小组,针对网络犯罪、侵犯个人隐私、破坏网络主权等的行为及时作出反应,密切关注网络动态,对扰乱互联网秩序的行为加大打击力度,从而达到警示、惩戒、治理的效果。

2. 行业内部监督

在政府对网络治理进行外部监督的同时,互联网内部也要对自身的行为进行全方位的监督。互联网行业协会作为政府和企业间的社会中介组织以及行业内的自律管理组织,应明确自身职责,制定明确的章程,对不利于互联网治理的行为作出相关警示、处罚等决定,维护互联网的良好秩序。此外,参与市场经营活动的服务提供者(企业)相互之间进行监督,除自身应严格遵守法律法规外,对其他企业的违法犯罪行为应向行业协会或政府相关部门举报,从而促进整个网络环境和秩序的良好发展。

4.9　具体操作建议

由此可见,当前我国缺乏的是与法律层面的网络安全治理相关的基础性网络的立法深耕。随着互联网治理的全球形势和国内形势的变化,应对这些基础性网络立法进行相应的调整。这些基础性网络立法主要包括《中华人民共和国网络安全法》《中华人民共和国电子商务法》、个人信息保护法、网络信息服务管理法、电子政务法、电信法等 6 个方面。

4.9.1　《中华人民共和国网络安全法》的完善建议

《中华人民共和国网络安全法》是为了保障网络安全,维护网络空间主权和国家安全、社会公共利益,保护公民、法人和其他组织的合法权益,促进经济社会信息化健康发展制定的法律。已由全国人民代表大会常务委员会于 2016 年 11 月 7 日发布,自 2017 年 6 月 1 日起施行。该法律是网络安全领域的基础性法律,目的在于建立网络安全各项基本法律制度,作者认为其对应需完善的方面有如下几个。

① 加强个人信息保护,需要将"数据安全性＝数据完整性＋数据保密性＋数据操作合法性"的概念进一步法律落地化和推广,让其概念深入人心。进一步明确数据使用过程中数据所有者、数据采集者、数据保管者、数据使用者各自的定位、享有的权利和应该承担的责任、义务。

② 应当进一步强化网络运营者的社会责任。运营者必须遵守法律、行政法规,遵守社会公德、商业道德,履行网络安全保护义务,接受政府和社会公众的监督,承担社会责任。网络运营者留存网络日志不得少于 6 个月;网络运营者对有关部门依法实施的监督检查应当予以配合。

③ 为响应处置重大突发社会安全事件的需要,经国务院决定或者批准,可以在特定区域对网络通信采取限制等临时措施,具体管制措施可以依据各省、自治区、直辖市的区域和地方法律、法规制定。

④ 在具体细则和体现形式等层面,进一步落实网络实名制的相关规定。从全球来看,互联网在向实名的方向发展。网络实名制在网络法制化的过程中让网民可以对自己的言论和行为负责,同时网络实名制又是能体现互联网开放与活力的重要举措。

4.9.2　《中华人民共和国电子商务法》的完善建议

《中华人民共和国电子商务法》是政府调整、企业和个人以数据电文为交易手段,通过信息网络所产生的,因交易形式所引起的各种商业交易关系,以及与这种商业交易关系密切相关的社会关系、政府管理关系的法律规范的总称。

2018 年 8 月 31 日,十三届全国人大常委会第五次会议表决通过了《中华人民共和国电子商务法》,自 2019 年 1 月 1 日起施行。

《中华人民共和国电子商务法》主要是促进和规范电子商务的发展,保障网络消费者的权益,作者认为其对应需完善的方面有如下几个。

① 进一步完善电子商务的总体示范性规范。电子商务由于其自身涉及内容极为丰富,包

罗万象,为了能保证电子商务各领域中各自规范的协调性、互补性、统一性,应当及时完善电子商务的总体示范性规范,并且确定具有电子商务行业前瞻性的原则性规范。

② 进一步细化电子商务经营交易主体的法律责任。《中华人民共和国电子商务法》虽然着重对第三方平台作出了明确规定,如要求对经营者进行审查,提供稳定、安全服务,但对经营主体的交易流程环节所提较少,所以应详细制定经营主体的交易流程各环节的法律法规,从电子商务运作层面落实实质性规范。

③ 强调第三方平台对平台内经营主体的监督管理义务,明确第三方平台与电商经营主体的连带责任。《中华人民共和国电子商务法》虽然对电商"炒信"等一系列行为有所规定,但平台个体经营中此类现象仍有发生,消费者维权困难。所以应让第三方平台负起监管平台内经营主体的责任。同时《中华人民共和国电子商务法》还应进一步规范电商平台之间的竞争行为和交易行为,增加各平台应当承担的法律责任。

④ 进一步明确电子商务活动中买卖双方的权利义务,特别是消费者的买方权利保护问题,以及当买方权益受到侵害时的维权索赔法律法规,以保障网络消费者的合法权益。

4.9.3　个人信息保护法的完善建议

个人信息保护法主要在于确立网络用户个人信息权利,维护公众对网络的信心,从目前立法的最新进度而言,2019 年 12 月 20 日全国人大常委会法工委发言人岳仲明在北京明确表示,中国 2020 年将制定个人信息保护法,目前已经形成了《中华人民共和国个人信息保护法(草案)》。

依据对相关研究的整理,作者认为我国个人信息保护法对应需完善的方面有如下几个。

① 需要对个人在网络上使用信息服务时的具体各种操作所对应的信息进行监管,对这些操作规定对应的信息收集方、使用方应承担的责任和义务。强调信息方在信息处理的不同阶段扮演不同的角色,角色不同,对应的权利义务也不同。

② 对于个人信息的获取、收集、复制、修改、使用提供明确的法律认定环节,任何个人和组织不得窃取或者以其他非法方式获取个人信息,不得非法出售或者非法向他人提供个人信息。

③ 强调个人信息主体的权利,明确个人信息权制度。信息主体作为权利主体应对其个人信息享有信息权。主体对个人信息享有支配、控制并排除他人侵害的权利。在互联网时代下,应进一步强调并明确个人的信息权内容,包括查阅、封锁、更正、请求删除和告知等一系列保护个人相关信息的权能。

④ 规定信息管理者收集、处理和使用个人信息的条件,进一步规范信息管理者的行为。如果主体是国家机关,则要求在其职权范围内以特定目的为要件,依法收集、处理和使用个人信息。非国家机关则应向有关部门申请资格,收集时以特定目的为限,特定目的以外的资料不得收集。利用时未经特别授权或未获当事人同意,不得进行收集时目的之外的利用。

4.9.4　网络信息服务管理法的完善建议

我国于 2000 年 9 月 20 日中华人民共和国国务院第 31 次常务会议通过并颁布了《互联网信息服务管理办法》,其主要目的是规范互联网信息服务活动,促进互联网信息服务健康有序发展。后来随着新媒体业务的快速发展,相关部门又出台了"微博十条""账号十条"、《网络音视频信息服务管理规定》等相关文件。作者建议国家应该出台汇聚以上内容的专门的网络信息服务管理法。而该网络信息服务管理法的目的是规范各种网络信息服务行为,建立政府网络信息服务监管框架,作者认为其对应需完善的方面有如下几个。

① 需要进一步规范网络信息服务提供的经营范围、经营方式、经营地域等核心指标。可通过签订服务协议的方式,明确网络服务提供者的权利和义务,促进其完善自身的内容管理制度。

② 需要进一步规范网络信息服务的商业化合作方式和真实性,杜绝只顾经济利益而产生的虚假排名、虚假检索等纯商业合作,以及欺骗老百姓的虚假信息服务。

③ 在推进互联网信息消费服务快速发展的同时,对网络信息服务的分类进一步进行明确和梳理,制定出各类信息服务的具体法律条款,争取做到规范每一个信息服务提供的细节。

④ 强调地方监管部门的职责,明确相应信息内容的监管管理职责和执法工作。强化地方监管职责,下放监管权力,调动地方监管的积极性,这样不仅有利于形成全区域成熟的信息服务监管制度,而且有利于问题的快速解决。

4.9.5　电子政务法的完善建议

电子政务法主要在于促进电子政务的发展,保障政务数据安全,促进政务数据的适当开放,当前我国的电子政务法还处于专家建议稿阶段,有相应的一些规定存在。作者认为电子政务法对应需完善的方面有如下几个。

① 在全国范围内建立一套完整的电子政务规划与建设方案,由上而下,从中央至地方。实现对政务数据采集、传输、存储、利用、开放的规范管理,明确各部门数据共享的范围边界和使用方式,厘清各部门数据管理及共享的义务和权利。

② 进一步推动各政府部门数据互联互通和信息共享,丰富面向公众的信用信息服务,提高政府服务和监管水平。政府收集、掌握的数据资源具有公众属性,合理适度开放政府公共数据资源,可以带动社会公众开展大数据增值性、公益性开发和创新应用,充分释放数据红利。

③ 持续优化电子政务的规章流程,提升效率,精工简政,以信息化的发展驱动电子政务在全社会的普及与发展。

④ 在进行电子政务建设的同时,需要做好普法宣传工作,进一步加强电子政务法的贯彻与落实,做到真正的政务公开、信息共享,全民监督。

4.9.6　电信法的完善建议

2000 年 9 月 20 日,我国行政部门颁布了《中华人民共和国电信条例》(简称《电信条例》),但尚未经立法机构批准。2019 年,在酝酿了将近四年之后,信息产业部部长办公会正式通过了《中华人民共和国电信法(草案)》,并已正式提交给国务院法制办。

我国的电信法主要保障电信基础设施建设,规范电信市场和服务,维护电信安全,作者认为其对应需完善的方面有如下几个。

① 加强电信基础设施保护力度,对妨碍基础设施建设及破坏基础设施的行为加大行政处罚力度,对破坏公用电信设施中"危害公共安全"和"造成严重后果"的各种情形进行重新界定,细化对应的处罚细则,以严厉打击不法分子。

② 进一步完善新时代下电信服务提供者应承担的责任和义务,对主导企业在市场的行为进行规范和制约。明确电信服务经营者和电信用户在服务过程中的具体关系。

③ 进一步在具体制度的设计中促进电信行业的竞争。进一步改进立法,以此来改善传统的电信思维体制,促进电信市场和服务的发展,不断形成新的有效竞争格局。

④ 进一步强调参与主体的电信网络和信息安全法律义务,细化电信服务企业服务链的安全监管责任,对其职能和性质做出明确的规定,增加必要的监管手段和处罚措施,以加强主体的监管权威性,同时强调电信主体的专业化监管,促进其建立闭环式安全管理体系。

针对以上六部基础性网络立法及其配套法规,我们将构建一个较为完整的网络立法体系,为当前我国的网络立法体系及相关法律规则构建一个较完备的执法环境,做到网络空间安全领域"有法可依",这样才能推进"有法必依"。

第 5 章

网络信息采集和分析技术

本章将着重从计算机技术科学层面对舆情信息采集搜取的前沿成果进行相关介绍和应用,为舆情分析提供信息技术支撑。首先介绍舆情信息采集技术分类及前沿成果,包括舆情信息的采集内容、采集来源和采集方式。然后对舆情信息分词技术分类及前沿成果进行介绍,主要分为四大类进行介绍,包括基于词典的分词方法、基于理解的分词方法、基于统计的分词方法和其他主要分词方法。最后介绍舆情信息预警技术分类及前沿成果,如基于贝叶斯网络的预警技术、基于灰度预测的预警技术等。

5.1 舆情信息采集技术分类及前沿成果

5.1.1 采集内容

互联网舆情信息挖掘在于发现广大民众关心和议论的焦点,以及他们对当前社会满意或不满意的具体内容。合理地设置信息采集的内容是舆情信息挖掘的基础,我们把采集的舆情信息分为以下 4 类。

1. 经济工作和重点工作的舆情

当前我国处于社会主义社会初级阶段,以经济建设为中心,关于经济工作的舆情在国家的安全稳定中占据重要的位置。同时,从国家层面看,从上至下的社会重点工作也是社会的舆情重点。我国的主流意识形态主要依靠组织和行政力量来推行,依靠新闻媒体来传播,从而形成积极健康向上的主流舆论,充分发挥社会主义意识形态对人民群众的引导和激励作用,这可以最大限度地在全社会达成共识,最大限度地统一不同方面、不同阶层人们的意志和行动。以近年来党中央的"习近平用典""共产党员廉洁自律条例""家风传世"等主题宣传为例,主流媒体、各级政府部门网站都有大篇幅的相关报道和相应的专题网页;社科类学术网站有大量的理论文章、评论文章、学习心得;综合论坛有评价帖子、相应民谣等。从整体上而言,重点工作会在整个网络上形成非常大的覆盖面,涉及人们生活的方方面面,形成互联网上的主流舆论,自然也是互联网舆情信息的中心点。

2. 突发事件的舆情①

《中华人民共和国突发事件应对法》提出,"突发事件是指突然发生,造成或者可能造成严重社会危害,需要采取应急处置措施予以应对的自然灾害、事故灾害、公共卫生事件和社会安

---

① 杜阿宁.互联网舆情信息挖掘方法研究[D].哈尔滨:哈尔滨工业大学,2007.

全事件。"突发事件具有突然发生、后果严重、程度重大、状态紧急等特点,且公共安全领域的突发事件发生后,会对国家和社会产生严重的影响,如果负责应对的国家部门的相关机构不及时采取相关措施,往往影响难以挽回。突发事件的产生一般经历一个从量变到质变的过程,例如"日本核泄漏抢盐风波",在事件发生初期,没有受到关注,民间形成了很多"小道消息""谣传"。这类消息广为散播后,在群众中扩散到一定程度,并有可能造成恐慌,引起了有关部门的重视,该舆情事件迅速爆发出来。这种处于潜伏期的舆情信息很隐蔽,主要出现在个人网页、论坛等不容易发现的地方,同时又异常活跃,传播极为迅速。对于政府而言,突发事件相关舆情的治理关乎政府形象和社会稳定。

3. 重要改革措施出台及政策调整的舆情

重要改革措施及政策调整的出台一方面会在主流媒体得到报道,另一方面由于社会群众所处位置和环境的不同,会产生各种各样、褒贬不一、观点不一的评论。以国务院出台"国八条""二套房限购"等政策为例,国家以稳定房价为目标,主流媒体、经济学等相关学术网站出现了大量关于国家政策的分析与评价,认为会有很好的效果,但是房产论坛、个人网站出现大量的评论和跟帖,认为没有效果,也就是没有达到自己期望的改革力度。两方面的舆情在相关政策出台的一段时间内,一直是关注的焦点。

4. 媒体炒作事件的舆情

这类话题的变化规律不是很明显,它的舆情形成需要媒体炒作和读者关注两方面的基础。例如,"汪峰上头条""萧敬腾雨神"便是典型的媒体炒作形成的舆情。还有很多类似事件,虽然经过炒作,但是没有受到关注,逐渐被其他信息湮没。这类舆情主要出现在论坛、社交网络上等,是通过网民的关注与转载形成的热点。

5.1.2 采集来源

掌握舆情信息的来源对于互联网舆情信息的挖掘至关重要。我们可通过准确获取舆情信息的最初源头,并且针对性地采取灵活的舆情信息采集和挖掘手段,尽可能全面地获取舆情信息。通过研究,互联网信息的基本来源主要有以下几类。

1. 新型社交网络网站

随着社交网络的快速发展,全球社交网络的用户已经突破十亿。社交网络已经取代了其他新媒体形式,成为舆情传播的最核心部分。社交网站是新型的自媒体网站,网站为用户提供了良好的自媒体信息发布平台,使得用户可以轻松地在互联网上发表、转载信息,并浏览他人的信息。这类网站主要发表一些对于社会事件或问题的个人观点,并通过转载扩大影响,吸引更多的读者关注和转载。此类舆情信息目前还需要相关网站管理员进行有效监控,使用挖掘方法处理起来难度相当大。国外的典型社交网络主要有 Facebook、Twitter、Instagram 等。国内主要有微信、新浪微博、新浪博客、人人网、抖音等。

2. 政府新闻网站

通常是政府相关机构运营的网站,主要用于发布政府要闻、专题报告、权威新闻等,如新华网、人民网等。

3. 大型商业门户网站

这类网站覆盖全,集中报道公众感兴趣的国内外要闻与财经、体育、娱乐新闻等,有较为广泛的覆盖面,如新浪、腾讯、搜狐等。

4. 代表性网站

这类网站主要针对地方性新闻,并转载政府要闻,一般采取不同角度进行报道。因为一些地方新闻可能会迅速转化为全国舆论焦点,如 2013 年"临武瓜农猝死事件",所以这类网站也通常受到广泛关注,如大江网、红网等。

5. 论坛及网络社区

这类网站包括各大高校论坛、公众论坛、百度贴吧等。这类网站允许用户自由发表、转载、评论各类信息,往往这类网站中虚假信息非常多,并且舆论煽动现象在这类网站中时有发生。这类网站的用户相对固定,是互联网的主力,水军较多,所以这类网站是互联网舆情监控和疏导的重点对象,如天涯、猫扑、强国论坛、小百合等。

基于以上几类舆情信息的来源,设定相应的、参与人数较多的、具有一定权威性的社交网络以及代表网站作为采集对象,是互联网舆情信息采集的重要环节。

5.1.3 采集方式

充分分析各种网页的特性,针对不同的网页类型,提取相应的原始数据进行深入挖掘,是互联网舆情信息挖掘的关键。通过分析,我们把能够获得的网页数据大致分为"六大块"。

(1) URL

URL 有助于确定舆情信息来源的权威性和进一步更新追踪定位信息源。

(2) 标题

标题通常不超过 20 个字,能够包含整篇新闻的基本要素,通常地点、人物、事件都会在新闻标题中出现,是互联网信息挖掘最便捷、最有效的分析来源。

(3) 正文内容

帖子、新闻、微博、博客的正文内容包含丰富的信息,然而其篇幅较长(微博除外),文字表达方式复杂,不便于计算机理解,但相应的 Web 挖掘算法比较有效,互联网舆情信息挖掘期望通过正文内容分析,获得字符串特征的组合表达式与舆情挖掘需求描述之间的内容关联情况。

(4) 舆情的时间信息、转载来源信息

舆情的时间信息有助于分析舆情信息的出现时间和持续周期,舆情的转载来源信息有助于判断转载情况和信息权威性。

(5) 帖子/新闻/博客统计信息(回复数量、阅览数量、引用/转发数量)

回复数量、阅览数量以及引用/转发数量的数据统计,有助于判断某个主题帖子的权威度和相关网民对该主题的关注情况。

(6) 回复信息(跟帖数、跟帖时间、跟帖字数、跟帖 ID)

跟帖的 ID 与数量分布有助于分析主帖的影响力;跟帖的时间分布有利于从时间维度上判断主帖的关注持续周期;跟帖的字数则有助于分析判断主帖的影响力和关注热度。

以目前的技术而言,在互联网上获取舆情信息数据主要有通过网络爬虫和通过 API 两种方式。

1. 网络爬虫

网络爬虫是一种按照一定的规则,可以自动抓取互联网上信息的程序或者脚本,是获取互联网舆情信息的主要方式。网络爬虫的工作原理:从一个初始 URLs 集(称为种子 URLs)出发,从中获取一个 URL,下载网页,从网页中抽取所有的 URLs,并将新的 URLs 添加到队列中;然后,爬虫从队列中获取另一个 URL;重复刚才的过程,直到爬虫达到某个停止标准为止。

从技术上而言,针对某个网站信息源的网络爬虫,一般只对网站信息源的内容进行增量爬取,即只对更新后产生的新舆情信息进行爬取。单个爬虫的具体工作流程如图 5-1 所示。

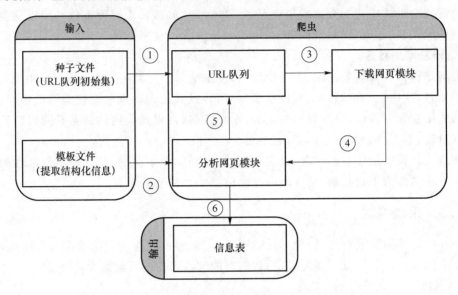

图 5-1 单个爬虫的工作流程

从本质上而言,爬虫的主要工作在于从互联网上浩瀚的网络信息中进行精准信息的采集,爬虫的关键在于精确信息的抽取。从自然语言处理的角度而言,精确信息的抽取是指从自然语言的文本中识别出特定概念,如事件、关系等的具体实例,抽取其中的信息要素,并以数据库等结构化的表达方式把与这些事件和关系相关的信息表达出来。信息抽取技术对于从大量的文档中抽取需要的特定事实来说是非常有用的。从互联网上抽取这些信息以后,存储在数据库或者全文检索库中并进行查询,可以方便信息的检查和比较;此外,可以对数据进行自动化处理,比如使用机器学习和数据挖掘等先进的方法进行自动学习和挖掘"潜在"有用的知识,以便于系统进行决策支持等进一步应用。当前常见的基于互联网的 Web 式信息抽取方式主要有以下几种[①]。

(1)基于特征模式匹配的信息抽取

基于特征模式匹配的信息抽取由 L. Marlin 等人提出,可应用于半结构化的网页信息抽取。其基本思想为通过对大量人工完成信息抽取的半结构化网页样本进行训练,归纳出待抽取信息的语法结构模式,然后根据这些模式从待抽取网页中抽取出可以进行匹配的信息。基于特征模式匹配的信息抽取适用于网页结构复杂、变化也较快类的复杂结构信息的抽取。

(2)基于网页结构特征分析的信息抽取

基于网页结构特征分析的信息抽取是指将 Web 文档转换成反映 HTML 文件层次结构的 DOM 树,通过自动或半自动的方式产生抽取规则。典型的系统是由 M. Bauer 等人开发的信息抽取规则制造工具 W4F[②],它可以利用 HTML 语言半结构化的特点对网页结构进行分析,将用户提供的自定义查询语言作为启发式规则,快速生成针对不同内容、不同结构信息的信息

① 周兵. 基于分布式精准采集的垂直搜索引擎的研究与实现[D].北京:北京邮电大学,2011.

② Califf M E,Mooney R J. Relational learning of pattern-match rules for information extraction[C]// Sixteenth National Conference on Artificial Intelligence & the Eleventh Innovative Applications of Artificial Intelligence Conference. [S. l. : s. n.],1999:328-334.

抽取规则。

（3）基于本体（ontology）的信息抽取

本体其实是一个哲学上的概念，是对客观存在的一个系统的解释或说明，从语义的角度来增强知识表示能力。基于本体的信息抽取步骤是首先构建领域本体，将本体解析成一系列的概念和关系，然后将概念和关系生成为标注规则，作为抽取与领域相关的信息的一组原则，再利用本体库得到规范的表示。

此外，爬虫还分为单爬虫和分布式多爬虫，一般单个爬虫的爬取方式以垂直爬取居多，而垂直爬取方法一般分为以下两种基本爬取方式[①]。

① 用定向模板方式定制爬虫所要爬取的网站，手工或者自动配置网页解析过程中所需要的模版，对下载的信息进行匹配，将信息进行结构化分析和存储。其优点是能提供更加精准的信息，比如发帖时间、热点关注度、关键数据、来源网站等；缺点是不适用于非结构化的网页。

② 非定向语义方式语义爬虫全网爬取，爬虫根据语义识别，自动进行信息格式化分析并存储。其优势是全网非定向抓取目标网站，可有效保证信息数量，同时适合非结构化和半结构化的网页；缺点是抓取信息的精确度较低。

现阶段已有很多成熟的开源爬虫，如 Nutch、JSpider、Gooseeker 等，在此基础上进行二次开发可快速得到适合自己的爬虫以爬取舆情信息，除此之外，基于 Java、Python 和 Scrapy 语言开发的网络爬虫也是当前自主网络爬虫开发的技术主流。

2. API

爬虫 API 应用程序接口一般由网站信息源提供，可以一次性批量获取用户的数据信息，不需要一个一个地爬取 HTML 页面然后解析，能够更方便快速地获取需要的数据。但是，不同网站不同等级的访问接口的频率和权限都进行了设置，所以，没有特殊权限接口，不能通过 API 大量地获取需要的数据。

要想调用 API，必须先解决授权认证。随着分布式 Web Service 和云计算的使用越来越多，第三方应用需要能够访问到一些服务器托管资源。这些资源通常都是受到保护的，并且要求使用资源拥有者的私有证书进行身份验证。在传统的基于客户端-服务器的身份验证模型中，客户端为了访问服务器受到保护的资源，使用资源拥有者的私有证书来作为身份验证，为了让第三方应用能够访问受到保护的资源，资源拥有者必须将他的私有证书透露给第三方，这样引出了很多问题并且出现了很多局限性；虽然密码验证会造成安全隐患，但是服务器仍然需要支持用密码做身份验证（对称的密码验证）。现阶段国内主要平台提供 OAUTH2 的验证方式，并提供各种主要编程语言的 SDK 包，以方便调用和获取信息。

5.2　舆情信息分词技术分类及前沿成果

目前分词算法有很多，根据奉国和、郑伟的相关研究[②]，目前国内中文自动分词技术研究大致可归纳为：基于词典的分词方法、基于理解的分词方法、基于统计的分词方法以及其他分词方法等。

---

① Gao Q，Bo X，Lin Z，et al. A high-precision forum crawler based on vertical crawling[C]// IEEE International Conference on Network Infrastructure & Digital Content. [S. l. : s. n.]，2009.

② 奉国和，郑伟. 国内中文自动分词技术研究综述[J]. 国图情报工作，2011，55（2）：41-45.

5.2.1　基于词典的分词方法

1. 分词方法

基于词典的分词方法按照一定策略将待分析汉字串与词典中的词条进行匹配,若在词典中找到某个字符串,则匹配成功,该方法需要确定3个要素:词典、扫描方向、匹配原则。比较成熟的基于词典的分词方法有:正向最大匹配法、逆向最大匹配法、双向最大匹配法、最少切分法等。实际的分词系统就是把词典分词作为一种初分手段,再通过各种其他的语言信息进一步提高切分的准确率。基于词典的分词方法包含两个核心内容:分词算法与词典结构。算法设计可从三方面展开:改进字典结构;改进扫描方式;将词典中的词按由长到短递减顺序逐字搜索整个待处理材料,一直到分出全部词为止。

2. 词典结构

词典结构是词典分词方法的关键技术,直接影响分词方法的性能。3个因素影响词典性能:词查询速度、词典空间利用率、词典维护性能。Hash表是设计词典结构的常用方式,通常先对GB2312—1980中的汉字进行排序(即建立Hash表),然后将其后继词(包括词的属性等信息)放在相应的词库表中。孙茂松[①]等人设计并实验考查了3种典型的分词词典机制(整词二分、TRIE索引树及逐字二分),并着重比较了这3种算法的时间、空间效率。姚兴山[②]提出了首字Hash表、词4字Hash表、词4字结构、词3字Hash表、词3字结构、词次字Hash表、词次字结构、词索引表和词典正文的词典结构,这些结构提高了查询速度,但增大了存储开销。陈桂林[③]等介绍了一种高效的中文电子词表数据结构,它支持首字Hash表和标准的二分查找,且不限词条长度,并利用近邻匹配方法来查找多字词,提高了分词效率。依据当前已有研究成果和相关文献进行分析,目前围绕词典结构提高分词性能的主流思想是设计Hash表,Hash表的数目随结构的不同而发生变化,数目越多,空间开销越大,但查询速度也相应提高,Hash表的结构具体设计需要在时间与空间之间进行权衡。

5.2.2　基于理解的分词方法

基于理解的分词方法的基本思想是在分词的同时进行句法、语义分析,利用句法信息和语义信息来处理歧义现象,在运行基于理解的分词方法时,后台需要使用大量语言知识和人工智能技术进行支撑。应用人工智能技术中的神经网络和专家系统来进行中文自动分词,以实现智能化的中文自动分词系统是近年来中文自动分词领域中的一个研究热点,该类系统的分词过程是对人脑思维方式进行模拟,试图用数字模型来逼近人们对语言认识的过程。

基于理解的分词方法中用到的人工智能技术主要包括分词专家系统、神经网络和生成-测试法3种。其中分词专家系统能充分利用词法知识、句法知识、语义知识和语用知识进行逻辑推理,实现对歧义字段的有效切分。何克抗等人[④]深入分析了歧义切分字段产生的根源和性质,把歧义字段从性质上划分为4类,并给出了消除每一类歧义切分字段的有效方法。王彩

① 孙茂松,左正平,黄昌宁.汉语自动分词词典机制的实验研究[J].中文信息学报,1999,14(1):1-6.
② 姚兴山.基于Hash算法的中文分词研究[J].现代图书情报技术,2008(3):78-81.
③ 陈桂林,王永成,韩客松,等.一种改进的快速分词算法[J].计算机研究与发展,2000,37(4):418-424.
④ 何克抗,徐辉,孙波.书面汉语自动分词专家系统设计原理[J].中文信息学报,1992,5(2):1-15.

荣①设计了一个分词专家系统的框架:将自动分词过程看作基于知识的逻辑推理过程,用知识推理与语法分析替代传统的"词典匹配分词＋歧义校正"的过程。神经网络模拟人脑神经元工作机理设计,将分词知识所分散隐式的方法存入神经网内部,通过自学习和训练修改内部权值,以得到正确的分词结果。林亚平、尹锋②等人则采用 M3 神经网络设计了一个分词系统,通过大量仿真实验,取得了不错的分词效果。

神经网络与分词专家系统的人工智能分词算法相比其他方法而言,一般具有如下特点:知识的处理机制为动态演化过程,动态更新,动态学习;字词或抽象概念与输入方式对应,切分方式与输出模型对应;能较好地适应不断变化的语言现象,包括结构的自组织和词语的自学习;新知识的增加对系统处理速度影响不大,区别于一般机械匹配式分词方法;有助于利用句法信息和语义信息来处理歧义现象,提高理解分词的效果。

此外,黄祥喜③提出了生成-测试法,通过词典的动态化、分词知识的分布化、分词系统和句法语义系统的协同工作等手段实现词链的有效切分,该方法具有通用性,实现容易,分词和理解能力强。

5.2.3　基于统计的分词方法

基于统计的分词方法多基于统计模型开发,侧重于通过研究具体分词的概率统计模型来实现分词的精准划分。苏菲等人④提出了基于规则统计模型的消歧方法和识别未登录词的词加权算法,通过词频统计(加权技术与正向逆向最大匹配)进行消歧与未登录词识别。张茂元⑤等人则提出了基于马尔可夫链的语境中文切分理论,进而提出一种语境中文分词方法,该方法建立在词法和句法的基础上,从语境角度分析歧义字段,提高分词准确率。

统计方法的思想基础是:词是稳定的汉字组合,在上下文中汉字与汉字相邻共现的概率能够较好地反映成词的可信度。因此可对语料中相邻共现的汉字组合频度进行统计,计算它们的统计信息并将其作为分词的依据。常用统计量有词频、互信息、t-测试差;相关分词模型有最大概率分词模型、最大熵分词模型、N-Gram 元分词模型、有向图模型等。孙茂松等人⑥提出了一种利用句内相邻字之间的互信息及 t-测试差这两个统计量解决汉语自动分词中交集型歧义切分字段的方法,并进一步提出了将两者线性叠加的新的统计量 md,引入"峰"和"谷"的概念,设计了一种无词表的自动分词算法。王思力等人⑦提出一种利用双字耦合度和 t-测试差解决中文分词中交叉歧义的方法。孙晓、黄德根⑧提出基于最长次长匹配的方法建立汉语切分路径有向图,将汉语自动分词转换为在有向图中选择正确的切分路径。

单个方法有优点,但也存在不足,实际分词算法在设计时需要组合几种方法,利用各自优点,克服不足,以更好地解决分词难题。

---

① 王彩荣.汉语自动分词专家系统的设计与实现[J].微处理机,2004(3):56-60.

② 林亚平,尹锋.汉语自动分词中的神经网络技术研究[J].湖南大学学报,1997,24(6):95-101.

③ 黄祥喜.书面汉语自动分词的"生成-测试"方法[J].中文信息学报,1989,3(4):42-49.

④ 苏菲,王丹力,戴国忠.基于标记的规则统计模型与未登录词识别算法[J].计算机工程与应用,2004(15):45-47.

⑤ 张茂元,卢正鼎,邹春燕.一种基于语境的中文分词方法研究[J].小型微型计算机系统,1989,3(4):129-133.

⑥ 孙茂松,黄昌宁,邹嘉彦.利用汉字二元语法关系解决汉语自动分词中的交集型歧义[J].计算机研究与发展,1998,34(5):332-339.

⑦ 王思力,王斌.基于双字耦合度的中文分词交叉歧义处理方法[J].中文信息学报,2007,21(5):14-30.

⑧ 孙晓,黄德根.基于动态规划的最小代价路径汉语自动分词[J].小型微型计算机系统,2006,27(3):516-519.

5.2.4　其他主要分词方法

1. 字典与统计组合

翟凤文等人[①]提出了一种字典与统计相结合的分词方法,首先利用字典分词方法进行第一步处理,然后利用统计方法处理第一步所产生的歧义问题和未登录词问题。该方法通过改进字的存储结构,提高了字典匹配的速度;通过统计和规则相结合提高了交集型歧义切分的准确率,并且在一定条件下解决了语境中高频未登录词问题。

2. 分词与词性标注组合

词性标注是指对库内语篇中所有的单词根据其语法作用加注词性标记。将分词和词性标注结合起来,利用丰富的词类信息对分词决策提供帮助,并且在标注过程中又反过来对分词结果进行检验、调整,从而极大地提高切分的准确率。白栓虎[②]将自动分词和基于隐马尔可夫链的词性自动标注技术结合起来,利用从人工标注语料库中提取出的词性二元统计规律来消解切分歧义。佟晓筠等人[③]设计了 N-最短路径自动分词和词性自动标注一体化处理的模型,在分词阶段召回 N 个最佳结果作为候选集,最终的结果会在未登录词识别和词性标注之后,从这 N 个最有潜力的候选结果中选优得到。姜涛等人[④]对 Kit 提出了基于实例的中文分词-词性标注模型,通过理论定性分析和实验证明得出如下优点:对于与训练语料相关的文本,即与训练语料相同、相似或同领域的文本,EBEST 系统的分词-词性标注结果具有极高的准确率;EBEST 系统的分词-词性标注结果与训练语料中的分词-词性标注结果具有很好的一致性。

3. 基于机械匹配的中文自动分词方法

最大匹配法是在 20 世纪 50 年代末由苏联专家提出的,是最早出现的一种自动分词方法。该方法的基本思想是事先建立词库,其中包含所有可能出现的词。对给定的待分词的汉字串 s 按照某种确定的原则(正向或逆向)取子串,若该子串与词库中的某词条相匹配,则该子串是词。继续分割剩余的部分,直到剩余部分为空;否则,该子串不是词,则取 s 的子串进行匹配。基于机械匹配的中文自动分词方法(Maximum Matching Method,MM 法)是一种得到广泛应用的机械分词方法。这里的"机械"指该方法仅依靠分词词表进行匹配分词。根据每次匹配时优先考虑长词还是短词,机械分词法分为最大匹配法和最小匹配法;根据扫描词表的方向和截取字时的增字还是减字,机械分词法又分为正向 MM 法(FMM)和反向 MM 法(BMM)、增字 MM 法和减字 MM 法。最大匹配法比较常用,它假设自动分词词典中的最长词条所含汉字个数为 i,则取待处理材料当前字符串序列中的前 i 个字作为匹配字段,查找分词词典进行匹配。

机械匹配方法简洁,易于实现,其中的代表方法最大匹配法体现了长词优先的原则,在实际工程中应用最为广泛。机械匹配方法实现比较简单,但其局限性也是很明显的,效率和准确性受到词库容量的约束。机械匹配方法采用简单机械的分词策略,不涉及语法和语义知识,所以对于歧义切分无法有效地克服,切分精度不高,虽然专家们采用了不少方法来改善机械匹配的性能,但是从整体效果上来看,单纯采用机械匹配方法进行分词难以满足中文信息处理中对

① 翟凤文,赫枫龄,左万利.字典与统计相结合的中文分词方法[J].小型微型计算机系统,2006,27(9):1766-1771.

② 白栓虎.汉语词切分及词性自动标注一体化方法[C]// 中国中文信息学会.全国第三届计算语言学联合学术会议论文集.北京:清华大学出版社,1995.

③ 佟晓筠,宋国龙,刘强,等.中文分词及词性标注一体化模型研究[J].计算机科学,2007,34(9):174-176.

④ 姜涛,姚天顺,张俐.基于实例的中文分词-词性标注方法的应用研究[J].小型微型计算机系统,2007,28(11):2090-2093.

汉语分词的要求,在机械匹配分词的基础上利用各种语言信息进行歧义校正是削弱机械式切分局限性的一种重要手段。目前出现了许多机械匹配与其他切分歧义处理方法相结合的中文自动分词方法,其中包括运用规则、语法、语义知识进行歧义处理的方法。

- 切分标记法[①]。基于标记法利用显式切分标记(标点、数字、西文等其他非汉字符号)和隐式切分标记(出现频率高、结构能力差的单字词)将文本预先切分成汉字短串序列,然后再进行匹配切分。
- 约束矩阵法[②]。首先建立语法语义约束矩阵,然后利用相邻词汇之间的约束关系来进行分词。
- 句模切分法[③]。将汉语句模理论应用到分词方法当中,首先确定待切分字段的动核类型,然后从动核结构表中找到该类型动核所组成的所有可能的句模结构。将所检验的切分结果与可能的句模结构逐一进行比较并进行歧义处理。

4. 基于统计语言模型(SLM)的中文自动分词方法[④]

随着中文电子文本的增多,越来越多的学者认识到,容易获得的海量电子文本应成为自动分词的重要资源。利用机器学习手段从生语料库中直接获取分词所需的某些适用知识则应成为自动分词的重要补充手段,因此就产生了基于统计语言模型的分词方法,又称为无词表分词方法。该类方法的主要思想是:词是稳定的汉字的组合,在上下文中汉字与汉字相邻共现的概率能够较好地反映成词的可信度。因此可对语料中相邻共现的汉字的组合频度进行统计,计算它们的统计信息并将其作为分词的依据。

基于统计语言模型的中文自动分词方法的优点在于,该类方法所需的一切数据均由机器从生语料中自动获得,无须人工介入,能够有效地自动排除歧义,能够识别未登录词,解决了机械匹配分词方法的局限。但是由于该类方法不使用分词词表,所以对常用词的识别敏感度较低,时空开销较大并且会抽出一些共现频度高但并不是词的常用词组,例如"这是""有的"……因此需要对其进行改进。

此外,还有一些运用统计语言模型进行歧义处理的匹配方法。

① 利用互信息和 t 测试差进行歧义处理:首先,利用词典进行正向及反向最大匹配分词;对正向及反向最大匹配所得出的两种不同的切分方案,分别计算其互信息及 t-信息,然后进行歧义处理。

② 等同于分类的方法[⑤]:将切分中歧义字段的处理问题形式化为一种分类问题,由于将问题抽象为一种分类问题,因此许多机器学习和模式识别中有关解决分类问题的方法都可以在歧义处理中使用。

5. 神经网络分词方法[⑥]

神经网络分词方法是以模拟人脑运行、分布处理和建立数值计算模型的方式工作的。它将分词知识的隐式方法存入神经网内部,通过自学习和训练修改内部权值,以达到正确的分词结果,神经网络分词方法的关键在于知识库(权重链表)的组织和网络推理机制的建立。该类

① 亢临生,张永奎.基于标记的分词算法[J].山西大学学报(自然科学版),1995,17(3):283-285.
② 李红,黄晓杰,胡学钢.一个改进的关联规则挖掘算法[C]//中国计算机学会,中国仪器仪表学会.计算机技术及应用进展.合肥:[s.n.],2004:863-865.
③ 张滨,晏蒲柳,李文翔,等.基于汉语句模的中文分词算法[J].计算机工程,2004(1):134-136.
④ 尹峰.基于神经网络的汉语自动分词系统的设计与分析[J].情报学报,1998(2):41-50.
⑤ 黄萱菁,吴立德,王文欣,等.基于机器学习的无需人工编制词典的切词系统[J].模式识别与人工智能,1996,9(4):297-301.
⑥ 孙茂松,肖明,邹嘉彦.基于无指导学习策略的无词表条件下的汉语自动分词[J].计算机学报,2004(6):736-742.

方法的分词过程是一个生成分词动态网的过程,该过程是分步进行的:首先以确定的待处理语句的汉字串为基础,来确定网络处理单元;然后根据链接权重表激活输入/输出单元之间的链接,该过程可以采用某种激活方式,取一个汉字作为关键字,确定其链接表,不断匹配。

神经网络分词方法具有自学习、自组织功能,可以进行并行、非线性处理,并且反应迅速,对外界变化敏感,但是目前基于神经网络的分词方法存在着网络模型表达复杂,学习算法收敛速度较慢,训练时间长,并且对已有的知识维护更新困难等不足。

6. 专家系统分词方法[①]

专家系统分词方法从模拟人脑功能出发,构造推理网络,将分词过程看作知识推理过程。该方法将分词所需要的语法、语义以及句法知识从系统的结构和功能上分离出来,将知识的表示、知识库的逻辑结构与维护作为首要考虑的问题,知识库按常识性知识与启发性知识分别进行组织,知识库是专家系统具有智能的关键性部件。

专家系统分词方法是一种统一的分词方法,不仅使整个分词处理过程简明,也使整个系统的运行效率得到提高,该方法具有显式知识表达形式,知识容易维护,能对推理行为进行解释,并可利用深层知识来处理歧义字段,其切分精度据称可达语法级。其缺点是不能从经验中学习,当知识库庞大时难以维护,进行多歧义字段切分时耗时较长,同时对于外界的信息变化反应缓慢、不敏感。

5.3　舆情信息预警技术分类及前沿成果

5.3.1　舆情信息预警的含义

预警在复杂多变的突发性公共危机事件应对中是尤为重要的一环,也是网络空间安全治理的重要部分。其具体过程是在灾害或者其他需要提防的危害发生之前,决策者能够根据以往的经过总结提取的规律或者通过观测得到的可能性前兆,在灾害发生之前向相关部门发出紧急信号,从而避免危害在不知情或者准备不足的情况之下发生,最大限度地降低危害所造成的损失[②]。

网络舆情热度预警是指从危机事件的征兆出现到危机开始造成可感知的损失这段时间内,化解和应对危机所采取的必要、有效的行动。网络舆情热度预警的方法是发现对网络舆情出现、发展和冷却具有重要影响的指标,通过对网络舆情态势实施连续不间断的动态监测、评估及信息采集,并且根据预警目的,运用某种综合分析或建模技术,重新组织信息,对当前网络舆情做出评价分析,预测其发展趋势,最终对舆情所处的态势及时做出等级预报。突发性公共危机事件网络舆情预警的意义在于,及早发现危机的苗头,及早对可能产生的现实危机的走向、规模进行判断,以便通知各有关职能部门共同做好应对危机的准备。

5.3.2　舆情预警模块的分类

目前舆情预警技术模块主要有基于内容分析的预警模块和基于数据分析的预警模块两大部分。

① 何克抗,徐辉,孙波.书面汉语自动分词专家系统设计原理[J].中文信息学报,1992,5(2):1-15.
② 张一文.突发性公共危机事件与网络舆情作用机制研究[D].北京:北京邮电大学出版社,2012.

1. 基于内容分析的预警模块

基于内容分析的预警模块主要有两大功能：一是在模型初始化时，在聚类分析模块的支持下建立各个热点内容识别向量；二是在检测舆情时针对特定舆情 Pi，对其内容 C 进行快速识别，判断 Pi 是否为热点舆情，若是则进行预警，若否则进入其他处理。

2. 基于数据分析的预警模块

基于数据分析的预警模块主要有两大功能[①]：一是在模块初始化时，对大量热点预警进行计算，获得预警相关临界值；二是在检测舆情时，针对特定的舆情类型，对其临界值进行计算，判断是否为热点舆情，是则预警，若否则放弃处理，标记为普通舆情。

5.3.3　舆情预警技术分类

下面将介绍预警的关键技术，例如贝叶斯网络技术、灰色预测模型技术以及马尔可夫链预测技术。

1. 贝叶斯网络技术

通过对已有研究的综述与分析，结合突发性公共危机事件的特点（爆发性、特殊性、环境复杂性、演变不确定性、群体扩散性等）以及贝叶斯网络的计算特征（复杂关联关系表示能力、概率不确定表示能力以及因果推理能力），通常研究者可以从中观层面建立基于贝叶斯网络的舆情热度预警模型[②]。贝叶斯网络技术模型建立的主要步骤如下。

第一，贝叶斯网络结构的确立。将网络舆情热度形成的原因分为两个层次，处于底层的为内原动力（事件破坏力），处于直接影响层的为外原动力中的网络推动力（包括网民推动力与网媒推动力）；在此基础上，将贝叶斯网络结构分为 3 个层次，分别是结果层（网络舆情热度预警结果）、结构层（网民推动力、网媒推动力和事件破坏力）以及数据层（包括网络媒体推动力相关数据、反映事件破坏力的相关数据、反映网民推动力的相关数据），并将贝叶斯网络中的每个数据确定为 3 种状态，即高、中、低。

第二，条件概率确定。条件概率学习的数据来自初始舆情数据训练集，结合专家经验以及变量自身特点获得连续数据的离散化标准，然后使用期望值最大算法（EM 算法）进行条件概率学习。

第三，借助仿真工具进行仿真。通过对测试集数据的真实值与预测值进行比较，验证模型的可靠性；接着在模型中判断舆情热度状态（如高、中、低），从而得出预警结果。

（1）贝叶斯网络结构的确立方法

第一，确定网络节点变量。

在网络节点变量的选择中，应该选择与实际问题有关的，能够将问题清晰表述的变量。对于突发性公共危机事件来说，重点是选择能够描述事件在发生、发展、演化整个过程中的各个相关要素，并以此作为贝叶斯网络中的节点，同时确定节点变量的取值集合。该集合应该包含节点变量中的所有可能取值。

第二，建立能够表示节点之间关系的有向无环图。

在选择了节点变量之后，要根据节点之间的相互作用关系使得有向边将各个节点相连接。对于突发性公共危机事件而言，贝叶斯网络之中的有向边代表一种因果关系，这种关系描述了

①　宋嘎子. 网络热点舆情的发现及预警模型研究[D]. 广州：暨南大学，2010.

②　张一文. 突发性公共危机事件与网络舆情作用机制研究[D]. 北京：北京邮电大学出版社，2012.

事件在发生、发展和演化过程中,各个相关节点之间存在的一种相互作用、相互影响的关系。

第三,条件概率的确定。

在确立了节点与节点之间的网络拓扑关系之后,其中的每一个节点都需要赋予相应的条件概率,用以描述网络中子节点与其父节点之间的关联关系。没有父节点的节点则必须要给定先验概率。在贝叶斯网络研究中,网络结构的确定非常重要。网络结构的确定最常见的方法是采用 Cooper 和 Herskovits 提出的 K2 算法[①]进行贝叶斯网络结构的学习。也就是从一个空间网络开始,根据事先确定的节点次序,选择使得后验概率最大的节点作为该节点的父节点,依次遍历完所有的节点,逐步为每一个变量添加最佳父节点。简单来说就是采用贪婪查找方法来得到次优的贝叶斯网络。但是这种方法的缺点是数据依赖性非常强,要通过大量的数据进行计算、学习才能够得到比较精确的网络结构。

(2)贝叶斯网络舆情热度评估

网络舆情热度评估的情报来自于网络,评估的过程是将多种网络信息通过关键指标抽取、融合从而反映实际态势的过程。对于基于贝叶斯网络建模的网络舆情预警模型来说,它的关键是如何通过贝叶斯网络建模方法利用信息融合中较低层次的数据,并利用高效的算法,在较高层次对网络舆情态势做出合理评判。基于贝叶斯网络对多源信息进行有机融合,将分散的、异构的、海量的网络信息整合在一起,可以构建具有网络舆情预警功能的数据融合系统。贝叶斯网络舆情热度评估流程如图 5-2 所示。

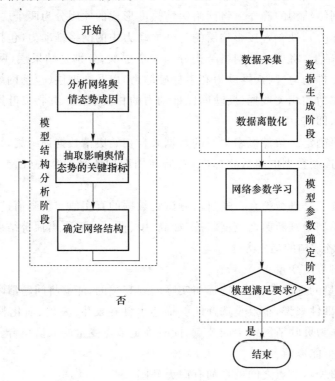

图 5-2　贝叶斯网络舆情热度评估流程

① Cooper G F,Herskovits E. A Bayesian Method for the Induction of Probabilistic Networks from Data[J]. Machine Learning,1992,9(4):309-347.

2. 灰色预测模型技术

建立灰色预测模型的过程:以微分方程来描述系统内部动态过程,并通过对原始数据的生成处理而减弱其随机性,即在生成过程中,不是寻求概率统计规律,而是强化对灰色序列间有用信息的利用率,将原序列转化成易建模的新序列,再用典型曲线拟合建立系统的微分动态模型,最后对依照新序列所建模型作还原生成(递生)处理,即得到原系列的灰色预测模型。按照已知数列所建立的模型,从时间发展来看,它具有某种规律性和时间外推性,因此这种模型能用来进行预测分析[①]。

灰色 GM(1,1)模型是灰色理论(gray theory)中的一种系统分析方法,以灰色过程概念为基础,通过关联度分析,理清系统中各因素间的主要关系,找出影响最大的因素。最后将模型预测值做一次累减还原,用以对系统进行预测。GM(1,1)模型是 GM(1,N)模型应用最广泛的具体实例。

$$\hat{x}^{(0)}(k+1)=(1-e^a)\left(x(0)^{(1)}-\frac{u}{a}\right)e^{-ak}$$

灰色预测模型的常见求解过程为:
① 建立灰色预测 GM(1,1)模型;
② 模型的求解与检验;
③ 对 $x^{(0)}(k)$ 进行准光滑度检验;
④ 检验 $x^{(1)}(k)$ 是否具有准指数规律;
⑤ 检验参数 a,u 的估计值,进行精度检验及预测分析。

3. 马尔可夫链预测技术

Markov 方法是由俄国数学家安德烈·马尔可夫(A. Markov,1856—1922 年)提出的,描述的是数学中具有 Markov 性质的离散时间随机过程。A. Markov 对一种无后效性的随机过程进行了相关研究,这个过程就是马尔可夫过程(Markov process)。Markov 链理论的研究已经很成熟,在多个领域得到了广泛的应用。

使用马尔可夫链建模的随机过程需满足以下两个前提条件。
① 随机过程未来某时刻的状态取值仅依赖于当前时刻的状态取值。
② 上述依赖关系不随时间改变而改变。
其中,条件①为有限历史假设,条件②为时齐性假设。

常见的预测方法主要有 3 种,即基于绝对分布的预测方法、叠加式预测方法和加权式预测方法。

- 基于绝对分布的 Markov 链预测可以描述为对于一个离散的时间序列,采用单位长度"1"作为步长建立 Markov 链模型,并且根据初始分布情况计算出将来走势的绝对分布,进而进行预测的方法。
- 叠加式 Markov 链预测技术是指针对一个离散的时间序列,计算其各阶 Markov 链,以及相应的绝对分布,通过计算各阶的绝对分布叠加来进行预测的方法。
- 加权式 Markov 链预测可以理解为对于一个离散的时间序列,通过计算各阶 Markov链的自相关系数,用这些相关的系数来表示各种输入值的相互关系,并对转移概率进行加权求和,进而进行预测的方法。这种方法对信息的利用更加充分、合理,预测的结果也更加合理。

① Deng X L,Li Y X. Empirical study of online public opinion index prediction on real accidents data[C]//Lecture Notes in Computer Science. Cham :Springer,2014:65-76.

第 6 章

...

网络信息倾向性判别技术

本章将对现阶段网络舆情信息倾向性判别技术和预警技术进行详细的介绍,对相关前沿成果的技术流派、技术细节等进行分析和探讨。

6.1 不同网络文本特点简述及朴素算法推荐

1. 新闻文本和博客文本

(1) 特点

新闻文本和博客文本是网络文本中一直被研究的传统内容,它们所具有的共同特点是文本字数比较多,用词规范,表意准确,用语为书面用语。其中博客用于表达作者对某个社会热点的看法,而新闻则用来报道某个事件。

(2) 算法

当前国内外对于新闻文本和博客文本的情感分析研究相对而言比较成熟,通常使用决策树、SVM、神经网络等常见的经典数据挖掘分类算法,对文本进行情感分析。

2. 论坛文本

(1) 特点

论坛(Bulletin Board System,BBS)是网络上的网站服务商提供的一种服务。它为每个用户提供了一个发布信息或提出观点的平台,具有交互性强、内容丰富、信息及时等特点。目前国内大的论坛有天涯论坛、猫扑大杂烩、水木社区等,这些论坛汇集了数以亿计的用户发表的信息,内容包罗万象。与新闻(只描述事件本身)和博客(是个人的看法)相比,论坛汇集了网民对事件的看法,是情感分析的主要对象。论坛的特点包括以下几个。

① 匿名性

论坛是匿名发帖的,每个网民以一个或多个论坛 ID 来代表自己。匿名性使网民更能够在网络上表现出自己的真实观点,而不必担心被其他网民知道自己的真实姓名和真实地址。由于论坛具有匿名性,所以网民可以自由发帖而不必拘泥自身的身份,当然匿名性也带来了一定的弊端,例如,有的网民随意发表虚假言论和某些过于强烈的攻击性言论而不计后果。不过从当前国内的相关论坛总体发帖情况来看,匿名性利大于弊,可以较好地发挥网络论坛的自由性。

② 开放性

只要接入互联网,就可以访问网络论坛,而不管用户身在何地、是何种身份、是何种职业。网民可以自由地发表自己的观点,分享自己的感受,交流各自的经验。论坛的开放性使得论坛内容包罗万象,从政治到经济,从国内到国外,也使得各种背景的网民都可以就同一问题发表自己的看法。

③ 互动性

论坛改变了传统媒体中个人单方面接收信息的形式。个人可以发出自己的声音,这大大地激发了网民的活跃性,使网民更愿意到网络上去发表自己的观点。

④ 针对性

由于论坛中参与的网民数量众多,经常会出现不同网民意见相同或者相反的情况。在同一个主帖下,不同网民之间的"论战"层出不穷。论坛的"引用"或"回复"等功能也方便了网民的"论战"。

⑤ 简短性

论坛的回帖通常比较简短,网民一般用回帖来表达自己的观点,而不会长篇大论地阐述某一话题。回帖中包含了强烈的感情色彩。论坛文本由两部分构成,即主帖和回帖。主帖是作者具体描述了一个事件或者就某事件发表的观点,其特点与新闻文本或博客文本类似。而回帖则是网友看到主帖后,对主帖或者前人的回帖中提到的事件或观点的态度。回帖文本一般比较简短,常使用口语化的语言,用词比较随意,还经常创建出网络语言或简写,或者使用同音字来替代比较敏感的词语。

其中回帖文本较短,特征比较少,从而不能采用统一的情感分析算法对不同类型的网络舆情文本进行情感分析。同时可以注意到,论坛回帖常采用开篇点题或者结尾总结的方式,因此首尾句的情感倾向在整段文本中占有重要地位。

(2) 算法

对于主帖,采用基于支持向量机的情感分类算法;对于回帖,可以利用一种基于模糊匹配和情感值加权计算的情感分析算法。

3. 微博文本和推文文本

(1) 特点

同新闻文本、博客文本、论坛文本相比,微博文本和推文文本的构成有其自己的特点,这主要表现在如下几点。

① 表情符号

微博文本中充斥了大量的表情符号。在目前的中文微博中,微博服务商提供了各种各样的表情符号供用户选择,且表情符号在抓取下来的文本中的表现形式依据各微博平台的不同而不同。一条微博文本中可能会有一个或多个表情符号。

② 网页链接

用户分享新闻、视频时,由于微博的字数所限,经常分享新闻的摘要或图片,然后在后面附上链接,或者直接分享新闻、视频等的链接。链接通常以 http 开头,出于节省字数的考虑,微博服务商一般会将网页链接转换为短链接,且一条微博文本中可能会有一个或多个网页链接。

③ 标签

标签是指微博中同一类话题的标识,网友就同一话题发表意见时,可以使用特定的符号将话题加上标签,标签能够方便其他用户查找同一话题。在 Twitter 上,用户的标签以字符"♯"开头,以空格符结束,标签可以只有一个单词,也可以由多个单词连在一起,如"♯obama"。而在新浪和腾讯微博上,用户的标签是使用两个"♯"符号将内容包含起来,如"♯泰囧♯"。一条微博文本中一般只包含一个标签,但也有的包含多个。

④ 认证用户

微博上有很多公司或者名人,这类用户经过实名认证后会在 id 后面显示"V"标签,称为"加 V 用户"。公司和机构的官方微博用蓝色的"V"标明,这类用户一般推介产品或转发新闻;实名认证的个人用户的"V"为橙色,这类用户是微博的活跃用户,粉丝众多,他们在舆情的传播路径中起到重要作用。

（2）算法

采用二次分类的方法,人们首先提出一种基于加权计算的主客观分类算法,将微博文本分成主客观两类;然后使用基于朴素贝叶斯分类器(NB)的情感分类算法对主观文本进行正负向分类。

6.2　文本倾向性分析方法分类

文本倾向性分析是指对文本所讨论的主题所持的观点、立场、态度进行分析。一般将文本分为正、反两种倾向或者正、中、反 3 种倾向。倾向性分析在网络舆情研究上有重要的应用。在此将其现有的常见方法划分为如下 5 种类型。

1．基于规则的文本倾向性分析

基于规则的方法本质上是一种确定性的演绎推理方法,利用现有的语言学研究成果和文本的上下文来建立确定时间的描述规则,如基于关键字匹配的文本分类方法。该方法运算简单高效,甚至可以解决一些无法用统计方法解决的问题。然而规则的建立在这里是一个很大的问题,特别是当面对一些不确定性事件时。其在文本研究的早期占重要位置。

2．基于统计的文本倾向性分析

基于统计的文本倾向性分析本质上是一种非确定性的定量推理方法,其理论基础是概率论和相关随机过程统计理论,其以大规模语料库为基础抽取文本特征,通过统计分析对文本进行分类,对语言处理提供了较客观的数据依据和可靠的质量保证,结果具有很好的一致性和非常高的覆盖率。其常用的方法有 KNN 和 Bayes 等。基于简单统计的倾向分类虽然属于粗粒度的分类方法,但由于实现简单且有一定的准确度,所以在相关方法中占据了比较大的比重。

目前人们常常将简单统计方法与其他方法结合进行分析,例如,Douglas 等人[①]于 2003 年提出了将基于模板的方法和基于知识框架表示的方法相结合,以提高倾向性分析的准确性,其中建立基于文本倾向性知识表示的框架作为过滤模板是此类算法的关键。

3．基于机器学习的文本倾向性分析

基于机器学习的文本倾向性分析采用机器学习的方式,通过对大量标注倾向词汇的训练生成倾向性分类器,用来对测试文本进行分类,其应用前提是拥有足够多的样本。其常用的方法有支持向量机、朴素贝叶斯、最大熵等。在不同论文中描述的不同情况下,它们三者的优劣情况不同,而其中以统计学习理论(SLT)为基础的 SVM 着重研究在小样本情况下的统计规律及学习方法,能够较好地解决小样本学习的问题。

---

① 白栓虎.汉语词切分及词性自动标注一体化方法[C]//中国中文信息学会.全国第三届计算语言学联合学术会议论文集.北京:清华大学出版社,1995.

SVM 也可以与一些其他方法结合使用,马海兵等人①于 2007 年提出了结合传统文本分类方法与 KNN、SVM 等基于向量空间模型的方法,将情感词本身权重纳入文本特征维权值考虑范围的方法。徐琳宏等人②于 2007 年提出将语义特征与 SVM 相结合,其中的语义特征可以包含否定副词和程度副词等对语义有影响的词。徐军等人③于 2007 年提出将信息增益特征选择方法和 SVM 相结合,采用 BiGrams 特征表示方法。赵鹏等人④于 2010 年提出通过带有倾向性的特征词汇,运用 SVM 分类器分析文章的褒贬性,词汇倾向性的计算通过与知网已经标识好的倾向性词汇之间的距离来获得。在此,问题的关键在于特征信息的有效提取与语义特征提取方法及训练语料库的取得有关。

4. 基于相关性的文本倾向性分析

基于相关性的文本分类方法为文本倾向性分类提供了一种更细粒度的方式,由于充分考虑了情感词或词组与特征词的依存关系,因此其比基于篇章和句子的倾向性分析更细化和精确。

情感词或词组与特征词的依存关系主要通过词汇在句子中的语义角色(SRL)和词汇在文本句法结构中的作用来考量。吕滨等人⑤于 2010 年提出通过上下文各成分之间的相互作用关系的研究,根据已设定的一些限制,对词语、主题、句子以迭代的方式指派倾向性,直到倾向性不再改变为止,这种方法需要大量的人工信息干预。张霞等人⑥于 2011 年提出利用情感词与候选特征的共现关系,在词性标注的基础上,可以实现情感词从高频到低频的依次提取,同时考虑特征词和情感词的依赖关系,能够实现基于特征的文本倾向性分析。

对于信息的结构化抽取可以通过文本特征的维度来描述。例如,可以对每个产品的评论应用多元组进行描述,通过对评论信息的结构化描述抽取文本特征,然后依据基本的统计分析方法实现对于评论文本特征级别的倾向性分析。另外文档结构中句子之间的转折或连接关系也会对整篇文档的倾向性分析有所贡献。程显毅等人⑦于 2011 年提出可以针对条件语句进行倾向性分析的方法,通过对条件语句表达方式类型进行分析研究,提出基于各分句、结果句和整个句子的分类方式。研究结果表明,基于结果句和整个句子的倾向性分类方式的性能要优于基于各分句分类方式的性能。如果将主题相关性评分和文本倾向性评分相结合,则可以合理度量倾向性词语对于主题描述的倾向性强度,通过统一评分的方法判别文本与给定观点的相关度。基于相关性的文本倾向性分析,能够实现特征级别的倾向判断,分析效果较好,但对自然语言处理技术提出了更高的要求。

5. 基于语义学的文本倾向性分析

与简单的基于关键字的文本识别及过滤方法不同,基于语义学的文本倾向性分析方法更关注文本的情感语义特征,以文本结构分析为基础,实现文本的倾向分类。这种语义分析技术可以通过两种模式来实现。一种模式是基于情感词库获得文本的情感语义特征分析基础;另

①　马海兵,刘永丹,王兰成,等.三种文档语义倾向性识别方法的分析与比较[J].现代图书情报技术,2007,23(4):43-47.

②　徐琳宏,林鸿飞,杨志豪.基于语义理解的文本倾向性识别机制[J].中文信息学报,2007,21(1):96-100.

③　徐军,丁宇新,王晓龙.使用机器学习方法进行新闻的情感自动分类[J].中文信息学报,2007,21(6):95-100.

④　赵鹏,何留进,孙凯,等.基于情感计算的网络中文信息分析技术[J].计算机技术与发展,2010,20(11):146-149.

⑤　吕滨,雷国华,于燕飞,等.基于语义分析的网络不良信息过滤系统研究[J].计算机应用与软件,2010,27(2):283-283.

⑥　张霞,王素贞,许鸣珠.一种基于粒运算的文本情感分类方法研究[J].计算机工程与应用,2011,47(14):152-156.

⑦　程显毅,杨天明,朱倩,等.基于语义倾向性的文本过滤研究[J].计算机应用研究,2009,26(12):4460-4462.

一种模式是建立一个语义模式库,即语义过滤模板集合,通过对文本进行语法和语义分析提取文本语义特征,然后与事先建立好的基于语义的过滤模板进行匹配,并计算待分类文本与过滤模板的相关度距离,最后与阈值进行比较得到文本过滤结果。

此外,对于情感词的倾向性分析也是判断文本倾向性的一种有效尝试。姚大昉等利用领域本体抽取语句主题及其属性,在句法分析的基础上,识别主题和情感特征向量之间的关系,最终决定语句中每个主题的倾向性,并采用基于经验的语言模式方法,提出一种改进的主谓结构倾向性传递算法,通过不同句子结构对主题词的有效传递,结合基于情感词库的词汇特征提醒,实现了文档倾向性分析。同时,也有徐晓英等人[①]于 2003 年以 HowNet 情感词语集为基础,构建了中文情感词典,并用中文词语相似度方法计算情感权值,同时分析语义副词对文本倾向性判断的影响,将这一方法与博客作者的语言风格结合起来,对博文的情感倾向性进行分类,取得了较好的效果。

6.3　基于神经网络的分类方法

人工神经网络(Artificial Neural Network,ANN)是一种理论化数学模型,用来模拟人脑及其活动,它是由大量处理单元通过适当方式构成的大规模非线性自适应动力学系统。自1943 年神经元的数学模型被提出以来,迄今已经历半个多世纪,这半个多世纪人们对人工神经网络的探索和改进从未停止过,迄今人工神经网络已发展成功能强大的数据处理模型,在各行各业均得到了应用。

神经网络方法作为机器学习和数据挖掘的基础算法,广泛应用于分类、聚类、推荐等常见场景。在网络模型中,监督型的网络应用比较广泛。在监督型的网络的使用中,首先通过训练集中标注的类别,对神经网络模型中的权重、阈值进行训练学习,然后用训练得到的神经网络模型对测试集进行测试,获得分类结果。

由于神经网络模型具有诸多优势,针对含有噪声的数据处理能力较强,所以神经网络在模式识别、自然语言处理等方面的应用越来越多。

2012 年佘正炜等人[②]提出了基于人工神经网络的文本倾向性分析系统,先采用通用的 VSM(Vector Space Model)来进行文本分析。首先通过 VSM 进行分析,一般可以采用 3 种类型的权值来代替具体的文本,即 TF、DF(IDF)以及 TF-IDF。首先进行对比试验,确认训练数据集文本试验所需的 VSM 的权重,然后在此基础上,构建基于人工神经网络的文本倾向性分类器。2017 年杨新元[③]采用类似的思路,研究了特征抽取的方法,分析了当前最常用的 CHI 统计量方法、互信息方法和期望交叉熵方法的数学基础,并结合与其他分类方法的比对详细介绍了人工神经网络分类方法,通过对比法最终确定了隐藏层层数及隐藏层神经元个数,进而设计了基于 BP 神经网络的文本分类模型。

　　① Xu Xiaoying,Tao Jianhua. Research on the sentiment classification in Chinese [C]// Proceeding of the 1st Chinese Conference on Affective Computing and Intelligent Interaction. Beijing:[s. n.],2003:199-205.

　　② Dave K,Lawrence S,Pennock D M. Mining the peanut gallery:opinion extraction and semantic classification of product reviews[C]// In Proceedings of WWW. [S. l. : s. n.],2003:519-528.

　　③ 杨新元.基于神经网络的文本倾向性分类研究[D].呼和浩特:内蒙古大学,2017.

图 6-1 是杨新元等人使用的神经网络训练模型图,图中的$(X_1,X_2,\cdots,X_n)$为输入层,是文本分词经过修饰词加权后的情感词 TF。h_{0i}是隐藏层输出,$(W_{h_{01}},W_{h_{02}},\cdots,W_{h_{0n}})$是每个倾向词的倾向度权重,$Y_0$是输出层输出,即最后的文本倾向值,$T_0$是期望的输出值。其中,$h_{0i}$和$Y_0$满足

$$h_{0i}=f(X_i-b_h)$$

以及

$$Y_0=f(\sum_i(h_{0i}\cdot W_{h_{0i}})-b_0)$$

式中 $f(x)$为激活函数,b_h 和 b_0 分别为隐藏层和输出层的阈值。

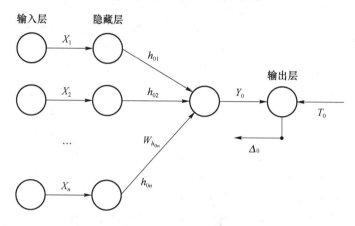

图 6-1　基于神经网络的文本倾向性分析训练模型

在训练时,每个样本的输入都有一个对应的期望输出值 T_0,计算的结果 Y_0 与这个期望的输出 T_0 有一个误差,记为 Δ_0,我们训练的方法就是由这个误差来逐步修正对应的隐藏层到输出层的权值,即每个词语的倾向度。

2015 年陈钊等人[①]提出了结合卷积神经网络和词语情感序列特征的中文情感分析方法(Word Feature Convolutional Neural Network,WFCNN)。这一方法首先建立一种基于情感词典资源的抽象词向量表达方式,引入词语的情感极性和词性特征;然后用词向量组成文本特征矩阵,将其作为卷积神经网络模型的输入,并利用反向传播算法训练模型;最后,提取 WFCNN 模型产生的序列特征,将其作为输入文本的情感特征表示,加入支持向量机分类器,实现对文本的情感极性分类。

6.4　基于多维情感模型的分类方法

目前国内外对于情感倾向性的研究,无论是采用监督学习还是半监督学习的方式,其对文本的情感分析都可以抽象成一个三元分类问题,即将文本的情感分为积极、消极、中立(或者正面、负面、中立)3 种。实际上,用户在同一文本中往往体现出多元化的情感,例如,微博"此次汶川地震我深深地被大自然的力量震惊了,深切同情遇难同胞"实际上体现出了两种情感"震

① 陈钊,徐睿峰,桂林,等.结合卷积神经网络和词语情感序列特征的中文情感分析[J].中文信息学报,2015(6):172-178.

惊"与"同情",传统文本的三元分类对这种多元化的情绪表征存在严重不足的问题。

多维尺度分析(Multidimensional Scaling,MDS)又称多维量表分析(Alternative Least-square SCALing,ALSCALE),是多元分析的一个新分支,是主成分分析和因素分析的一个自然延伸,由 Torgerson(1952 年)最先提出。它将一组个体或群体间的相异数据经过 MDS 方法转换成空间构图,同时保留数据间的相互关系。

多维尺度分析与因子分析和聚类分析存在相似和相异之处。首先多维尺度分析和因子分析都是维度缩减技术,但是因子分析一般使用相关系数进行分析,使用的是相似性矩阵;而多维尺度分析采用的是不相似的评分数据或者说相异性数据来进行分析。与因子分析不同,多维尺度分析中维度或因素的含义不是分析的中心,各数据点在空间中的位置才是分析解释的核心内容。多维尺度分析与聚类分析也有相似之处,两者都可以检验样品或者变量之间的近似性或距离,但聚类分析中样品通常是按质分组的;多维尺度分析不是将分组或聚类作为最终结果,而是以一个多维尺度图作为最终结果,比较直观。若目的是要把一组变量缩减成几个因素来代表,可考虑使用因素分析;若目的是变量缩减后以呈现在空间图上,则可以使用 MDS。

主体情感信息是主观性信息,主要产生于用户对人物、事件、产品等的评价信息。主观性信息表达了人们的各种情感色彩和情感倾向,如"支持""反对""中立"等。情感分析又称为意见挖掘,是针对主观性信息进行分析、处理和归纳的过程。2003 年,Dave 等人[①]最早使用意见挖掘(opinion mining)的概念,其认为意见挖掘旨在自动生成产品的属性(attributes)(如质量、特征等),并针对每个属性挖掘文本中的意见(好、中、坏)。

近年来,随着基于 Web 2.0 的互动性互联网模型的兴起与社交网络的快速发展,用户可以随意发表自己的观点与意见,在丰富了可利用语料库的同时,也给情感分析带来了诸多新的问题与挑战。与新闻、报道等长文本相比,社交网络中的文本信息短,语法不规则,数据噪声大,同时充斥着大量网络流行用语,从而极大地增加了情感分析的难度。

同时,社交网络中群体特征及存在于群体间的链接与互动特征,也给传统情感分析带来了新的研究领域,那就是针对社交网络媒体中短文本的情绪分析。目前很多注重情感分析的评测会议如自然语言处理与中文计算会议(NLP&CC)、全国信息检索会议(COAE)、全国社会媒体处理大会(The China National Conference on Social Media Process)等,都将作者的情绪分析作为非常重要的部分进行处理。不同于传统的正面、中立、负面的三元情感分类,情绪评测采用更细粒度的情感分析模型,如 NLP&CC2013 将用户的情绪分为 anger(愤怒)、disgust(厌恶)、fear(恐惧)、happiness(高兴)、like(喜好)、sadness(悲伤)、surprise(惊讶)等 7 个类别。Zhang 等人[②]采用情感向量模型对社交网络中用户的多元化情感进行表示,并基于聚类构造情感向量的层次化结构。其层次化情感向量模型分析算法步骤如下。

① 结合临床心理学中的情绪检测表,抽取能够表示情感的情感词初始化情感向量。

② 对微博数据流进行监测,通过大规模语料库采用基于统计的方法,自动发现并吸收能够表示情感的网络新词,建立情感向量的自学习及自动更新机制,保证情感向量的全面性。

③ 采用自底向上的方法,基于分类和摘要建立情感向量的层次化结构。基于情感词的倾

① Dave K,Lawrence S,Pennock D M. Mining the peanut gallery:opinion extraction and semantic classification of product reviews[C]// In Proceedings of WWW. [S. l. :s. n.],2003:519-528.

② Zhang Lumin,Yan Jia,Bin Zhou,et al. Microblogging sentiment analysis using emotional vector[C]// IEEE International Conference on Cloud and Green Computing . [S. l. :s. n.],2012:430-433.

向性,对底层情感向量进行标注,建立倾向性分析层。

其最终建立的层次化情感模型如图 6-2 所示。

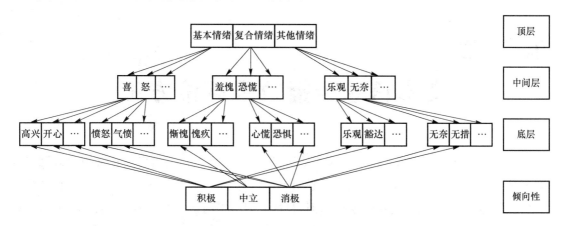

图 6-2 多维层次化情感分析模型

基于多维情感向量的微博情感表示模型,能有效对多元化情感进行表示。采用与临床心理学相结合的方法构建情感向量,并建立情感向量的自动更新机制,不仅具有一定的权威性,同时也可以保证情感向量的全面性。采用自底向上的方法建立层次化结构,避免了情感向量的稀疏性。

第 7 章

文本信息传播效果评估方法

本章将聚焦网络文本信息传播效果评估的相关机制,首先介绍自媒体社会中承载网络信息传播的网络结构,从本源上解释当今互联网舆情信息点线面、多渠道、多路径、全通道"病毒式"传播、扩散,信息量大且传播迅速的原因,包括介绍网络的诸多结构衡量指标,如中心性、网络密度、聚类系数、网络直径等。接着介绍网络空间中的抽象网络结构以及度量核心结构的网络社团,并详细介绍社团结构在网络中文本信息传播效果方面的重要作用,以及网络信息传播最大化的相关评估方法,准确、科学、系统地预测网络文本信息的传播效果。

7.1 承载信息的网络结构

在网络空间的社交网络分析中,其基本研究要素是边和点,着眼于关系和联系的考查。这里"点"代表着社会网络中的行为者,而"边"代表行为者之间的关系。在网络文本信息的传播过程中,特别是在舆情的传播过程中,行为者即网民,代表着社会网络中的点,舆情信息在网民之间的传播即构成了关系,通常将网络信息的传播过程抽象为网络节点(网民)和网络边(信息传播)的具体互动过程。

从具体社交网络传播的核心入手,社交网络往往被抽象为一个复杂网络模型[①]。该复杂网络可以抽象为一个由节点以及节点之间的边组成的图(graph)结构,即 $G=(V,\varepsilon)$,其中 V 是网络中的节点集合,ε 是边的集合。节点的个数 $N=|V|$,边的条数 $L=|\varepsilon|$。

国内外学者在研究复杂网络的相关特性时,一般将其区分为有向图、无向图、无权图、有权图,从而分别进行对待。在复杂网络中,如果不考虑节点之间边的方向性,则图 G 被称为无向图;反之,如果考虑节点间边的方向性,图 G 则被称为有向图。

如果在图 G 中,只考虑节点和节点之间是否有边存在,而不考虑边权重,这时将图 G 称为**无权图**。可以使用 $N\times N$ 的邻接矩阵 A 来描述图 G,对于 $\forall v_i, v_j \in V$,如果两个节点之间存在边连接,则 $\exists e_{ij} \in E, A_{ij}=1$,否则 $A_{ij}=0$。而对于有权图 $G=(V,\varepsilon)$,如果定义边 e_{ij} 的权重是 w_{ij}(w_{ij} 属于权重集合 W 并且 w_{ij} 为有效数值,一般为整数或者实数),则邻接矩阵中表示边 e_{ij}

① Barabasi A-L, Bonabeau E. Scale-free Networks [J]. Scientific American, 2003, 288(5): 60-69.

Wang X Y, Zhou A Y. Linkage analysis for the World Wide Web and its application: a survey [J]. Journal of Software, 2003, 14(10): 1768-1780.

的元素 A_{ij} 表示为 $A_{ij}=w_{ij}$，图 G 称为**有权图**。

在定义了社交网络的图结构模型 G 以后，我们可以将网络信息在网络空间中社交网络结构上的传播抽象为图 7-1 所示的结构，图中的节点代表社交网络中接触到网络信息的网民，而有方向的边则代表了有向网络信息的传播过程，信息传播的方向性可以体现在新浪微博的粉丝 Follow 关系、微信朋友圈中的双向朋友圈查看权限等方面。

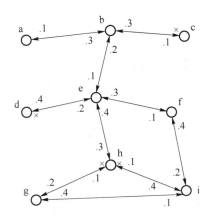

图 7-1　网络信息传播结构

7.2　网络结构度量方法

从网络结构的度量方法而言，如果在度量过程中，网络结构基本保持稳定，即网络节点的存续和网络信息传播边的存在保持基本稳定，则称之为静态网络结构度量方法；如果在度量过程中，网络结构和网络信息传播关系不断发生较为强烈的变化，导致网络图结构发生比较大的变化，则称之为动态网络结构度量方法。静态网络结构度量方法往往对网络结构的某个时间点抓取快照(snap)并进行处理和研究，而动态网络结构度量方法则对网络在某一段时间之内的多个时间帧内的网络结构进行研究，属于时序网络研究的范畴，适合用基于时序的数据挖掘和机器学习方法进行研究。

7.2.1　静态网络结构度量方法

网络的静态结构度量方法通常是指对某个时刻网络结构中整个网络、节点、连接边的统计属性进行测量和统计。在静态网络结构中，网络的结构通常分为微观性测量指标和宏观性测量指标，具体细节如下。

1. 微观性测量指标

微观性测量指标更侧重于从网络的局部去刻画网络的相关统计特性，微观性测量指标主要分为四大类：点、边、模体(motif)[①]以及社团。各分类包括的统计特性指标如下。

---

① 　汪小帆，李翔，陈关荣.复杂网络理论及其应用[M].北京:清华大学出版社,2006.

① 点：节点-度[①]、点-强度[②]、节点-介数（betweenness）[③]、节点-聚类系数[③]、节点-中介中心性[④]、节点-度中心性[②]、节点-接近中心性[②]等。

② 边：边-方向、边-权、边-介数[②]等。

③ 模体：Z-Score（表示每个子图的统计重要作用）[②]、重要性剖面（significance profile）[②]等。

④ 社团：社团统计指标又分为 3 类，即基本统计指标、单条件统计指标和多条件统计指标。

a. 基本统计指标：社团节点个数、社团内边数等。

b. 单条件统计指标：由基本统计指标中的一项复合而成，主要有模块度[⑤]（社团内部模块度）、模块度比例[⑤]、社团内点的度和、社团边界边数[⑤]等。

c. 多条件统计指标：由基本统计指标的多项复合而成，主要有导电率[⑤]、扩展率[⑤]、内部边密度表[⑤]、截边率[⑤]、规范截边率[⑤]、MAX-ODF[⑤]、Average-ODF[⑤]、Flake-ODF[⑤]等。

2. 宏观性测量指标

宏观性测量指标更侧重于从复杂网络的整体角度去度量某个网络的性质和特征，宏观性测量指标主要包括网络度分布指数[⑥]、平均路径长度、反向平均路径长度[⑦]、图聚类系数、最大连通子图大小、网络 Q 值[⑧]、结构模块性[⑧]、网络结构熵[⑨]、网络容量[⑩]等。

7.2.2 动态网络结构度量方法

全球社交网络的快速发展和社交网络用户井喷式的迅速增加使得人们对于社交网络的研究不再仅局限于过去所关注的社团结构、意见领袖等传统研究热点。拥有海量用户数量的社

---

① Dorogovtsev S N，Mendes J F F. The shortest path to complex networks [J]. Cond-mat，2004：0404593.

② Kiss C，Bichler M. Identification of influencers - measuring influence in customer networks [J]. Decision Support Systems Archive，2008，46(1)：233-253.

③ Newman M E J. Detecting community structure in networks [J]. European Physical Journal（B），2004，38(2)：321-330.

④ Freeman L C. A set of measures of centrality based on betweenness[J]. Sociometry，1977(40)：35-41.

⑤ Leskovec J，Lang K J，Mahoney M. Empirical comparison of algorithms for network community detection[C]// Proceedings of the 19th International Conference on World Wide Web.[S. l.：s. n.]，2010：631-640.

⑥ Boguná M，Pastor-Satorras R. Epidemic spreading in correlated complex networks [J]. Physical Review E，2002 (66)：047104.

Boguná M，Pastor-Satorras R，Vespignani A. Statistical mechanics of complex networks [J]. Lecture and Notes in Physics，2003，625(127).

⑦ Albert R，Jeong H，Barabási A-L. Error and attack tolerance of complex networks [J]. Nature，2000(406)：378-382.

⑧ Newman M E J. Finding community structure in networks using the eigenvectors of matrices [J]. Phys. Rev. E，2006(74)：036104.

⑨ Sole R V，Valverde S. Information theory of complex networks：on evolution and architectural constraints [J]. Lecture Notes in Physics，2004(650)：189-207.

Prokopenko M，Wang P，Valencia P，et al. Self-organizing hierarchies in sensor and communication networks [J]. Artificial Life，2005(11)：407-426.

⑩ Onnela J P，Saramaki J，Hyvonen J，et al. Structure and tie strengths in mobile communication networks[J]. PNAS，2007(104)：7332-7336.

交网络总是处于快速的信息传播和结构变化当中,而以往研究方法总是侧重于研究静态网络的拓扑结构和层次结构。因为大规模社交网络结构复杂,包含海量的节点和边,同时兼具边信息传播的有向性,一般分析方法和理论很难对其进行系统的研究,因此我们需要构建新的研究思路和测量方法,针对网络结构的动态变化进行研究。动态网络的时序结构如图 7-2 所示。

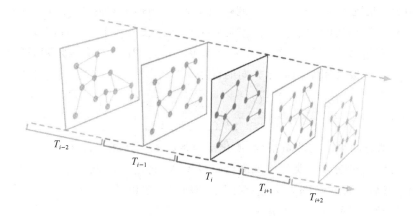

图 7-2　动态网络的时序结构

在对网络结构的动态变化进行研究时,通常将其划分为时间点$(T_1,\cdots,T_n)$上的联系序列图来进行观察和测量。首先将网络抽象为网络图模型$G=(V,\varepsilon)$(V 是网络中的节点集合,ε 是边的集合),将用户抽象为图的节点。每一个时间帧内的网络称之为 TN(Temporal Network),连续时间帧内的时序网络称之为 CTN(Continues Temporal Network),而有向的时序网络则称之为 DCTN(Directed CTN),简称为 DTN。通常将网络的组成部分抽取出来进行观察,观察网络中小群组的形成、增长、分裂、收缩、延续、合并、消失等具体过程。动态网络的结构演变过程如图 7-3 所示。

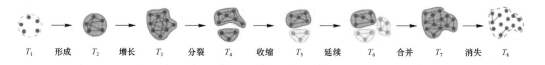

图 7-3　动态网络的结构演变过程

在考查以上具体七大类变化的过程时,比较典型的动态网络结构测量指标有如下两个。

(1)突变类动态网络结构测量指标:匹配门限和网络结构熵

此类指标方法通常按照自然时间段的天、星期或者月将社交网络的数据划分为时间片,然后通过构建不同时间片之间网络的相关性函数,来分析网络在不同时间片之间的演化过程。2010 年,Greene 等人[1]提出了静态社团匹配方法。Greene 使用静态社团发现算法对 t 时刻的网络进行划分,得到了 C ,对 C 中每个社团建立社团演化序列。然后对剩下的每个时刻静态挖掘出的社团结构与演化序列中的最后一个社团进行相似性比较,如果高于某个"匹配门限"就添加到新的演化序列中。如果找不到相匹配的演化序列,就生成一个新的演化序列,如此重

①　Greene D,Doyle D,Cunningham P. Tracking the evolution of communities in dynamic social networks[C]// 2010 International Conference on Advances in Social Networks Analysis and Mining. Denmark:IEEE,2010:176-183.

复直到最后一个网络时刻。2011 年,吴斌等人[1]提出了一个基于"网络结构熵"的侧重于重要事件的网络演化分析框架,该框架很好地揭示了网络社团演化的重要原因:噪声和事件。噪声是由网络节点的随机性和不确定性造成的,在一段时间之内,事件是节点有目的网络行为,网络结构的变化是网络中的节点主观的行为,持续时间长。吴斌提出的 timeline 很好地表现了网络随时间的变化情况,通过构建不同时间帧内图结构之间的"网络结构熵"〔参见公式(7-1)〕,可以快速地发现网络结构的动态变化。但是此类指标方法是基于独立社团发现和社团演化两部分来研究社交网络演化过程的,然而实际中社团的变化、社团的演化是随时间慢慢积累的,这样的指标方法会造成社团结构演化方向的误判。

$$\delta(t,t+1) = \frac{\sum\limits_{\forall v \in V(\text{dead})} \tilde{d}^{(t,t+1)}(v) + \sum\limits_{\forall v \in V(\text{born})} \tilde{d}^{(t,t+1)}(v) + \sum\limits_{\forall v \in V(\text{stable})} \tilde{d}^{(t,t+1)}(v)}{|V(g^{(t)}) \bigcup V(g^{(t+1)})|} \quad (7\text{-}1)$$

(2)渐变类动态网络结构测量指标:演化聚类模型和网络相似性张量

此类指标方法通过演化聚类概率或者张量等参数,将不同时间段中的社团之间的距离刻画为渐变参数,然后通过建模的方法,追踪网络的演变。2006 年,Chakrabarti 等人[2]提出了综合时间片社团质量和时间轴社团变化率的"演化聚类模型"。该模型在静态聚类的损失函数上增加一个时间损失项,以惩罚偏离历史模型太远的结果,但是该模型也不是为了有向网络而设计的。2013 年,于乐等人[3]提出了一种演化聚类的社团演化分析方法。他们采用了高维度的张量来表示随时间变化的网络数据,避免了使用矩阵模型来表示高维数据时,对数据的压缩会导致丢失许多有价值信息。在真实的社团演化分析中,于乐等人对每个时间片上的网络都构建了节点的相似性矩阵,再加上时间维度构造了"网络相似性张量",通过对相似性张量进行分解,从而挖掘出网络中的潜在的演化规律。在张量分解的基础上他们提出了两个评价指标(社团结构凝聚度和社团演化活跃度),用于分析网络中社团结构随时间的演化信息。

7.3 网络社团的定义

社团结构(community structure)是网络结构中最普遍和最重要的拓扑属性之一,社团结构的存在对于网络中信息传播的效果有着非常重要的影响作用,因此关注网络中信息传播效果的评估,就需要对网络的社团结构进行了解和认知。网络中的社团结构具有同社团内节点相互连接密集、异社团间节点相互连接稀疏[4]的特点,而社团划分方法旨在揭示出网络中真实存在的社团结构。社团划分中用于衡量网络聚团性的模型 Modularity[5]由 Newman 提出。Modularity 值(通常也叫 Q 值)是衡量网络划分好坏的一种常用度量,定义为

① Wu B, Wang B, Yang S Q. Framework for tracking the event-based evolution in social networks[J]. Journal of Software,2011,22(7):1488-1502.

② Chakrabarti D, Kumar R, Tomkins A. Evolutionary Clustering[C]// In Proceedings of the 12th ACM SIGKDD International Conference on Knowledge Discovery and Data Mining. ACM:[s. n.],2006:554-560.

③ Yu L, Wu B, Wang B. LBLP: link-clustering-based approach for overlapping community detection [J]. Tsinghua Science and Technology,2013(18):4-11.

④ 方滨兴. 论网络空间主权[M],北京:科学出版社,2007.

⑤ Newman M E J. Finding community structure in networks using the eigenvectors of matrices [J]. Phys. Rev. E,2006(74):036104.

$$Q = \sum_{i=1}^{k} \left[\frac{m_i}{m} - \left(\frac{d_i}{2m} \right)^2 \right] \tag{7-2}$$

其中,k 表示网络社团个数,m 表示网络连接总数,m_i 表示社团 i 内的连接总数,d_i 表示社团 i 内节点度之和。

7.4　网络社团结构划分算法

针对国际上对网络社团结构划分算法的相关研究,其大致分为以下 3 类。

1. 基于优化的划分算法

基于优化的划分算法主要分为谱算法[①]和局部搜索算法,谱算法中的规范截(Normal Cut,N-Cut)算法[②]和平均截(Average Cut,A-Cut)算法[②]具有严密的数学理论,但是针对复杂网络的社团划分,谱算法不具备自动识别网络社团总数的能力,而且现实世界中的复杂网络往往包含多个网络社团,谱算法的递归二分策略不能保证得到的网络划分是最优的多网络社团结构。局部搜索算法主要基于目标函数、候选解的搜索策略和最优解的搜索策略,通过判断目标函数的某些局部最优值来选取相应的搜索策略。有代表性的局部搜索算法有 Kernighan(Kernighan Lin,KL)算法[③]、快速 Newman(Fast GN)算法[④]和 Guimera(Guimera Amaral,GA)算法[⑤]。KL 算法的局限性在于它需要先验知识(如社团的个数或社团的平均规模),并且该算法对初始解异常敏感,不好的初始解将导致缓慢的收敛速度和较差的最终解。Fast GN 算法在社团规模较大时准确性不高。GA 算法时间复杂度太高,需要的计算时间比较长。

2. 启发式划分算法

典型的启发式划分算法有最大流社团(Maximum Flow Community,MFC)[⑥]算法、超链接主题推导搜索(Hyperlink Induced Topic Search,HITS)[⑦]算法、Newman(Girvan Newman,GN)算法、派系过滤算法(Clique Percolation Method,CPM)[⑧]和查找抽取算法(finding and

①　Newman M E J. Finding community structure in networks using the eigenvectors of matrices [J]. Phys. Rev. E, 2006(74):036104.

Shiga M, Takigawa I, Mamitsuka H. A spectral clustering approach to optimally combining numerical vectors with a modular network[C] //Proceeding of the 13th ACM SIGKDD Int'l Conf. on Knowledge Discovery and Data Mining. New York:ACM , 2007:647-656.

②　Shiga M, Takigawa I, Mamitsuka H. A spectral clustering approach to optimally combining numerical vectors with a modular network[C] //Proceeding of the 13th ACM SIGKDD Int'l Conf. on Knowledge Discovery and Data Mining. New York:ACM ,2007:647-656.

③　Newman M E J. Detecting community structure in networks [J]. European Physical Journal (B),2004,38(2):321-330.

④　Newman M E J. Fast algorithm for detecting community structure in networks [J]. Physical Review E,2004(69):066133.

⑤　Lusseau D, Schneider K, Boisseau O J, et al. The bottlenose dolphin community of doubtful sound features a large proportion of long-lasting associations [J]. Behavioral Ecology and Sociobiology,2003(54):396-405.

⑥　Rosvall M, Bergstrom C T. An information-theoretic framework for resolving community structure in complex networks [C] // Proceeding of the National Academy of Sciences. Washington DC:Stanford University's Highwire Press, 2007:7327-7331.

⑦　Kleinberg J M. Authoritative sources in a hyperlinked environment [J]. Journal of the ACM,1999,46(5):604-632.

⑧　Palla G, Derényi I, Farkas I, et al. Uncovering the overlapping community structure of complex networks in nature and society [J]. Nature,2005(435):814-818.

extracting communities，FEC)[1]等，这类算法的共同特点是：基于某些直观的假设来设计启发式算法，对于大部分网络，它们能快速地找到最优解或者近似最优解，但无法从理论上严格保证它们对任何输入网络都能找到令人满意的解。

3. 其他划分算法

比较著名的其他划分算法有基于节点间相似度的算法、基于结构全等的相关系数（correlation coefficient)算法[2]、基于随机游走的相似度算法[3]和节点聚类中心度（clustering centrality)[4]算法等。除此以外，还有基于信息熵的算法，如最小描述长度（Minimum Description Length，MDL)[5]算法，它侧重于最大化网络原始状态 X 和划分状态 Y 之间的互信息量 $I(X;Y)=H(X)-H(X|Y)$，并以此来得到最佳的社团划分，但是它忽略了点的度与网络总度数的关系。在信息熵方面还有基于信息瓶颈[6]的社团发现算法，其中熵在信息论中用来表示信源的平均不定度，式(7-3)中 C 为常数，P_i 表示信源取第 i 个符号的概率，信源所含的信息熵可用式(7-3)表示为如下形式：

$$H(X) = C \sum_{i=1}^{n} P_i \mathrm{lb}(P_i) \tag{7-3}$$

7.5 网络文本信息传播评估策略与方法

7.5.1 网络中心性度量

与网络节点中心性相关的地位常常使用与中心性维度相关的 3 个指标（节点-中介中心性、节点-度中心性、节点-接近中心性）来进行度量。特别是在社会网络中，某个人或者行动者(actor)在网络中所处的地位和他拥有的权力有着紧密的关系。从社会网络的角度而言，一个抽象的人是没有权力的，也是不会影响他人的；一个人之所以拥有权力，是因为他与他者之间存在着关系，可以影响他人，简而言之，一个人的权力或地位就是他者对他的依赖性。

在网络中标定某个重要节点时，常常使用相关的中心性维度来定义和衡量该节点的重要性，最常见的节点中心性维度由以下 3 种维度组成。

1. 节点-中介中心性

如果在复杂网络组成的图 G 中，对于 $\forall v_i, v_j \in V$，都存在至少一条路径使之相连接，那么称 G 为连通图。由于节点 v_i 与 v_j 之间可能存在多条路径，其中长度最短的一条称之为连接

---

① Yang B,Cheung W K,Liu J. Community mining from signed social networks [J]. IEEE Transaction on Knowledge and Data Engineering,2007,19(10):1333-1348.

② 杨博,刘大有,金弟,等. 复杂网络聚类方法[J]. 软件学报,2009,20(1):54-66.

③ Pons P,Latapy M. Computing communities in large networks using random walks [C] // Proceeding of the 20th International Symposium on Computer and Information Sciences. Berlin：Springer,2005：284-293.

④ Fortunato S,Latora V,Marchiori M. A method to find community structures based on information centrality [J]. Physical Review E,2004(70)：056104.

⑤ Flake G W, Lawrence S, Giles C L, et al. Self-organization and identification of web communities [J]. IEEE Computer,2002,35(3):66-71.

⑥ Guimerà R,Amaral L A N. Functional cartography of complex metabolic networks [J]. Nature,2005,433(7028)：895-900.

v_i 和 v_j 的最短路径。假设 $\sigma(v_i,v_j)$ 是节点 v_i 和 v_j 之间最短路径的数目,而 $\sigma(v_i,v_j)$ 是节点 v_i 和 v_j 之间经过顶点 v_k 的最短路径条数,当 $v_k \in \{v_i,v_j\}$ 时,则 $\sigma(v_i,v_j|v_k)=0$;当 $v_i=v_j$ 时,则 $\sigma(v_i,v_j)=1$。那么图 G 中节点 v_k 的中介中心性 $B(v_k)$ 定义如下[①]:

$$B(v_k) = \sum_{v_i,v_j \in V} \frac{\sigma(v_i,v_j \mid v_k)}{\sigma(v_i,v_j)} \tag{7-4}$$

从上面的定义可以看出,节点-中介中心性是图 G 中通过节点 v_k 的最短路径条数与整个图中最短路径条数的比例。通过节点 v_k 的最短路径条数越多,则它的节点-中介中心性越大,而图中的最短路径又常常是信息快速传导的途径,因此节点-中介中心性反映了节点对网络中信息传导的承载程度。在电话呼叫网络和短消息网络中,节点-中介中心性较大的节点往往是不同人之间信息沟通的"桥梁",地位非常重要。

2. 节点-度中心性

在图 G 中,假设节点 v_i 的度是 $\deg(v_i)$,则图中所有节点的度之和是 $\sum_{v_i \in V} \deg(v_i)$,节点 v_i 的度中心性 $D(v_i)$ 定义为[②]

$$D(v_i) = \frac{\deg(v_i)}{\sum_{v_i \in V} \deg(v_i)} \tag{7-5}$$

从上面的定义可以看出,节点-度中心性是图 G 中节点 v_k 的度与图 G 中所有节点度之和的比例。节点-度中心性反映了与该节点直接相连的节点个数,在社会网络中,如果一个节点拥有较高的节点-度中心性,则有可能该节点位于网络的中心,拥有很高的权力。

3. 节点-接近中心性

节点-接近中心性的定义由 Murray[③] 在 1965 年提出,假设节点 v_i 和 v_j 之间存在最短路径,长度为 $d(v_i,v_j)$,则节点 v_i 的节点-接近中心性 $C(v_i)$ 定义为

$$C(v_i) = \frac{1}{\sum_{j=1}^{g} d(v_i,v_j)} \tag{7-6}$$

$\sum_{j=1}^{g} d(v_i,v_j)$ 是节点 v_i 到其他所有可达节点的最短路径长度的和。节点-接近中心性反映了该节点与周围的人联系的迅速程度,网络中越是核心的节点,节点-接近中心性数值越小。当网络中有 v_i 不可达的节点时,Lin[④] 提出只计算节点 v_i 可达的最短路径,$C(v_i)$ 的定义如下:

$$C(v_i) = \frac{J_i/(|g|-1)}{\sum_{j=1}^{g} d(v_i,v_j)/J_i} \tag{7-7}$$

式(7-7)中 J_i 是 v_i 可达的节点数目,$|g|$ 是图 G 中所有节点的个数。

---

①　Kiss C,Bichler M. Identification of influencers - measuring influence in customer networks [J]. Decision Support Systems Archive,2008,46(1):233-253.

②　Kiss C,Bichler M. Identification of influencers - measuring influence in customer networks [J]. Decision Support Systems Archive,2008,46(1):233-253.

③　Kiss C,Scholz A,Bichler M. Evaluating centrality measures in large call graphs[C]//Presented at IEEE Joint Conference on E-Commerce Technology and Enterprise Computing,E-Commerce and E-Services. San Francisco:IEEE,2006.

④　Torrellas J. Architectures for Extreme-Scale Computing[J]. Computer,2009,42(11):28-35.

7.5.2 网络社团结构对网络信息传播的影响

实际网络往往具有社团结构,每个社团内部节点之间的连接相对较为紧密,各个社团之间的连接相对较为稀疏。社团结构在社会关系网络中体现得尤为明显,社会学经典的理论"弱连接的强度"指出,从网络的角度看,关系密切的朋友往往组成紧密的小团体。因此,研究网络的社团结构特性对节点的传播影响力分析有着重要的意义。

1. 单层网络中社团结构对网络信息传播的影响

由于社团结构是网络的一个重要的固有属性,因此赵之滢等人 2014 年[①]提出用与某个节点直接相连的社团的数目(称为该节点的 v_C 值)来衡量该节点的传播能力,并通过单源感染的 SIR 传播模型实验发现,在根据已有节点重要性度量指标进行排序后,用节点所连接的社团的数量值可进一步挖掘传播能力强的奇异节点,这对于网络中信息传播能力的发现具有重要作用。

v_C 值用以描述节点可以连接的社团多样性,即该节点的邻居所分属的社团情况。在线社会关系网络中,某人连接的社团数值越大,说明此人活跃在多种人群之中,能够获得的消息种类越多,能够受其传播消息影响的人群构成越复杂。根据"三度影响力"[②]的理论来预测,朋友数量多但社团组成单一的人,对其他距离较远社团中的人影响力有限。这种基于网络社团结构的节点影响力度量方法,可以快速且准确地识别网络中对传播过程至关重要的核心节点,对于在线社交网络的分析非常重要且具有实际应用意义。

2. 多层网络中社团结构对网络信息传播的影响

有研究学者将单个社团结构抽象为单层网络,而将节点所在的其他社团结构抽象为其他层网络,将其构建为多层网络,从信息传播动力学的角度研究了多层网络中社团结构对网络信息传播的影响。2010 年前后[③],有相关学者将多层社团结构抽象为信息传播的源点,已有的信息传播动力学模型认为信息的传播是以极其微小并且处于离散状态的信息包形式,由初始节点出发传送到目的节点。每一个节点都是相互独立的,并且能够根据自身所需存储多个信息包。在模拟信息包传递的过程中,通常假设节点对于信息包的处理能力是有限的,即一个节点对两个信息包的处理过程通常要长于对一个信息包的处理过程。在节点处理能力有限的前提下,超过节点自身处理规模信息的涌入会导致网络堵塞。而网络堵塞的产生在很大程度上取决于多层网络的拓扑结构,尤其是网络中的社团结构。节点所处的社团结构越多,越有利于信息在网络中的快速传播。

---

① 赵之滢,于海,朱志良,等.基于网络社团结构的节点传播影响力分析[J].计算机学报,2014(4):753-766.

② 克里斯塔基斯,富勒.大连接:社会网络是如何形成的以及对人类现实行为的影响 [M].简学,译.北京:中国人民大学出版社,2013.

③ Szell M,Lambiotte R,Thurner S. Multirelational organization of large-scale social networks in an online world [J]. Proceedings of the National Academy of Sciences,2010,107(31):13636-13641.

Mucha P J,Onnela J P. Community structure in time-dependent,multiscale,and multiplex networks[J]. Science,2010,328(5980):876-878.

Cantador I,Castells P. Multilayered semantic social network modeling by ontology-based user profiles clustering:application to collaborative filtering[C]//International Conference on Managing Knowledge in A World of Networks. Verlag:Springer,2006:334-349.

7.5.3 网络信息传播最大化评估方法

独立级联模型(Independent Cascade Model,IC 模型)和线性阈值模型(Linear Threshold Model,LT 模型)是在研究传播网络中最为基本的两种模型,也是被广泛研究的传播模型。对于这两种模型的研究有非常重要的意义,也能够用来解释很多实际网络中的传播现象。基于这两种模型人们设计了很多用于评估网络信息传播影响力最大化的算法。

2001 年,Domingos 等人首次将影响力最大化问题作为算法问题进行研究。最早的方法是将市场中社会网络对个体购买行为的影响、营销后的总体盈利提升建模为马尔可夫随机场(Markov random field),并将一遍扫描算法、贪心算法和爬山算法的结果作为 TIAN (Targeting initially Activated Nodes,选择初始活跃节点集)算法求近似解[①]。通过对比,发现一遍扫描算法的效果远不如贪心算法和爬山算法;贪心算法和爬山算法效果接近,但是贪心算法的时间消耗却远小于爬山算法。

在这些工作的基础上,Kempe 等人[②]首先将影响力最大化问题提炼为在传播模型的基础上寻找 k 个能使扩散结果最大化的节点的离散优化问题。该方法将社会网络建模为一张图,其中图中的顶点表示社会中的个体,边代表两个个体之间的关系。Kempe 等人证明该优化问题是 NP-难问题,并提出一个适用于 IC 模型、LT 模型和权值级联模型的贪心近似算法。之后又有人提出了节点集影响力的快速评估方法以及更通用的传播模型。

2007 年,Leskovec 等人提出在选择新的影响力最大节点问题方面的优化,并称之为 "Cost-Effective Lazy Forward"(CELF)方案[③]。CELF 优化方案运用影响力最大化目标的子模特性,大大地降低了评价节点影响力传播工作的次数,该研究工作的实验结果表明,使用 CELF 优化方案选择的初始活跃节点可以将运算速度提升至原来的 700 倍左右。

2009 年,Galstyan 等人提到了影响力与社区之间的关系以及级联过程中的临界现象[④],并在不满足收益递减的系统中,对网络的结构特性解决影响力最大化问题发挥的重要性作用进行了描述。他们的研究工作基于由两个松耦合社区组成的 Erdos-Renyi 图,证明了如果考虑异构网络中的社区结构,可利用临界现象来提高算法性能。

2010 年,Wang[⑤] 等人提出了一种基于社团的贪婪算法来发现社交网络中的前 K 个影响力节点。其在社团发现时考虑了社交网络中信息传播的影响,并设计了一个动态算法选择社团并发现有影响力的节点。通过在大规模移动社交网络上的实验验证,该算法优于之前的贪婪算法并且有较高的拟合度。

---

① Domingos P , Richardson M. Mining the network value of customers[C]//The 7th ACMSIGKDD Conference, Knowledge Discovery and Data Mining. New York :ACM,2001:57-66.

② Kempe D,Kleinberg J M,Tardos E. Maximizing the spread of influence through a social network[C]//Proceedings of the 9th ACM International Conference on Knowledge Discovery and Data Mining. Washington:ACM,2003:137-146.

③ Leskovec J, Krause A, Guestrin C, et al. Cost-effective outbreak detection in networks [C]// International Conference on Knowledge Discovery and Data Mining. California :ACM,2007:420-429.

④ Galstyan A,Musoyan V,Cohen P. Maximizing influence propagation in networks with community structure[J]. Physical Review E,Statistical,Nonlinear,and Soft Matter Physics,2009,79 (2):056102.

⑤ Wang Yu,Cong Gao,Song Guojie, et al. Community-based greedy algorithm for mining top-K influential nodes in mobile social networks[C]// International Conference on Knowledge Discovery and Data Mining . Washington :ACM,2010: 1039-1048.

第 8 章

文本信息传播效果提升方法

当今,网络信息的传播已经深入人们生活的方方面面,网络信息的传播效果可以通过网络用户之间的社交活动体现出来,表现为用户的行为和思想等受他人影响而发生改变,科学家很早就发现了社交影响力在社会生活和决策制定等方面发挥了重要作用。同时,随着社会网络规模的增大,网络信息的传播效果会进一步扩大,因此针对良性的网络信息,体现社会正能量的,需要提升其传播效果,使其对社会产生更多良性影响。

8.1 网络信息传播的影响因素

网络信息传播活动是信息传播者在特定的信息环境下,通过某种传播媒介,将信息资源传递给接收者,实现共享的过程。依据相关研究[①],影响信息传播的因素至少包括信息提供者、传播媒介、信息内容、信息环境、信息接收者。

1. 信息提供者对信息传播的影响

信息提供者是生产、发送信息的个体或组织,是信息传播的源头。信息提供者在信息传播网络中的中心性度量(如度中心性、中介中心性)将直接代表信息提供者在信息传播网络中的地位是否权威,影响传播的效果。国外学者霍夫兰曾以一篇文章作为实验品,将阅读者分为两组,其中一组被告知文章是由著名专家撰写的,而另一组则被告知文章只是来自于一般学者,结果第一组被测试者对文章的信任度是第二组的四倍之多。因此,可以看出信息源的可信性显著影响了人们的接受程度和信息传播效果。可信性由两方面因素构成:可靠性与权威性。可靠性是指传播者所提供信息的真实与准确程度;权威性表现为传播者的社会地位、专业素养对受众态度改变的感染能力。

2. 传播媒介对信息传播的影响

随着信息技术的发展,传播媒介种类越来越多,不同媒介的时效性、持久性、影响力与受众的参与性等因素会导致信息传播效果的显著差异。在时效性方面,网络媒介能够突破时间和地域的限制,实现实时传播,时效性最强,其次为电视、广播等传统媒介,最后是报纸;在持久性方面,纸质书籍对于信息的保存时间较长,而网络、电视、多媒体中海量的信息短时间内便会被淹没,持久性较短。媒介的影响力与受众参与程度和社会文化背景息息相关,目前计算机、智

---

① Java A,Song X D,Finin T,et al. Why we twitter:understanding microblogging usage and communities[C]// Proceedings of the 9th WebKDD and 1st SNA-KDD 2007 Workshop on Web Mining and Social Network Analysis.[S. l.]: ACM,2007:56-65.

能手机等媒介具有高度的社会影响力。

3. 信息内容对信息传播的影响

美国学者斯蒂文曾提出,传播是建立在信息之上,以讯息为中心的过程[①]。因而,信息内容本身是信息传播活动的核心要素,信息是否全面、准确、真实、简洁明了,直接影响了接收者的采纳。为了确保信息的有效传播,人们在信息收集阶段,须选择可靠的信息来源,保证信息的真实性和准确性;信息组织者要对信息进行筛选,剔除无用信息和虚假消息,减少信息媒介的传播负载。此外,信息内容的表现形式也是影响传播的重要因素,包括文字、图片、音频、视频等,文本形式的信息相对正式,而图片、音视频等类型的信息更加直观、形象、生动,传播者须根据受众的需求及现实情景进行选择。

4. 信息环境对信息传播的影响

在信息传播过程中的每个主体都存在于一定的社会群体中,不同的群体相互衔接构成了完整的社会环境。个体对社会环境的适应性与归属感会影响到其对外部信息的认同,从而影响信息传播活动。社会文化氛围、组织规范、制度、价值体系、普遍的群体行为倾向等因素会在一定程度上促进或抑制信息的传播,社会环境中的人际关系网络同样也会影响信息的传播途径、方式以及传播效果。因此,信息环境因素通过影响传播主体的心理、态度和行为,进而影响信息传播的整个过程和结果。

5. 信息接收者对信息传播的影响

信息接收者的个性特征(比如信息需求、动机、性格、兴趣爱好、个人能力等)会对信息传播产生或多或少的影响。一般而言,知识结构完备、文化素养较高的受众往往善于发掘新的信息,能够迅速理解和掌握信息,并及时作出反馈,促进信息的流转和传播。相反地,智力水平偏低的受众对信息的敏感性较低,理解能力较差,常处于被动接受的状态,信息传播也会因此停滞。此外,信息接收者在价值观方面的差异也会导致对同一信息理解和评价上的区别,进而影响信息的二次传播与反馈效果。

8.2　网络信息传播效果的相关提升模型

8.2.1　信息传播网络的矩阵参数模型

网络信息的传播过程类似于病毒在网络中的传播过程。2003 年 Wang 等人[②]对在不同类型网络中的具体传播方式和传播过程开启的下限传播阈值进行了总结。在他们之前,Kephart等人[③]首先探索了该传播过程并对其进行了建模,但是 Kephart 等人的模型仅是基于拓扑结构的,而没有针对 1998 年以后新出现的复杂网络模型进行建模和分析研究。

①　Java A,Song X D,Finin T,et al. Why we twitter:understanding microblogging usage and communities[C]// Proceedings of the 9th WebKDD and 1st SNA-KDD 2007 Workshop on Web Mining and Social Network Analysis.[S. l.]: ACM,2007:56-65.

②　Wang Y,Chakrabarti D,Wang C,et al. Epidemic spreading in real networks:an eigenvalue viewpoint[C]// Proceedings of 22nd International Symposium on Reliable Distributed Systems.[S. l.]:IEEE,2003.

③　Kephart J O,White S R. Directed-graph epidemio logical models of computer viruses[C]// Proceedings of the 1991 IEEE Computer Society Symposium on Research in Security and Privacy.[S. l.]:IEEE,1991:343-359.

1. homogeneous 齐次同质和 ER 网络

在 2003 年 Wang 等人的研究成果中，他们首先总结了最经典的被广泛应用的 homogeneous 齐次同质模型[①]。齐次同质模型假设每个人都与人群中的其他人有平等的联系概率，而某个人转发信息的概率（感染率）在很大程度上取决于信息已转发者（感染者）的人口密度。在 Kephart 等人[②]修改的 homogeneous 齐次同质模型中，将网络中节点 i 到节点 j 的信息传播抽象为有向边 $i \rightarrow j$，表示节点 i 可以直接影响节点 j 所持有的观点。节点 j 被前者影响改变原有观点的概率设为 β，节点 j 被影响以后重新恢复原有观点的概率设为 δ，然后在 t 时刻网络中所有节点被节点 i 影响后，改变观点并转发信息的节点总数 η_t 可通过下面的公式计算得到：

$$\frac{\mathrm{d}\eta_t}{\mathrm{d}t} = \beta \langle k \rangle \eta_t (1 - \eta_t) - \delta \eta_t \tag{8-1}$$

在式（8-1）中，$\langle k \rangle$ 是网络中的节点平均连接度数。当网络达到稳定状态时，η_t 的稳态值为 $\eta = 1 - \frac{\delta}{\beta \langle k \rangle} \cdot N$，其中 N 是网络中总的节点数。在式（8-1）所示的模型中，存在一个非常重要的参数，即传播阈值 τ（epidemic threshold），通常如果 $\tau \geq \beta / \delta$，则整个网络中的传播影响过程就会不断扩大，直到传播到没有被影响到的网络节点。在经典的 homogeneous 齐次同质网络或者 ER 网络〔ER 网络即 Erdos-Renyi 网络，Erdos 与 Renyi 于 1960 年提出的 ER 随机图模型理论（ER 模型）指出随机图属于指数网络，并且该指数网络中的节点是同质的，它们的度大致相同，绝大部分节点的度都位于网络节点平均度附近，网络节点度分布随度数的增加呈指数衰减，网络中不存在度数特别大的节点〕，传播阈值 τ_{hom} 为

$$\tau_{\text{hom}} = \frac{1}{\langle k \rangle} \tag{8-2}$$

其中 $\langle k \rangle$ 是网络中的节点平均连接度数[③]。

2. Power Law 网络

2001 年左右，Pastor-Satorras 等人[④]研究了在 Power Law 网络中信息在网络节点之间传播的传播阈值。通常在 Power Law 网络中，当随机抽取一个节点时，与这个节点相连的节点数 $p(k) = k^{-\gamma}$（叫做这个节点的度概率分布）。Pastor-Satorras 等人在 Power Law 网络中提出的传播模型通常称之为 SV 模型，符合 Barabasi 和 Albert 在 1999 年首先提出的无标度网络模型（称为 BA 模型或 BA 网络），并且参数值 $\gamma = 3$，在这个模型中，当网络达到稳态时，η_t 的稳态值 η 为

$$\eta = 2\mathrm{e}^{-\frac{\delta}{m\beta}} \tag{8-3}$$

其中 m 是网络中的节点最小连接度数。同样地，Pastor-Satorras 等人[⑤]针对 SV 模型提出的

① Wang Y, Chakrabarti D, Wang C, et al. Epidemic spreading in real networks: an eigenvalue viewpoint[C]// Proceedings of 22nd International Symposium on Reliable Distributed Systems. [S. l.]: IEEE, 2003.

② Kephart J O, White S R. Directed-graph epidemio logical models of computer viruses[C]// Proceedings of the 1991 IEEE Computer Society Symposium on Research in Security and Privacy. [S. l.]: IEEE, 1991: 343-359.

③ Bailey N. The Mathematical Theory of Infectious Diseases and Its Applications[M]. London: Grin, 1975.

④ Pastor-Satorras R, Vespignani A. Epidemic dynamics and endemic states in complex networks[J]. Physical Review E, 2001 (63): 066117.

⑤ Pastor-Satorras R, Vespignani A. Epidemic dynamics in finite size scale-free networks[J]. Physical Review E, 2002 (65): 035108.

传播阈值 τ_{SV} 为

$$\tau_{SV}=\frac{\langle k\rangle}{\langle k^2\rangle} \tag{8-4}$$

其中 $\langle k\rangle$ 是网络中的节点平均连接度数预测值,而 $\langle k^2\rangle$ 则是网络的连接散度数值。

3. 社交网络

在 2003 年 Wang 等人[①]针对社交网络提出的网络信息传播传染病模型中,将人与人之间的感染关系抽象为有权有向网络图: $G=(N,E)$ (N 是节点集合,E 是边集合)。假设网络中所有节点的感染率是相同的,定义为 β,又假设每个节点消除自身病毒的治愈率是相同的,定义为 δ,其他参数定义如表 8-1 所示。

表 8-1　传染病模型符号定义

β	与被感染节点以边相连的节点的病毒感染率
δ	被感染节点消除自身病毒的治愈率
t	记录时间间隔的时间戳
$p_{i,t}$	时刻 t 节点 i 被感染的概率
$\zeta_{i,t}$	时刻 t 节点 i 不被其邻居节点感染的概率
η_t	时刻 t 网络中所有被感染的节点所占比例

在上述假设的用时间戳 t 进行定义的离散时间序列中,已被感染的节点 i 在接下来的每个时间间隔中,都尝试去感染它的邻居节点,感染一个邻居节点成功的概率为 β,同样,节点 i 在某个时间间隔中自愈的概率为 δ。因此我们定义在时刻 t 节点 i 被感染的概率为 $p_{i,t}$,同样,在时刻 t 节点 i 没有受到邻居节点感染,不被感染的概率为 $\zeta_{i,t}$,其定义如下:

$$\zeta_{i,t}=\prod_{j:\text{neighbor-of-}i}\left[p_{j,t-1}(1-\beta)+(1-p_{j,t-1})\right]=\prod_{j:\text{neighbor-of-}i}(1-\beta\cdot p_{j,t-1}) \tag{8-5}$$

假设在某个时刻 t,存在以下 3 种情况之一,则节点 i 是健康的:

- 节点 i 在时刻 t 之前是健康的,并且没有被它的邻居节点所感染(由 $\zeta_{i,t}$ 定义);
- 节点 i 在时刻 t 之前已经被感染,在时刻 t 被治愈了,并且没有被它的邻居节点所感染(由 $\zeta_{i,t}$ 定义);
- 节点 i 在时刻 t 之前已经被感染,在时刻 t 之前受到了邻居节点的感染,但是该感染对节点 i 没有奏效,并且节点 i 最终在时刻 t 被治愈了。

Wang 等人已经证明,对于一个特定的社交网络而言,当某条谣言信息(类似病毒)的传播阈值 τ 满足 $\frac{\beta}{\delta}<\tau<\frac{1}{\lambda_{1,A}}$ 时(其中 $\lambda_{1,A}$ 为该网络的连接矩阵最大非零特征值,A 为该网络的连接矩阵),该条信息可以在网络内进行可控传播;但是如果传播阈值 τ 超过上限阈值 $\frac{1}{\lambda_{1,A}}$,则将无法控制其在网络内的传播速度,会导致不可控传播。

8.2.2　网络信息传播模型

对信息在网络中的传播过程的研究其实类似于过去对流行病传播过程的研究,传染病模

①　Wang Y , Chakrabarti D , Wang C , et al. Epidemic spreading in real networks: an eigenvalue viewpoint[C]// Proceedings of 22nd International Symposium on Reliable Distributed Systems. [S. l.]: IEEE, 2003.

型有着悠久的历史,早在1760年Daniel Bernoulli就曾用数学方法研究过天花的传播。20世纪初有学者开始对确定性的传染病模型进行研究,W. H. Hamer和Ronald Ross等人在建立传染病数学模型的研究中做出了巨大贡献。1927年William O. Kermack与Anderson G. McKendrick在研究流行于伦敦的黑死病及孟买的瘟疫时,提出了SIR模型[①]。考虑重复感染的情况,他们于1932年建立了SIS模型[②],并在对这些模型进行研究的基础上提出了区分疾病流行与否的"阈值理论",为传染病动力学的发展奠定了基础。Michelle Girvan等人增加了免疫和突变(mutation)的概念来解释疾病的演化[③]。

在这些模型中,个体被抽象为网络中的节点,而个体的状态代表着个体受疾病的影响程度。每个个体的状态都被分为几类,同类的个体处于同一种状态。基本状态包括:易感状态S(susceptible),即健康的状态,但有可能被感染;感染状态I(infected),即染病的状态,具有传染性;移除状态R(recovered),即感染后被治愈并获得了免疫力或感染后死亡的状态。用这些状态之间的转换来命名不同的传播模型。例如,个体由易感状态变为感染状态,这样的传播模型称为SI模型;易感个体被感染,然后又变成易感染状态,这样的传播模型称为SIS模型;易感个体被感染,然后恢复健康并获得免疫力,这样的传播模型称为SIR模型。下面分别对以上几种模型进行介绍。

1. SI模型

SI模型刻画了最简单的动力学过程,模型中个体可能处于两种状态,即易感状态S和感染状态I。易感状态表示个体尚未接触到疾病,感染状态表示个体已被感染,并且能向周围人群传播疾病。感染状态为稳定态,最终连通网络中的所有个体均进入感染态。SI模型用来描述染病后不可能治愈的疾病,或用来描述突然爆发缺乏有效控制的流行病,如黑死病、非典型肺炎等,也可以说,在SI模型中,个体一旦被感染就会永久处于感染态。我们用$S(i)$、$I(j)$分别表示易感状态群体和感染状态群体,假设个体以平均概率β变为感染态,其感染机制可用式(8-6)表示:

$$S(i)+I(j)\xrightarrow{\beta}I(i)+I(j) \tag{8-6}$$

2. SIS模型

在SIS模型中,感染个体会以一定的概率康复后进入易感状态,并且能够被再次感染,因此疾病难以感染整个人群。SIS模型适合描述像感冒、溃疡、肺结核、幽门螺旋杆菌这类治愈后不能获得有效免疫力的疾病。在SIS传播模型中,一方面,作为传染源头的感染个体通过一定的概率β将传染病传给易感个体,同时感染个体以一定的概率γ恢复为易感状态;另一方面,易感人群一旦被感染,就又成为新的感染源,其感染机制可以由式(8-7)描述:

$$\begin{cases} S(i)+I(j)\xrightarrow{\beta}I(i)+I(j) \\ I(i)\xrightarrow{\gamma}S(i) \end{cases} \tag{8-7}$$

---

① Kermack W O, McKendrick A G. Contributions to the mathematical theory of epidemics[J]. Proc. Royal. So. Lon. ,1927,115(772):700-721.

② Kermack W O, McKendrick A G. Contributions to the mathematical theory of epidemics—II. The problem of endemicity[J]. Proceedings of the Royal Society of London,1932,138(834):55-83.

③ Girvan M, Newman M E J. Community structure in social and biological networks[J]. Proceedings of the National Academy of Sciences,2002,99(12):7821-7826.

3. SIR 模型

对一些流行病(如麻疹、水痘等)个体产生抗体后将获得免疫,不再被感染。为了刻画这些疾病的传播,SIR 模型在流行病动力学中引入了免疫状态 R,处于免疫态的个体不会向邻居传播疾病。感染个体以一定的概率自发进入免疫状态,而免疫态是稳定的吸收态,因此最终模型中所有的感染者将消失。在 SIR 模型中,初始随机选择一个体设置为感染者,而其他所有个体处于易感状态。SIR 模型适用于患者在治愈后可以获得终生免疫力的疾病,如天花、麻疹等。假设在单位时间内染病个体以平均概率 β 和随机选取的所有状态的个体进行接触,并以平均概率 γ 恢复并获得免疫能力。其感染机制如式(8-8)所述:

$$\begin{cases} S(i)+I(j) \xrightarrow{\beta} I(i)+I(j) \\ I(i) \xrightarrow{\gamma} R(i) \end{cases} \tag{8-8}$$

8.3　网络信息传播效果提升策略分类

依据网络信息传播效果的影响因素,可以从以下 4 个方面进行考虑,对网络信息传播的效果进行分类。

8.3.1　传播品牌的制定

从信息提供者的角度出发,为了树立较权威的地位和提供令人信服的信息,提高信息的传播效果,需要从源头上构建较好的传播品牌。传播品牌不只是用广告语、宣传片、形象设计(如企业 Logo、公司徽标、相关活动的标志等)、主持人或每一个传媒产品来树立的形象,更为重要的是,它实际上是受众与传媒机构之间的一种紧密关系与深刻体验。传播品牌的内含应该呈现抽象性、价值化、无形化的特点,包括了受众对传播品牌信息的认知忠诚以及对其传播信息的深度认同。因此,如果需要提升网络信息传播效果,首先需要制定良好的传播品牌,比如我国积极宣传网络正能量的权威网络新媒体公众号"人民网""新华社"等,都从源头在传统权威媒体上构建新的权威新媒体传播品牌,以便于提升网络信息传播的正能量。

8.3.2　传播平台和载体的建设

传播平台和载体的建设是网络信息传播力建设的重要环节和内容。缺乏必要的、强大的传播平台和载体,网络信息传播力的提升战略就无法有效落地。从根本上,传播效果之争是战略之争,但从表现上,则常常具体化为平台、载体之争。一般而言,某个信息源头的传播力强,其传播平台、载体必强,反之亦然。互联网背景下的网络信息传播效果提升在平台和载体的建设上,必须把握以下两个关键[①]。

第一,集中力量快速发展,力求在互联网舆论场占据一席之地并不断提高网络信息传播源头的分量。只有占据了我国影响力、传播力较强的网站,在其上进行网络信息的快速传播,才能够最大限度地整合资源、积聚力量,提升传播载体的传播效果。

第二,纵向、横向多方面渗透,针对网络信息传播的效果进行分析,在同类或者上下垂直层

---

① 谢念. 互联网背景下的区域传播力提升研究[D]. 武汉:武汉大学,2015.

的上下游网络传播媒体上进行渗透,特别是与不同的新媒体呈现形式进行融合发展,才能从纵向和横向上提升传播效果,发挥全媒体的传播优势。

8.3.3　传播内容的建设

"媒体竞争,内容为王",事实上,网络信息的传播想吸引受众、获取良好传播效果,内容建设始终是关键性因素。"工欲善其事,必先利其器。"传播工作所需具备的最重要、最基本的能力之一,就是传播内容产品的生产、制造和提供能力。互联网背景下的区域传播力提升在内容的建设上,必须注意以下两点。

①　要适应网络传播特点,对信息进行"深加工""精加工""碎加工"。同样是传播,因为传播规律不尽相同,所以传统媒体的传播特点与网络的传播特点有很大不同,即时性、互动性(开放性)、碎片化、海量、富覆盖等是网络传播的基本特点,帖子的点击率、转发率则是对传播效果最直观的衡量标准。

②　善于制造概念、形成话题是现代传播吸引眼球的重要手段,在互联网时代,这样的传播特性尤其鲜明。网络信息传播中的新闻报道,在报道内容和对象确定后,就要据此提炼、归纳出充分反映新闻价值、凸显新闻点的标题,没有标题的报道不可想象。对于所有网络文章,标题都是其实现有效传播的重中之重;标题提炼得好、冲击力强,文章就能牢牢抓住受众眼球,提炼得不好,传播效果就会大打折扣。

8.3.4　传播渠道的建设

内容建设和渠道建设犹如硬币的两面,对提升网络信息传播效果都很重要。而内容建设与渠道建设之间的此一辩证关系,同样存在于整体的区域传播能力建设之中。在市场经济条件下,打通、掌握产品交换的渠道,是产品价值实现的必要手段和前提条件。内容产品的价值必须通过一定渠道的输出才能实现。没有好的传播内容,再好的传播渠道也只能处于"沉默"状态,无从发挥作用;而没有好的传播渠道,再好的传播内容也只能锁在"深闺",得不到有效传播。相反,有了好的传播内容,传播渠道的引入和建设就会变得相对容易,因为资本天生是逐利的,渠道从产品的市场售买中能够分利;有了好的渠道,好的内容的传播就能得到市场的强劲支撑,实现良性循环。按照传播质量最优化、传播覆盖最大化的原则,建立、整合渠道资源体系是区域传播能力建设的重要课题。

在网络信息传播渠道的选择上,从图论的角度出发,笔者认为应该挑选中心性属性比较高的节点,通过最短路径条数比较多的边,以及从节点数目较多、内部连接紧密的社团结构入手,因为以上这些对象承载了网络信息传播中的大部分信息,是传播渠道需要重点考虑的部分。

8.4　网络信息传播效果提升评估理论

网络信息传播效果提升的评估理论多从图论、系统动力学、传播动力学、信息传播动力学出发,从宏观、微观多个层面考查网络信息传播的效果,综合考虑网络信息传播的覆盖率、时间持续性、空间持续性、热度持续性等关键因素,从点、线、面、时间等多角度考虑网络信息传播效果的提升。当前流行的相关方法中采用了一些统计学方法,经过多种统计学指标来综合评估网络信息传播效果的具体提升幅度。一般而言,有环比法、比率法、时空多重角度比较评估法等多种理论和方法,采用时结合具体应用场景,多采用可视化组件(如百度 ECharts 插件、Google 可视化插件)进行多维直观的展示。

8.5　网络信息传播效果提升评测指标

8.5.1　信息传播覆盖指标

(1)信息覆盖度

微博信息被转发的次数越多,就会被越多的人看到,并且被越多的人转发,包括一级转发、二级转发、三级转发等,逐渐形成以"滚雪球"的方式进行信息传播,提高了整个信息的覆盖度,覆盖度指这条微博在多少个微博用户的页面出现过。可通过专门的信息传播统计软件,对不同转发数的覆盖度进行统计。

(2)信息关注度

微博、微信社交网络用户观看相关信息内容后,会对一些话题作出评论,也有的用户会作出进一步的互动。社交网络中的评论更为集中,一般不在公共显示区中出现,微博的评论数多,则说明该微博受到了很强的关注,人们愿意对该微博发表自己的意见。

(3)信息认可度

社交网络中的"赞"是认同的意思,"点赞"功能出现在 Web 1.0 时代,美国社交网站Facebook 在 2009 年开始使用"点赞"功能,随后,几乎所有的社交网站都紧随 Facebook 的步伐,推出了类似的运作机制,后来这一功能也被国内各大主流社交网站加以模仿学习,新浪微博于 2013 年 1 月引入"赞"按钮。到目前为止,"点赞"是社交网络常用的一项功能,是用户对所看到的内容进行的一项操作,表示支持、同意、喜欢,在弱关系社区里"点赞"说明该微博得到了人们的认可。

8.5.2　信息在时间上的分布

网络信息在时间维度上的分布通常指某个事件从发生到舆论回归平息经过的时间,包括从发生到关注高潮所经历的具体时间是否短促,以及网民是否对该事件进行持续和长时间的关注,可对具体发帖时间内帖子的数量进行统计,从而得出某个具体事件在时间上的热度。

8.5.3　信息在空间上的分布

网络信息在空间维度上的分布通常指某个事件的关注度在地域上的分布,可对发帖者的IP 地址信息进行统计,得到不同地域人群对某个事件不同的关注热度,以进行直观的数据可视化展示。

8.5.4　网络信息传播效果评测指标体系

可基于 AHP(Analytic Hierarchy Process,层次分析)法构建传播效果评测指标体系,获取可信、客观、准确的传播效果评测。AHP 法是美国运筹学家、匹兹堡大学教授 T. L. Saaty 在 20 世纪 70 年代初期提出的。AHP 法是对定性问题进行定量分析的一种简便、灵活而又实用的多准则决策方法。它的特点是把复杂问题中的各种因素划分为相互联系的有序层次,使之条理化,根据对一定客观现实的主观判断结构,把专家意见和分析者的客观判断结果直接而有效地结合起来,将一层次元素两两比较的重要性进行定量描述。

笔者的研究思路是可针对主流传播渠道(微信、新闻网站、微博、论坛、贴吧等)的不同类型,制定不同传播效果评测模型,然后利用 AHP 法进行建模,从而进行整体整合评估。

① 微信传播效果评测模型的主要参数(有影响力的个人微信号等价于微信公众号进行数据获取和计算)为微信公众号文章排行榜、文章评论排行榜、总阅读数、总点赞数、总评论数、榜单值、榜单值变化(定制的时间范围内)、文章评论回复主题获取、文章评论回复倾向性数值等。下面举例说明。

- 微信公众号文章排行榜计算。

a. 计算规则:按数量由高到低排序。

b. 自动化计算,能够稳定计算文章的排名。

c. 能指定时间进行自动计算,目前固定为日/周/月/年,可指定一个时间段实时计算。

d. 计算结果包括微信公众号 ID、名称、时间(如 11/14,2016 年 11 月,第 28 周)、计算时间、总阅读数、总点赞数、总评论数、榜单值、榜单值变化(相对上一次的变化情况,上升多少点,下降多少点)、排名、排名变化。

- 论坛文章评论排行榜计算。

a. 计算规则:按评论数量由高到低排序。

b. 自动化计算,能够稳定计算文章评论的排名。

c. 能指定时间进行自动计算,目前固定为日/周/月/年,可指定一个时间段实时计算。

d. 计算过程类似"微信公众号文章排行榜计算"。

- 微信公众号文章转发排行榜计算(主要是指转到朋友圈或者别的群)。

依据转发情况计算。

- 公众号排行榜计算。

依据公众号的文章影响力进行累加判断计算。

② 新闻网站传播效果评测模型的主要参数为重大主题文章浏览人数、原文转发数、评论数、评价倾向性数值、原文覆盖地域、持续热度时间等。

③ 微博传播效果评测模型的主要参数为官方微博重大主题文章浏览人数、原文评论数、文章转发数、原文覆盖人数、原文覆盖地域、原文覆盖传播效率(覆盖范围/传播覆盖时间)、评价倾向性数值、持续热度时间等。

④ 论坛传播效果评测模型的主要参数(主要是分析传播重大主题原文报道和相关主题文章的传播效果)为重大主题原文浏览用户数、原文评论数、帖子转发数、浏览用户和转发用户地域分布、评价倾向性数值、持续热度时间等。

⑤ 贴吧传播效果评测模型的主要参数(主要是分析传播重大主题原文报道和相关主题文章的传播效果)类似论坛类传播效果评测模型的主要参数。

第 9 章

文本信息传播效果阻断方法

9.1 虚假信息和谣言的定义

虚假网络舆论信息往往又称为"网络谣言",通常以网络谣言的内容、目的、产生方式和承载形式为依据,网络谣言主要有以下 4 种大致的分类方法。

根据网络谣言涉及内容的不同,网络谣言大致可以分为以下 6 类。

(1)网络个人事件谣言

网络谣言制造者针对某些个人特别是名人编造吸引人们眼球的虚假信息,侵害当事人隐私,给当事人造成负面影响,甚至是经济损失,比如之前网络上众多名人"被死亡"等谣言都属于这类谣言。

(2)网络灾害谣言[①]

这类谣言指捏造某种灾害即将发生的信息,或者捏造、夸大已发生灾害的危害性信息,引起公众恐慌,扰乱社会秩序和经济秩序。引发"抢盐风波"的核辐射谣言、引发群众逃亡并导致 4 人遇难的响水县"爆炸谣言"等都属于这类谣言。

(3)网络政治谣言

这类谣言主要指向党和政府,涉及政治内幕、政治事件、重大政策出台和调整等内容,让公众对国家秩序、政治稳定、政府工作产生怀疑和猜测,破坏党和政府的形象,危害国家安全和政权稳定。

(4)网络恐怖谣言

这类谣言一般是虚构恐怖信息或危害公众安全事件信息,引发公众恐慌,扰乱社会秩序,引起公众对政府管理的不满,影响社会稳定,如"艾滋针以及'艾滋针针刺'传播到重庆"等属于这类谣言。

(5)网络犯罪谣言

这类谣言一般是指捏造一些骇人听闻或令人发指的犯罪信息,引起公众愤怒、恐惧,引发公众对政府、政府工作人员或某些群体的不满,同时也影响当事人的声誉,扰乱他们的正常生活,如"黔西部分乡镇儿童被抢劫盗肾"和"活体取肾"等谣言即属于这类谣言。

(6)网络食品及产品安全谣言

捏造或夸大某类食品或产品存在的质量问题,引起公众对该类食品或产品的抵制,导致该

---

① 江奥立.寻衅滋事罪规制散布"虚假信息"行为的可行性分析[J].苏州大学学报(法学版),2016,3(2):119-128.

类食品或产品生产者、销售者产生经济损失,比如"化工原料配制骨汤拉面""皮革奶事件"等让相关企业蒙受了巨大的经济损失。

根据网络谣言造谣者目的的不同,网络谣言大致可以分为以下6类。

(1) 以讹传讹型

这类谣言往往是由于造谣者的无知而产生的,加上散播者有时候在情急情况下不加以思索,盲目传播,故越传越偏离事实,比如吃榴莲、饮可乐毒过眼镜蛇等谣言。

(2) 别有用心型

这类谣言的造谣者常常别有居心,故意散播谣言,其目的就是扰乱社会秩序、造成社会恐慌或是引发社会矛盾。比如大盘鸡传播艾滋病毒谣言,这条信息最早在2011年就开始流传,之后每年7月前后都会改头换面地出现,但公安部门早就联合多部门进行了核查,未发现有关艾滋病人投毒的案件。

(3) 掺杂利益型

这类谣言的造谣者往往出于自利的目的,散播其生产的产品具有其原本不具有的功效,导致消费者上当受骗。比如橄榄油是人类最佳使用油谣言,经证实橄榄油炒菜时其中的抗氧化成分容易被破坏,从而失去了可能存在的"营养优势"。

(4) 吸引眼球型

这类谣言因其夸张的内容被传播,造谣者出于夺人眼球或者恶作剧等目的故意散播谣言。比如"9只蚊子咬死被杀空姐"谣言,这个谣言自2009年以来曾多次在网上出现,所述事发地点涉及杭州、深圳、乌鲁木齐、济南、上海等多地,其实原文仅为一个段子,配图仅是一张9只死蚊子的图片。

(5) 爱心诈骗型

这类谣言常以"爱心"形式让人转发。造谣者编造"×××生病住院,请帮忙告知亲人"或者"×××急需相关款项进行手术"等形式的信息,利用大家的爱心加以传播。

(6) 封建迷信型

这类谣言通常以"转了发财""转了为母亲祝福""不转遭遇厄运"等形式传播。这类信息迎合了某些网民的心理,信息本身不会带来多大的恶性后果,其实是某些人做的噱头,起到某种营销的目的。

根据网络谣言产生方式的不同,网络谣言大致可以分为以下10类①。

(1) 凭空杜撰型

多数谣言都属于这一类,是没有任何事实依据的编造杜撰,不管其真实性是否被验证,因为是造谣者编写的,所以都是谣言。

(2) 夸大其词型

这类谣言往往有基本的事实,但对事实进行了扩大化,比如本来受伤10人却在传播中被说成是100人,这类谣言迷惑性比较大,容易让人被基本事实蒙住眼睛,比如经常被传播的三年自然灾害饿死数千万人的谣言,这根本不符合人口学的基本常识,但却被很多人盲目地相信。

(3) 断章取义型

这类谣言是从某个大的内容中摘取的,从整篇内容中才可以理解其真实的含义,但如果被

---

① 王植.论网络谣言的形成、传播和治理策略[D].南京:南京理工大学,2014.

人从中间拉出一小段进行传播并不加以解释,就会造成完全不同甚至相反的理解,这类谣言只要看原来的整体就可以识别出来。

（4）拼凑剪接型

这类谣言的基本组件都是真的,但这些组件是有其背景和条件的,脱离了具体的历史背景和场景被使用,就成了谣言,比如一些领袖人物在特定的场合与特定的人开玩笑,或者是用一些典故与当时人人都可以理解的语言,但被人删掉了当时的情景去传播,就成了谣言。

（5）半真半假型

这类谣言有真的成分,也有假的内容,往往真的东西里面被掺入假的因素,真的东西是真实存在的,但假的却是被编写者杜撰添加上去的,比如说某个抗战老兵回忆曾经遭遇的时候,有记者就加入了很多自己臆想中的情节用来感染人。

（6）假戏真做型

在网络传播中有很多人为设计的情节与场面,比如为领导撑伞、为领导喂饭等,这些都是推手们设计的"舞台剧",但这种剧作却被拿来当成偶发的社会真实事件去传播。

（7）刻意暗示

传播谣言的人并没有直接针对某个事物进行编造,但所有的谣言内容却会直接给人以形象暗示,这会让人产生明显的联想。

（8）辟谣求证型

这是"意见领袖"们最喜欢的谣言传播方式,他们先以自己的小号或者马仔的号发出谣言,然后用自身的大号进行求证式传播,这样既达到了传播谣言的目的,也避免了自己的引火烧身,看似并没有影响到自己的网络形象。

（9）逻辑诡辩型

这类谣言看起来像是非常有道理的逻辑分析,但是其实充满了狡辩,或者偷换概念,或者弄错前提,总之,这类是高级公知最擅长的谣言,最具有迷惑性,其实就是某些具有一定知识水平的用户在故意迷惑网民,只要用真正的逻辑来进行判断,谣言很容易被拆穿。

（10）记忆偏差型

有些谣言的产生不是故意的,但却在被有些人发布的时候出现了差错,后来又在传播中被误读,这类谣言本质恶性不大,但有时候也会造成严重的社会影响。

根据网络谣言的承载形式,网络谣言大致可以分为以下4类[①]。

（1）常识类

这类谣言在生活中比较常见,比如"高铁辐射引乘务员流产""手机SIM卡会被诈骗电话复制并被窃听"等。这类谣言往往硬伤比较明显,但因为多数人不具有分辨这些谣言的知识储备,民众往往"宁可信其有",所以导致社会上形成了一些错误的见解。

（2）时政类

这类谣言多是由个人网站或者微博发出的声音引发的,涉及人物多是"有身份的人",容易引发网友的关注和讨论。

（3）图片类

这类谣言在微博上十分常见,比如在2012年7·21北京特大暴雨和江西校车事故中,都有人把过去的旧图片合成为虚假的图片并大量在网上传播,此外,像原华西村党委书记吴仁宝

曾经"登上"美国《时代周刊》封面的图片则是使用图片的 PS 手段进行移花接木的典型。

（4）伴随突发事件而大量出现的谣言

因为事发突然，现场情况又比较混乱，所以信息也真假不一，很多人经常会选择先转发再求证，一旦有人恶意传谣，造成的恶劣影响也比较广泛，比如在 2013 年四川雅安地震中就出现了诸如"5 年前有人预测到雅安地震"和"198 名俄罗斯救援人员赴灾区"等谣言。

9.2　虚假信息和谣言的传播危害

虚假信息和谣言的传播危害主要分为对个人的影响和对社会的影响。

1. 对个人的影响

网络谣言对个人正常的生活秩序产生了严重的影响。网络谣言针对的个人大多是影视明星等公众人物。明星婚变、出轨成为网络谣言的主要内容。这些谣言有的是采用偷拍形式；有的则是根据已有新闻臆测的，不仅给当事人的生活造成困扰，还会将网络新闻庸俗化；还有的是让明星"被死亡"，所选择的都是深受观众喜爱的明星。这类谣言含有诅咒性质，是对他人的不尊重，可以使一个明星一夜身败名裂，因此大家在听到谣言的时候要以理性的心理来分析事件，不要成为谣言的传播者，不然很容易害人害己。

当下也不乏对国家机关工作人员进行谣言攻击的现象，比如网络流传的警察摔倒抱孩子的妇女、城管殴打商贩等。这些谣言都建立在对某些不负责任的工作人员进行曝光的基础上，采取断章取义的剪辑方式，引起轰动。这些所谓的新闻故意夸大国家工作人员的错误，不仅损害了当事人的人格形象，也容易使群众对政府产生对立情绪。这些针对集体的网络谣言能使某一单位、某一企业，甚至是整个行业的名誉受损，降低其在社会上的信任度，甚至是造成巨大的经济损失。

2. 对社会的影响

相对于个人而言，网络谣言对国家和社会的影响更加巨大。首先，网络谣言能够影响社会安定，造成社会的动荡，损害国家利益和形象。一些看似滑稽可笑的网络谣言却被深信不疑，比如，2011 年 3 月日本大地震导致核泄漏，一些人散布谣言说食盐能够有效地预防核辐射。我国很多城市出现了"抢盐"的闹剧。此次事件严重地干扰了正常的社会秩序，也被国外的新闻媒体大肆渲染报道，给我国带来了很大的负面影响，严重地影响了我国在国际上的形象。其次，网络谣言往往增大了事件的解决难度。在某些网络热点事件的发展过程中，一些被传统新闻媒体忽略的信息在网络上得以广泛传播，这些信息所展现的观点和价值也日益呈现出多元化的趋势，又因为不同的个体有不同的利益需求，即使对同一个问题，众多的网民也会"仁者见仁，智者见智"，这就使社会舆论呈现出空前的复杂性。再加上网民在网络上发布信息时不需要像传统媒体那样要经过严格的筛选和监督，所以网络上的信息不仅庞杂多样，而且真假难辨，往往不能客观、真实、全面地反映事情的本来面目。这样就歪曲了事情的本来面目，使信息在传递过程中发生变异，从而引发谣言，增加了事件的解决难度。最后，网络谣言降低了人们对网络公信力的影响，本来网络共享性与开放性使得人人都可以在互联网上索取和存放信息，这方便了大家的互联网信息传播，但是由于没有质量控制和管理机制，所以信息没有经过严格的编辑和整理，良莠不齐，各种不良和无用的信息大量充斥在网络上，导致了公信力的缺失和价值观念的混淆，起到了相反的效果。

9.3　当前我国重大事件的网络信息应对模式

当前我国重大群体性事件的网络信息的阻断应对模式大体上可以概括为:起因较小的导火线事件—基层反应迟钝—谣言四起—事态升级爆发—谣言继续蔓延和升级—酿成重大群体性事件—基层无法控制—震惊高层—迅速处置—事态平息[①]。

有些媒体对重大群体性事件的报道存在很大的问题。其报道一般分为 4 个阶段:其一,浪漫化阶段;其二,沉默化阶段;其三,妖魔化阶段;其四,猎奇化阶段。由于我国对媒体缺乏严格规章的管控,因此导致我国当前重大事件的网络信息应对模式存在一些问题。

9.4　网络信息传播效果的相关阻断模型

当前,社交网络上的负面信息随处可见,而且这些信息往往都能造成很不好的影响。负面信息可以对国家的各个方面造成严重的负面影响,影响到国家的政治安全、社会团结稳定和经济健康发展。例如,2011 年,不法分子利用 Facebook 煽动和制造了伦敦等城市的暴乱,在阿拉伯地区形成了"阿拉伯之春",对各国的稳定造成了严重威胁。我国民众在日本大地震以后,受微博谣言蛊惑而发生的"抢盐"风波严重地影响了社会的稳定。此外,在教育方面,邪恶势力通过社交网络教育青年人崇尚暴力,鼓吹破坏性的个人英雄主义,这对国家和社会未来的安全稳定造成了一定潜在冲击。因此,探究如何控制负面信息在社交网络上传播具有很重要的意义。

9.4.1　虚假及负面信息的基本传播特点

早在 1951 年,美国学者彼德逊(Peterson)和盖斯特(Gist)就在《谣言与舆论》("Rumor and Public Opinion")一文中对虚假及负面信息作了定义:"虚假及负面信息是一种在人们之间私下流传的,对公众感兴趣的事物、事件或问题的未经证实的阐述或诠释。"根据这一定义,虚假及负面信息的特质就是在当下传播的那一刻,公众并不知道真假,但是却显露出强烈兴趣的相关信息。也就是说,当一件事越重要、事实越不清楚的时候,公众反而对该事件的信息越发感兴趣,而该事件的虚假及负面信息危害越大,则传播得就越快、越广。

目前的虚假及负面信息有很大部分都是通过互联网平台进行信息的传播扩散的,这种新的虚假及负面信息传播方式与传统的虚假及负面信息传播方式相对比,具有比较明显的特点。它的影响范围相对于传统虚假及负面信息传播方式而言更远更广,甚至经常会跨越国家、跨越语言,形成大规模的网络谣言,而且传播速率更快。一般情况下,一条在微信或者新浪微博平台上发布的虚假及负面信息可以在该社交网络平台上,被迅速地大量转发并评论,引发恐慌情绪。目前的虚假及负面信息传播的路径也变得更为复杂,网络上的虚假及负面信息不仅可以通过网络传播,而且可以通过线下或者打电话的方式来传播扩散,或者多种传播方式进行交叉。因此,网络上的虚假及负面信息相对于传统的虚假及负面信息来说,它的影响力更大。通

---

① 李亚敏. 重大群体性事件谣言阻断机制研究[D]. 重庆:西南政法大学,2011.

过对网络上的虚假及负面信息的传播效果进行了相关研究、比较以后,我们可以清晰地发现,网络上的虚假及负面信息传播效果通常具有以下共同的特点。

1. 病毒化传播

病毒化传播能快速引起巨大的公众情绪反应,消息里通常含有许多方面的信息,比如事件的三要素(起因、经过、结果),以及消息的来源渠道等。而且这类信息可以通过1～2次的社交网络的传播达到过去十万甚至百万级别的传统广播工具传播的效果,传播过程类似于突发性、流行性疾病的传播过程,非常快速地就传播到了网络中的每一个信息受众,对于国家和相关管理机构而言,这提高了信息传播阻断和控制的难度。

2. 突发性

一般来说,某一事件逐渐演化为社会关注并影响广泛的社会性大事件,需要一个相对漫长的发展过程。但是随着当前各种新媒体社交网络用户数量的快速增长和各种新媒体社交网络工具的使用越来越便捷,现代信息技术的普及缩短了这一演化过程,因此如何进行网络突发事件的应对就显得至关重要了。现代网络上虚假及负面信息的传播往往突然发生,并且可能造成严重社会危害,在短期内对整个社会产生颠覆性的严重影响,因此针对网络上的虚假及负面信息,政府和相关部门往往需要采取应急处置措施予以应对,将其不良影响进行控制和消除。

3. 真假难辨性和互动型传播

由于网民素质的良莠不齐,以及对事物本质真相不同的辨别能力,这导致了网络事件的信息在互联网上放大并进行传播的过程中,往往通过现在新媒体3.0的互动性传播功能,能够增加原来事件的很多信息,而在这些信息的互动加工过程中,良莠不齐的网民又加入很多不可信、虚假的信息。同时,基于一些网民的"看热闹"心态,真假难辨的网络信息在互动中可能越传越多,离原来的事情真相就越远,但是有一些网民还是津津乐道、不知疲倦地进行传播,给政府的网络信息治理工作增加了一定的难度。

因此,从网络虚假及负面信息的阻断而言,可以归纳为从网络拓扑结构上的阻断和从网络信息主题识别上的阻断。

9.4.2 基于网络拓扑结构的阻断

虚假及负面信息通常在实际物理空间发生,在网络空间广泛传播,但是未经证实的事件或问题。虚假及负面信息在社交网络中存在一个重要的问题,就是传播速度太快,可能导致系统无法抑制负面信息的传播。从网络拓扑结构的角度阻断虚假及负面信息的传播通常有两种思路。

首先,将社交网络抽象为一个由节点以及节点之间的边组成的图(graph)结构:$G=(V,\varepsilon)$,其中 V 是网络中的节点集合,ε 是边的集合。节点的个数 $N=|V|$,边的条数 $L=|\varepsilon|$。这里,我们考虑图中节点间边的方向性,将图 G 抽象为**有向图**。这时可以使用 $N \times N$ 的邻接矩阵 A 来描述图 G,对于 $\forall v_i, v_j \in V$,如果两个节点之间存在边连接,则 $\exists e_{ij} \in \varepsilon$,使 $A_{ij}=1$,否则 $A_{ij}=0$。

然后,我们可以将虚假及负面信息在网络上传播范围最小化这个问题用上面的有向图模型 $G=(V,\varepsilon)$ 来进行表示,将独立级联模型(Independent Cascade Model,IC 模型)应用于网络虚假及负面信息的传播过程中,然后在图 G 上探索影响最小化的问题。可以将虚假及负面信息影响最小化的问题进行数学定义。假设虚假及负面信息在图 $G=(V,\varepsilon)$ 中进行传播,起始的感染节点(即已经信谣言或者传播了谣言的节点)集合是 $S \subseteq V$,我们的目标是通过切断在 ε 中

的点边图集合 D_{Spread} 使虚假及负面信息的传播范围最小,在这个 D_{Spread} 集合中有 k 条边,$k(k\leqslant|\epsilon|)$ 是一个给定的常数,可以将其表示为式(8-1)的最优化问题:

$$\min_{D_{\text{Spread}}\subseteq\epsilon,|D_{\text{Spread}}|\leqslant k}\sigma(S|\epsilon\backslash D_{\text{Spread}}) \tag{9-1}$$

其中,$\sigma(S|\epsilon\backslash D_{\text{Spread}})$ 表示当边集合 D_{Spread} 被切断以后,S 集合中节点最终被感染(影响)的数目。

基于阻断连边的网络负面信息影响最小化的方法,可以利用贪婪算法找到该有向图中的 k 条边或者 m 个节点,使得当去掉 k 条边或者 m 个节点时,虚假及负面信息的感染面积最小,其中 k 或 m 均为正整数。找到这 k 条边或者 m 个节点就是两种不同的解决思路。

(1) k 条边的思路

可以将这 k 条边对应的两端的节点抽象为网络信息传播影响最大化问题[1]的初始节点集 $\text{Node}_{\text{Seed}}$,然后通过优化近似的贪婪算法,找到这 k 条边所对应的端点集合,从而得到去除了这"k 条边"的集合,使得虚假及负面信息的传播范围最小。

(2) m 个节点的思路

可以通过统计感染的初始节点集合 $S(S\subseteq V)$ 中各个节点的网络度量统计指标,比如中介-中心性、度中心性、pageRank 中心性[2]等,对其进行节点排序,然后通过启发式算法,逐步得到去除这"m 个节点"的序列,然后使得虚假及负面信息传播范围最小。

9.4.3　基于网络信息主题识别的阻断

基于网络信息主题识别的阻断主要通过话题模型对网络中每一次传播的网络信息进行建模判断,将网络中传播的信息抽象为有向边,然后对识别为虚假及负面信息的网络传播边和对应的节点进行抑制。这对于恶意信息已经爆发的社交网络能进行有效的控制,使虚假及负面信息的影响范围大大降低。该方法的主要步骤如下。

① 采用有向图表示社交网络中信息的传播,通过狄利克雷话题模型分别计算负面信息的概率分布和每条边上的历史信息的概率分布。

② 分别计算负面信息的概率分布和每条边上的历史信息的概率分布的距离,即 KL 散度 $d(w,i)$,其中 d 表示 KL 散度的计算结果,w 表示历史信息的话题分布,i 表示负面信息的话题分布。

③ 通过有向网络计算每个节点的中介-中心度和出入度(出度和入度的总和),然后依据 $tb(w)=b(w)/d(w,i)$ 和 $to(w)=o(w)/d(w,i)$ 对结果进行排列〔$b(w)$ 和 $o(w)$ 分别是中介-中心度和出入度算法的计算结果〕,去掉前面 k 个节点,就是虚假及负面信息的最小传播范围。在计算的过程中,可通过狄利克雷话题模型计算每条边的话题分布,并基于已有的数据自动算出所有话题的数目[3]。

① Kempe D,Kleinberg J M,Tardos E. Maximizing the spread of influence through a social network[C]//Proceedings of the 9th ACM International Conference on Knowledge Discovery and Data Mining. Washington:ACM,2003:137-146.

② Deng Xiaolong,Dou Yingtong,Lv Tiejun,et al. A novel centrality cascading based edge parameter evaluation method for robust influence maximization[J]. IEEE Access ,2017(5):22119-22131.

③ 姚启鹏. 面向社交网络负面信息的局部影响最小化问题研究[D].北京:北京邮电大学,2016.

9.5 文本信息传播阻断的操作策略

9.5.1 建立网络虚假信息的前馈控制机制

1. 完善信息公开制度

由于我国互联网起步晚,发展速度快,这使得广大民众对互联网等新兴事物还处于适应过程中;反过来,互联网等新兴事物的代表社交网络也在深刻地影响着我们的生活。因此当广大民众面对互联网上各种汹涌澎湃的信息时,他们对谣言的鉴别能力往往显得有些力不从心。特别是当社会上发生突发事件时,如果网上的正能量信息不流畅,会使社会对该事件的了解处于信息饥渴状态,反而不利于对该事件的真相和正面信息的传播。在这种情况下,社会上的广大民众由于对该事件的信息相对表现得饥渴,并且受到个体知识层次和识别水平的限制,所以即使是谣言也容易被社会上的广大民众所吸纳,引起原有社会结构的失衡,破坏社会秩序,微小的社会变动极易演变成大的社会动荡。因此,当前要想建立重大群体性事件的谣言阻断机制,必须建立完善的信息公开制度,保障民众的知情权,提高公众对谣言和重大社会危机的辨别力和承受能力,减少政府应对重大群体性事件的阻力,最大限度地争取民众的支持。

2. 完善相应的法律法规

虽然我国目前已初步形成了有关信息传播的法律法规体系,《中华人民共和国治安管理处罚法》《中华人民共和国刑法》《中华人民共和国计算机信息网络国际联网管理暂行规定》《互联网信息服务管理办法》《计算机信息网络国际联网安全保护管理办法》《国家突发公共事件总体应急预案》《中华人民共和国突发事件应对法》《中华人民共和国政府信息公开条例》等一系列法律法规,为危机传播制定了基本的政策依据,如《中华人民共和国治安管理处罚条例》对造谣者、传谣者做出了如下规定:"散布谣言,谎报险情、疫情、警情或者以其他方法故意扰乱公共秩序的,处五日以上十日以下拘留,可以并处五百元以下罚款;情节较轻的,处五日以下拘留或者五百元以下罚款。"但是现有法律法规对当前重大突发群体性事件谣言传播的新特点缺乏相应的适应性,当前新媒体的兴起使得谣言传播的途径更为广泛,必须完善相应法律法规,提高其对现代媒体缺乏管理的针对性和适应性。

3. 针对信息时代谣言传播的新特点开展谣言阻断

信息时代给我们带来了很多方便,但也带来了很多挑战,随着现代传播手段的多样化,谣言传播的途径更广,速度更快。据统计,中国现已有超过8亿部移动电话和6亿以上的网民,手机和互联网舆论的快速性和集中性,以及信息发布的个人化和信息的强烈的交互性,提高了管理的难度。如果说传统媒体的把关逻辑是"只有……才能发布",那么网络媒介的把关逻辑就是"只要不……就能发布"。在这种理念氛围中,新媒体信息发布的监控难度提升了。一方面,民众更容易突破传统媒介的障碍并获得真实的信息;另一方面,敏感的公众议题得到了广泛的关注,负面信息被反复放大,并造成流言的泛滥和社会的动荡。故应针对当前谣言传播的新特点,发展现代谣言阻断技术,加强对手机、网络等新媒体敏感信息的收集和监控;强化网络媒体的诚信意识和责任感,完善内部管理,使其加强对其旗下的论坛、留言板、聊天室等各种易于谣言散布的网络区域的管理。

9.5.2　强化政府的谣言阻断能力

（1）构建有效的情报信息收集机制

收集情报信息的效用在于对具有群体性事件征兆的信息进行收集，尽早发现苗头事件，早发现，早介入，早处理。情报信息的收集要保证及时、准确、全面，防止遗漏或是错误。所以就要求有多样化的收集渠道，兼职与专业化信息人员并重，并且尽可能做到信息收集组织的扁平化，减少因为层级过多带来的信息失真和传递迟缓。

（2）构建完善的情报信息整理及报告机制

接到情报信息之后，要对信息进行整理和分类。整理的时候要注意鉴别信息的真伪，要对信息来源进行记录，通过对信源和信息的传达过程进行分析，来发现剔除客观性及真实性存疑的信息。例如信源不可靠或传递者因利益关系需要回避，信息传递受到干扰导致信息失真，信息对比中发现无法合理解释的疑点等。对信息真伪进行鉴别后，要对情报信息进行有序归类。

（3）建立高效的情报信息研判机制

情报信息研判是指在接到信息报告之后，对可能发生的群体事件类型以及危害程度作出研究判断，为决策人员提供有效参考。研判情报信息的时候要做到谨慎，但又不能事无巨细。信息研判的主体一般是专职机构，以社会研究机构为辅助。通过情报信息研判，要对群体性事件的发生概率、客观动态走向等变化趋势作出评估，可以运用危机危险程度表法，将事件的发生概率和冲击度分别定义为横纵坐标，发生概率分为低度、中度、高度，冲击度分为高度、中度、低度、难以承受与绝对难以承受。将不同程度危险的事件标注在 4 个象限内，确定处理事件的先后顺序。

（4）构建完善的信息发布和舆论引导机制

信息要第一时间发布，这是必须坚持的。为了在时间上掌握主动，应该从事件之初就进行跟踪发布，滚动播出，占领舆论高地。信息发布要注意口径统一，避免公众产生不必要的疑惑。所公布信息一定要真实可靠、全面客观。政府提供的信息要包括 4 个层次，分别是事件进展情况、事件起因、事件的处置与应对、最终处置与家属的态度。

9.5.3　增强媒体的谣言阻断功能

一是加强媒体自身的权威性、公信力建设。媒体权威性建设是一个不断持续的工程，一旦停止，前面的巨大努力就可能功亏一篑，对于主流媒体更是如此，应切实提高主流媒体控制谣言的自觉性与能动性，避免对重要的危机信息缺席。因为主流媒体受到公众更多的关注，其一举一动都会牵动大众敏感的神经。没有长期的坚持，权威性难以形成；没有对职业伦理的严苛要求，形成不了权威性。

二是网络媒体要建立防堵网络谣言的工作机制。网络媒体与报刊等传统新闻媒体有重要区别，它不受时空限制，信息传播速度快。随着互联网的普及，网络媒体的影响已无处不在。这一态势为网络谣言的传播提供了绝佳的生存空间，一句短短的话语就可能在整个网络迅速引起轩然大波，一句谣言可能在极短的时间内传遍世界各地，其破坏力远远超过口头传播。正因为网络的这一特性，网络媒体就应当建立有效的工作机制，担起阻断谣言的工作重任。由于网络谣言传递途径多种多样，因此，治理网络谣言的措施也应具有相应的针对性。由网站发布的网络新闻受众最广，故网站的防堵谣言的级别应是最高的，要通过完善工作制度，把好编、审、发各关口，最大限度地减少谣言的传播。网络论坛、聊天室、博客等信息的传递往往缺乏

"守门人",信息发布较为随意,信息传输很难事先进行严格的检查和核实,往往这些网站成为谣言的集散地和海量传播平台,因此,防堵级别不能低。尽管难以杜绝谣言,但也要采取删、堵、疏以及不断提醒网民等方式,尽可能地减少谣言的传播。QQ、MSN等即时通信工具及邮箱防堵谣言传播的难度相当大,很难进行人工监控,对此,可通过软件监控和不断提醒的办法,减少谣言传播。

9.6 文本信息传播阻断的效果评测

对网络虚假信息和谣言进行整治以后,可通过以下方法对其信息阻断的效果进行评估。

① 对上下年某个相同时间段内谣言发生的数量进行对比;

② 对具体时间段内不同类型的谣言(如可分为教育类谣言、经济类谣言、政治类谣言、娱乐类谣言等)发生的数量进行对比;

③ 波及的范围;

④ 影响的地域;

⑤ 持续的时间热度;

⑥ 高潮期帖子总数、转发数、点赞数等具体的单一指标;

⑦ 通过以上单一指标进行数据挖掘或者机器学习算法设置时,构建的其他复合型分析指标。

9.7 网络不良信息识别

9.7.1 网络不良信息的定义和类型

通常而言,网络不良信息是指互联网上出现的违背当前社会法律法规和相关公共道德的网络信息,包括文字、图片、音视频等形式。而在我国境内所指的网络不良信息,主要是指违反社会主义精神文明建设要求,违背中华民族优良文化传统与习惯,以及其他违背社会公德的各类信息。

网络不良信息的出现通常是因为政治目的或者经济目的。就政治目的而言,是为了在互联网上散布有损国家安全和社会稳定的相关信息;就经济目的而言,主要是为了提高这些不良信息的网民访问率,获取非法经济利益。不论网络不良信息的出现基于何种目的,都会对社会产生不良影响,给广大网民的精神带来污染,使人的思想产生混乱,例如色情信息和暴力信息等。

在我国相关的法律法规中,对网络不良信息的定义也进行了明确的规定,相关的法律法规主要有:

• 《全国人民代表大会常务委员会关于维护互联网安全的决定》;

• 《中华人民共和国电信条例》;

• 《互联网上网服务营业场所管理条例》;

• 《互联网电子公告服务管理规定》;

- 《互联网站从事登载新闻业务管理暂行规定》；
- 《中华人民共和国计算机信息网络国际联网管理暂行规定》；
- 《互联网信息服务管理办法》；
- 《互联网群组信息服务管理规定》；
- 《中华人民共和国网络安全法》。

其中 2000 年 9 月 20 日国务院第 31 次常务会议中通过的《互联网信息服务管理办法》,对网络不良信息进行了比较详细的规定,该规定的"第十五条"明确提出：

互联网信息服务提供者不得制作、复制、发布、传播含有下列内容的信息：

（一）反对宪法所确定的基本原则的；

（二）危害国家安全,泄露国家秘密,颠覆国家政权,破坏国家统一的；

（三）损害国家荣誉和利益的；

（四）煽动民族仇恨、民族歧视,破坏民族团结的；

（五）破坏国家宗教政策,宣扬邪教和封建迷信的；

（六）散布谣言,扰乱社会秩序,破坏社会稳定的；

（七）散布淫秽、色情、赌博、暴力、凶杀、恐怖或者教唆犯罪的；

（八）侮辱或者诽谤他人,侵害他人合法权益的；

（九）含有法律、行政法规禁止的其他内容的。

2016 年,依托于中国工程院重大咨询项目"网络空间安全战略研究"的支持,国防科学技术大学贾焰研究员[1]对网络不良信息的类型进行了归纳和分类,将其分为 6 类：①危害国家安全和民族尊严；②网络色情和暴力；③网络邪教和迷信；④网络谣言和诽谤；⑤网络欺诈与非法交易；⑥侵犯隐私和个人权益。

此外,其他国家也有自己对网络不良信息的定义,其中美国将互联网不良信息分为如下几类：①散布有关政治煽动,恐怖主义,挑动民族对立情绪、民族仇恨和种族歧视等危害国家安全和民族尊严的信息；②在网络中传播的淫秽、色情和猥亵信息；③对未成年人滥用市场营销手段的信息；④侵犯公民隐私权、名誉权、肖像权的信息,包括散布他人隐私、恶意丑化他人肖像；⑤网络暴力信息,对他人进行网络诽谤和人身攻击等；⑥网络欺诈信息,包括网络赌博等[2]。

英国将互联网不良信息分为 3 类：①非法信息,指危害国家安全等国家法律明令禁止的信息,如儿童色情、网络诈骗等；②不良信息,如煽动宗教或种族仇恨、鼓励或教唆自杀的信息；③令人厌恶的信息,如网络暴力信息[3]。

德国则主要将互联网不良信息分为纳粹极端思想、种族主义信息、暴力信息、网络欺诈和儿童色情信息等[4]。

通常从网络不良信息的格式而言,网络不良信息分为文本类不良信息、图片类不良信息、视频类不良信息和音频类不良信息,针对不同类型的不良信息,有着不同的识别、处理和提取方法。

---

① 贾焰,李爱平,李欲晓,等.国外网络空间不良信息管理与趋势[J].中国工程科学,2016,18(6):94-98.

② 王军.网络传播法律问题研究[M].北京：群众出版社,2006.

③ 东鸟.网络战争[M].北京：九州出版社,2009.

④ 郑启航.德国互联网监管有法可依、有法必依[EB/OL].（2010-02-01）[2016-05-18].http://news. xinhuanet.com/world/2010-02/01/content_12912508.htm.

9.7.2 文本类不良信息的识别

近年来,关于网络信息中不良文本信息识别的方法屡有提出,我国境内的相关网络不良信息的处理主要为针对汉语、藏语和维吾尔语的网络不良信息的处理。

在汉语网络不良文本信息的识别方面,2014 年,李少卿[①]针对不良文本中的不良词汇变体情况,设计出了考虑语音相似、字形相似、特殊字符等的相似度计算算法,采用“众包”的方式对包含变体不良关键词的文本进行识别,对于变异进化的不良文本有较好的识别效果。同年,刘梅彦等[②]以语句处理作为基本处理单元,采用依存句法获得句子的语义结构,结合 HowNet 词汇褒贬倾向性判别,识别不良信息,将语义分析结合相关算法进行不良倾向文本识别,取得了较高的识别准确率。2015 年,吕洪艳等人[③]依据 Mercer 定理结合线性核与多项式核提出了一种新的组合核函数,应用 SVM 通过非线性变换解决了不良文本中文本数据交界掺杂的问题,取得了较为理想的识别准确率和召回率。2016 年,李扬等人[④]针对敏感信息识别中基于敏感关键词匹配方式准确度低的问题,利用监督学习对微博的短文本情感极性进行度量,通过定义五大类敏感关键词和其在数据集中所呈现的 Zipf 分布特性,探索了微博短文本中负情感极性与高敏感性内容的正相关性,构建了含有情感极性因素的敏感度模型,提出了将敏感关键词与情感极性协同分析的敏感信息识别方法。2017 年,刘梅彦等人[⑤]采用主体信息过滤和倾向性过滤两级过滤模式,通过依存句法获取语句的语义框架,结合基于知网的词汇褒贬倾向性判别,在面向信息内容安全的不良文本信息过滤中较好地提高了过滤效率和准确率。2018 年,谭咏梅等人[⑥]基于卷积神经网络(CNN)和双向 LSTM 对文本中的句子分别进行编码,自动提取相关特征,然后使用全连接层得到初步的中文文本蕴含识别结果,最后使用语义规则对网络识别结果进行修正。该方法避免了传统机器学习的中文文本蕴含识别方法需要人工筛选大量特征以及使用多种工具造成的错误累计问题,取得了较好的结果。

在藏语网络不良文本信息的识别方面,比较有代表性的研究成果是:2014 年,仁青诺布等人[⑦]通过对互信息进行特征提取,构建了藏文不良文本库,用以训练最大熵模型,利用 Opennlp 最大熵模型求出了文档属于不良文本和合法文本的概率,实现了基于最大熵算法的藏文文本分类功能,对于藏文不良文本信息的识别效果较为明显;2015 年,普措才仁等人[⑧]从不良文本中提取倾向性关键词,根据矩阵奇异值分解转移概率构造倾向性关键词项的关键矩阵,利用向量间的余弦相似度作为文本检索的相似度度量,取得了较好的检索准确率和运算效率。

在维语网络不良文本信息的识别方面,比较有代表性的研究成果如下。2012 年,新疆农

① 李少卿.不良文本及其变体信息的检测过滤技术研究[D].上海:复旦大学,2014.
② 刘梅彦,张仰森,张涛.基于语义分析的不良倾向文本的识别算法研究[J].北京信息科技大学学报(自然科学版),2014,29(4):16-20.
③ 吕洪艳,杜鹃.基于 SVM 的不良文本信息识别[J].计算机系统应用,2015(6):183-187.
④ 李扬,潘泉,杨涛.基于短文本情感分析的敏感信息识别[J].西安交通大学学报,2016,50(9):80-84.
⑤ 刘梅彦,黄改娟.面向信息内容安全的文本过滤模型研究[J].中文信息学报,2017,31(2):126-131,138.
⑥ 谭咏梅,刘姝雯,吕学强.基于 CNN 与双向 LSTM 的中文文本蕴含识别方法[J].中文信息学报,2018,32(7):11-19.
⑦ 仁青诺布,苏亚超,孙亚东.基于最大熵模型的藏文不良文本识别系统的设计和实现[J].西藏科技,2014(3):77-78.
⑧ 普措才仁,蔡光波.基于奇异值分解的藏文 Web 不良信息检索算法研究[J].西北民族大学学报(自然科学版),2015,36(4):23-27.

业大学的李永可等人①在对维文网页正文内容抽取方法、维文分词技术、特征词提取方法、文本分类算法、分类器性能评价指标进行研究时,提出了采用带权重的特征向量表示文本,并且支持向量机采用径向基核函数的新算法。利用该算法设计的维文不良网页识别模型的识别准确率和召回率达到95%以上,并且识别性能稳定,识别效率也相对较高②。同年,新疆大学的阿布来提等人③通过选取 Naive Bayes 算法为分类引擎,验证了维文拼写错误并不会影响分类性能,同时结合维语语法特征进行词干提取,可使降维率达到25%~27%,提升了算法效率并提高了准确率。2014 年,新疆大学的陈洋等人④在构建维吾尔语不良文本过滤系统时,选择贝叶斯算法作为主要方法,对维吾尔文文本进行预处理、特征选择等,构建了基于维吾尔文文本的贝叶斯分类器,针对朴素贝叶斯在分类问题处理上的不足,考虑特征在文本中的具体分布情况,从特征项的区分度和代表性的角度出发,结合词频,提出了 3 个权重调整系数并对传统的 TFIDF 进行了修改,修正了不同特征对分类的贡献度,提高了维吾尔语不良信息的分类精度。

9.7.3　图片类不良信息的识别

不良图片信息是互联网中不良信息的重要组成部分,大量非法网站提供各种不良信息与图片,对青少年的身心产生了负面影响。目前已有不少成熟的不良图片检测方法被提出,2013 年,胡柳等人⑤结合模板匹配、特定情境的识别,提出了一种基于 YCbCr 颜色空间的以肤色检测为主的不良图片检测方法。该方法通过提高肤色检测正确率、消除背景区域及模板匹配等逐步明确图片类别,取得了良好的不良图片识别率。2014 年,冯杰⑥提出了基于超完备稀疏表示的不良图片鉴别方法,通过字典学习,充分提取不良图片与正常图片在高阶语义特征上的统计特性差异,将图像在超完备字典上的稀疏表示重构误差作为分类特征,最后再用支持向量机进行分类识别,具备较强的适应性,可对未知图像进行快速识别。2015 年,Li Daxiang 等人⑦首先提出了利用极端学习机和分类器集成的新型多实例学习算法,该算法将不良图片问题通过已部署的基于空间金字塔分区的多实例建模技术转换为典型的 MIL 问题。其次,利用分层 K 均值聚类方法生成视觉词集合,然后基于实例与视觉词之间的模糊隶属函数建立基于模糊直方图融合的元数据计算方法。最后通过使用极端学习器构造一组具有不同隐藏节点的基类分类器,并通过性能加权规则动态确定其权重,实现了具有鲁棒性的不良图片识别算法。2016 年,陈骁⑧针对网络上常见的单人情色类不良图片,首先使用基于 Poselet 的人体躯干检测方法定位出与色情信息密切相关的躯干区域,然后基于躯干区域提取具有判别力的 Fisher 向量,针对人体外观变换幅度提出一种自适应的算法,根据躯干检测器输出的置信度自适应地选

①　李永可,吴悠,张太红,等. 维文垃圾网页多元线性回归识别研究[J]. 新疆大学学报(自然科学版),2012,29(2):218-222.

②　李永可,吴悠,张太红,等. 维文垃圾网页多元线性回归识别研究[J]. 新疆大学学报(自然科学版),2012,29(2):218-222.

③　阿布来提,托合提,艾术都拉. 基于 Naive Bayes 的维吾尔文文本分类算法及其性能分析[J]. 计算机应用与软件,2012,29(12):27-29.

④　陈洋. 维吾尔语不良文本信息过滤技术研究[D]. 新疆:新疆大学,2014.

⑤　胡柳,周立前. 基于 YCbCr 颜色空间的不良图片检测研究[J]. 科学技术与工程,2013,13(15):4433-4436.

⑥　冯杰. 基于稀疏表示的不良图片鉴别算法研究[D]. 甘肃:兰州大学,2014.

⑦　Li Daxiang,Li Na,Wang Jing,et al. Pornographic images recognition based on spatial pyramid partition and multi-instance ensemble learning[J]. Knowledge-based Systems,2015(84):214-223.

⑧　陈骁. 基于感兴趣区域检测的网络不良图片识别研究[D]. 南京:南京航空航天大学,2016.

择多个躯干候选区域,最后使用 SVM 进行分类,通过集成多个区域的判别结果得到最终结果,在较为准确地检测不良图片的同时,有效地降低了皮肤裸露过多的正常图片的误检率。2018 年,王景中等人[①]提出了一种基于多分类和深度残差网络的不良图片识别框架,将传统不良图片识别中的二分类问题基于多样性特征分为 7 个更细粒度的类别,通过五十层 RestNet 模型进行分类,采用一种反馈修正的训练策略,并提出了单边滑动窗口的预处理方法以解决不同尺度图片的影响,取得了较好的时间效率和识别准确率。

9.7.4 视频类不良信息的识别

随着我国通信基础设施建设进程更加全面化、整体化、标准化,网络数据的传输速度和体量产生了指数级别的增长。从 3G 时代到 4G 时代的提升使得用户在智能手机上在线观看视频的延迟大大降低,也带领网络视频内容迎来了一个爆发式增长的时代。但用户在享受海量网络视频内容的同时,大量不良视频内容对用户的身心健康、观看体验、知识获取等产生了负面影响。所以对于网络海量视频内容中的不良视频内容(涉及恐怖、暴力、色情内容等)进行快速且准确的检测识别成为当前亟待解决和研究的问题之一。近年来有不少国内外学者对不良视频内容的检测做出了大量相关研究。2007 年,蔡群等人[②]通过结合音视频双重特征来达到对色情视频的检测,首先把音频和视频进行分离和分别进行分析。对于视频数据流通过提取视频帧、视频帧识别来进行分析;对音频数据流通过音频段进行分割,取出可疑音频段,提取其特征,运用支持向量机来对音频段进行分类。最后,综合音视频的分析结果判断视频是否为不良视频。2009 年,Lee 等人[③]提出了分 3 个阶段进行的不良视频检测系统。该系统首先在视频播放之前利用哈希特征对视频进行初步检测,然后通过单帧特征判断视频的不良特性,最后对所有帧特征进行聚合并对视频的真实属性进行识别。2010 年,刘莹等人[④]提出了基于镜头内光流法的色情视频检测算法,该算法先利用视频帧的颜色和边缘特征对视频进行镜头分割,然后对分割后的视频序列提取光流特性,最后通过色情视频中特有的人体往复运动的检测得出判断结果。2012 年,蒋呈明等人[⑤]将不良视频场景内容定义为恐怖、色情、暴力等语义,构造了基于不良音频场景检测、肤色检测、多特征联合检测的多模态特征递进式过滤系统,对不良视频内容检测提供了一种有效的过滤方法。同年,蒋呈明[⑥]在其硕士毕业论文中从现有的对视频内容进行时空切片的概念上,提出了空时变化程度直方图描述子,考虑视频在时间和空间上的变化程度,从而避免了传统关键帧检测算法中随着视频复杂度提升而消耗大量特征提取时间的问题。该算法在对不良视频特征的提取方面更全面化,在不良视频内容识别分类结果中降低了误检率、漏检率。

基于递进的多特征不良视频检测如图 9-1 所示。

此外,2012 年邹国奇[⑦]先将视频文件名进行预处理,通过模糊遗传算法识别视频文件名中

① 王景中,杨源,何云华.基于多分类和 ResNet 的不良图片识别框架[J].计算机系统应用,2018,27(9):100-106.

② 蔡群,陆松年,杨树堂.基于音视特征的视频内容检测方法[J].计算机工程,2007,33(22):240-242.

③ Lee S,Shim W,Kim S. Hierarchical system for objectionable video detection[J]. IEEE Transaction on Consumer Electronics,2009,55(2):677-684.

④ 刘莹.基于镜头内光流特性色情视频检测算法研究[D].兰州:兰州大学,2010.

⑤ 蒋呈明,蒋兴浩,孙锬锋.基于多特征的视频内容安全过滤方法[J].信息安全与通信保密,2012(3):76-77.

⑥ 蒋呈明.基于时空变化的视频内容分析方法研究[D].上海:上海交通大学,2012.

⑦ 邹国奇.不良视频检测系统的研究设计和实现[D].重庆:重庆大学,2012.

的关键词,从而对不良视频内容进行初步检测。随后再将压缩感知理论结合基于肤色及人体关键部位敏感图像识别算法,对视频文件中的关键帧进行识别,有效地提高了不良视频的检测率和覆盖率。2013 年,吕桂清[①]对 H.264 压缩视频中的运动矢量进行提取和预处理,通过匹配侦间的时序曲线特征和检测侦图中数列特征时序曲线波形,分析视频中动态目标的运动轨迹和特点,对视频内容进行判断,提高了不良视频内容检测算法的速度。2016 年,韩晶[②]在使用小波分析技术提取视频曲线特征的基础上,提出了基于多颜色空间能量曲线族的不良视频检测系统,其能够在识别不良视频内容的过程中不断更新不良视频特征数据库,能够有效地屏蔽网络中播放的不良视频。2017 年,蒋梦迪等人[③]对视频和图像中文本的提取方法作出了综述,介绍了基于文本区域检测定位和文本分割两大步骤的文本提取流程算法,分析并比较了现有算法的适用范围及相对优缺点,这对于以视频或图片为载体的文本不良信息的鉴别算法具有一定的借鉴意义。

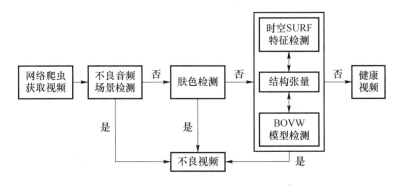

图 9-1　基于递进的多特征不良视频检测

此外,近年来还有相关研究者提出通过注意力模型来进行不良视频的识别,2017 年赵士超[④]通过探索深度网络模型,在深度卷积网络的基础上设计了注意力模型并进行了视频分类。相比传统方法,该方法具有实现快速、特征占空间小、性能更高的优势。

9.7.5　音频类不良信息的识别

2006 年,蔡群[⑤]提出了一种基于音视频双重特征的不良信息检测方法,该方法将听觉域中的音频特征信息进行提取,通过滤波、归一化、端点检测等手段确定可疑音频段,再从保留的可疑音频段中提取 Mel 特征、基音频率均值、平滑基音比、过零率标准差等相关特征参量并构建向量。最后将构造的向量利用 SVM 支持向量机进行分类并得到了较好的结果。2009 年,顾亚强[⑥]改进了传统的音频检测预处理方法漏检、虚检的不足,提出了新的短时能零差分阈值端点检测方法,结合改进的 IMFCC 参数,构建了基于 HMM 模型的语音识别模型,显著地提高了语音识别率和系统的训练时间。2012 年,徐利军[⑦]提出了改进的双门限语音端点检测方

① 吕桂清.基于运动矢量统计的不良视频检测算法研究[D].兰州:兰州大学,2013.
② 韩晶.基于多颜色空间能量曲线族的不良视频检测系统[D].济南:济南大学,2016.
③ 蒋梦迪,程江华,陈明辉,等.视频和图像文本提取方法综述[J].计算机科学,2017,44(S2):8-18.
④ 赵士超.视频动作识别中的深度特征融合方法与注意力模型研究[D].天津:天津大学,2017.
⑤ 蔡群.基于音视频双重特征的视频内容分析技术研究[D].上海:上海交通大学,2006.
⑥ 顾亚强.非特定人语音识别关键技术研究[D].长沙:国防科学技术大学,2009.
⑦ 徐利军.基于 HMM 和神经网络的语音识别研究[D].武汉:湖北工业大学,2012.

法,并将现有的 HMM 语音识别模型与 BP 神经网络结合,将 HMM 模型的识别结果作为 BP 神经网络的输入候选词,增强了语音识别的鲁棒性。2013 年,麻旭妍[①]基于 MFCC 方法,通过对音频进行预处理、FFT 变换域转换、三角滤波、对数化、DCT 变化等,再对提取的不良音频特征进行矢量量化编码,形成码本,最后通过模式匹配,对音频中的不良信息进行检测,得到了较高的检测率。2015 年,于艳山[②]在 MFCC 检测不良音频技术的基础上,在 LBG 算法中引入了打分机制,能够使得匹配码本在训练的过程中快速达到匹配标准,相较于传统的 LBG 算法大幅降低了训练时间和成本,提高了不良音频检测的速度。

① 麻旭妍.基于 MFCC 的不良音频检测的研究[D].兰州:兰州大学,2013.
② 于艳山.基于 MFCC 与 VQ 码本的不良音频检测算法研究[D].兰州:兰州大学,2015.

第10章
我国在网络空间国际规则中的博弈

10.1 当前网络空间领域国际规则的博弈层面

如前文所述,当前在网络空间领域,全球规则的倡导者主要是各国政府,制度平台包括联合国、北约、欧盟等国际和地区组织,联合国则是各国和各种组织之间进行全球规范谈判的重要平台。从国家间互动的角度来看,在网络空间规则制定过程中的博弈主要体现在 3 个层面:技术、军事安全和对策[①]。

1. 技术层面

互联网起源于美国,在 20 世纪 90 年代之前,由于互联网来自美国国防部应对核战的初衷,因此互联网一直是一个为科研和军事服务的网络,其治理权主要分为两部分:一是顶级域名和地址的分配;二是互联网标准的研发和制定。

20 世纪 90 年代初,美国政府将互联网顶级域名系统的注册、协调与维护的职责交给了网络解决方案公司(NSI),而互联网地址资源分配权则交由互联网数字分配机构(IANA)来分配。互联网运行的另一项重要内容是标准的制定和管理。目前,承担互联网技术标准的研发和制定任务的是 1985 年年底成立的互联网工程任务组(IETF),其两个监督和管理机构即互联网工程指导委员会(IESG)和互联网架构委员会(IAB),这两个委员会共同归属于互联网协会(ISOC)管辖。总部位于美国弗吉尼亚的互联网协会成立于 1992 年,是一个独立的非政府、非赢利性的行业性国际组织,它的建立标志着互联网开始真正向商用过渡。由此可见,互联网的控制权虽然归属于独立的非政府组织,但互联网在根本上仍是"美国制造",在很大程度上被美国政府所控制[①]。

为了抗议美国政府对互联网的垄断,其他使用互联网的国家通过各种方式和途径争取了自己的权利。1998 年 1 月 30 日,美国商务部公布了互联网域名和地址管理"绿皮书",宣称美国政府享有互联网的直接管理权,但是遭到了几乎所有国家及机构的反对。此时,互联网开始在全球范围内迅速普及,美国政府意识到垄断互联网的局面难以继续。1998 年 6 月,经广泛调研,美国重新发布了互联网"白皮书",决定成立一个由全球网络商业界、技术及学术各领域专家组成的民间非赢利公司——互联网名称与数字地址分配机构(ICANN),负责接管域名和IP 地址分配等与互联网相关的业务。虽然美国商务部不再直接参与机构的管理,但仍然牢牢地掌握着 ICANN 的控制权和管理权。2014 年 3 月 14 日,美国商务部下属的国家电信和信息

---

① 方滨兴. 论网络空间主权[M],北京:科学出版社,2007.

管理局(NTIA)宣布将放弃对 ICANN 的控制权,但明确拒绝由联合国或其他政府间组织接管,只同意由 ICANN 管理层与全球"多利益攸关方"(multi-stakeholder)①讨论接管问题,但是目前依然未落实。

从目前的局势来看,全球网络空间规则的制定仍然处于初始阶段,因为目前国际电信联盟(ITU)是联合国机构中唯一涉及网络问题的条约组织,在制定技术标准方面发挥着重要作用。国际电信联盟由不同领域的技术人员管理,每个季度向联合国秘书长提交一份威胁评估报告。国际电信联盟在联合国网络安全领域相当重要,其不仅是一个成员国的组织平台,而且是一个自主的规范倡导者,其主要任务是推进其成员国制定的议程并提出具体倡议。虽然其提供的每个季度的威胁评估报告具有重要价值,但是其对国际互联网只有建议权,从目前的实际情况而言,互联网的管理权还是牢牢地掌握在美国政府和美国政府所指定的运营机构手中。

虽然 2001 年联合国大会通过决议,采纳了国际电信联盟的倡议,决定举办信息社会世界峰会(World Summit on the Information Society,WSIS),即召集各国领导人参加的与信息社会建设相关的会议;2003 年 12 月在瑞士日内瓦举行的信息社会世界峰会第一阶段的会议决定成立一个互联网管理工作组(Working Group on Internet Governance,WGIG),来平衡和讨论各国之间对于网络空间领域互联网治理的分歧;2006 年 11 月,联合国根据信息社会世界峰会的决定设立了有关互联网治理问题的开放式论坛 IGF(Internet Governance Forum)。但是各国仍然处于与美国协商互联网治理和相关国际规则的初级阶段。

2012 年 12 月,国际电信联盟大会在迪拜举行,俄罗斯、中国以及其他发展中国家倡议将互联网纳入国际电信联盟的管辖范围,允许政府对互联网的运行进行管理,但遭到美国及欧洲国家的强烈反对,他们认为这将改变互联网治理的"无国界"性质,赋予政府干预网络空间的权力。在美、欧国家缺席的情况下,国际电信联盟打破传统的一致通过原则,以多数通过方式通过了新协议,但该协议最终能否得到各成员国的批准进而生效还面临着很大的不确定性。

在 2014 年 4 月于巴西圣保罗召开的全球互联网治理大会上,西方国家与以中、俄为首的发展中国家继续展开激辩。虽然美国在 2014 年 3 月表示愿意让出 ICANN 的管理权,但发展中国家仍希望推进互联网改革,打破美国在互联网标准制定方面的垄断。与此同时,美国和欧盟之间也面临着争夺互联网霸主地位的冲突。

此外,2014 年 2 月,德国总理默克尔与法国总统奥朗德在巴黎会晤时专门提出要建设独立的欧洲互联网,取代当前由美国主导的互联网基础设施。美国希望继续掌握互联网的游戏规则制定权,把互联网看作尽可能不对数据跨境传输进行限制的电子商务平台;但欧洲却希望建设独立的欧洲互联网,夺回一些 IT 主权并减少对外国供应商的依赖②。

2. 军事安全层面

在联合国框架下,多个部门、附属和专门机构都涉及网络安全的问题,例如大会、安理会、经社理事会、打击跨国有组织犯罪公约缔约方大会等。这些机构对网络安全问题的讨论主要集中在两个层面:一是政治军事层面,例如网络战、网络攻击、网络恐怖主义;二是经济层面,例如有组织的网络犯罪,如毒品、传统的商业犯罪行为。联合国负责网络战规则制定的政府间机构是联合国大会第一委员会,组织平台包括国际电信联盟、联合国裁军研究所和联合国反恐执行工作队。

---

① 莫雯希.基于层次模型分析网络空间安全威胁与对策[J].电子技术与软件工程,2018(1):207.

② 方滨兴.论网络空间主权[M].北京:科学出版社,2007.

军事安全层面的规则制定博弈主要发生在联合国大会第一委员会。

第一阶段的标志性事件是,1998 年 9 月 23 日俄罗斯在第一委员会提交了一份名为《从国际安全角度看信息和电信领域的发展》的决议草案[①],呼吁缔结一项网络军备控制的协定。该决议未经表决就被联合国大会通过,自此被列入联合国大会的议程。但直到 2004 年,该决议仍没有得到其他国家的响应。这一时期,中国、俄罗斯与美国的不同立场充分折射出两国在网络空间技术中的地位差异。其中,俄罗斯担心美国在互联网空间的优势地位会直接转化为军事上的优势,因此希望通过缔结一项国际协定来限制网络军备竞赛。美国则不希望缔结一项协定来约束自身的优势,认为这样的协定一旦通过,在增加信息和电信安全的幌子下,其会被用来限制信息的自由。

第二阶段的标志性事件是,2005 年 10 月 28 日俄罗斯的决议草案首次被美国否决。从次年开始,决议草案的发起国中又加入了中国、亚美尼亚、白俄罗斯等 14 个国家。此后,从 2005年到 2009 年的五年间,俄罗斯决议草案的共同发起国迅速增加到 30 个。

第三阶段开始于 2010 年,其标志是美国的立场发生转变并首次成为网络安全决议草案的共同提议国,由此提议国扩大至包括俄罗斯、中国、美国在内的 36 个国家。但是美国的思路与其他国家不太一致,美国开始与俄罗甚至倡导缔结一个类似于《日内瓦公约》的国际条约[②]。

目前来看,各国的分歧依然存在并且严重。2012 年,中国、俄罗斯、塔吉克斯坦和乌兹别克斯坦向联合国提交了一份名为《信息安全国际行为准则》的草案,遭到以美国为首的西方国家的强烈抵制。该草案认为,与互联网有关的公共政策问题的决策权属于各国主权范畴,应尊重各国在网络空间的主权。在治理方式上,中、俄主张政府是网络空间治理的最主要行为体,在网络空间履行国家职能,负责信息基础设施的安全和运营,管理网络空间的信息,并依法打击网络犯罪行为。但美国认为,网络空间是由人类创造出来的虚拟空间,具有"全球公域"属性,应将其纳入美国的全球公域战略。2013 年 12 月,联合国大会通过第 68/243 号决议,决定成立由 20 名专家组成的第四个政府专家小组,其主要任务是讨论现有国际法能否适用于网络空间,美、欧赞成将联合国武装冲突法适用于网络空间,但中、俄反对,认为这将导致网络空间的军事化。

3. 对策层面

对于国家间的一般性网络冲突,其解决方式更多的是依靠冲突双方的外交磋商,如果不能达成一致,则可能诉诸其他多边途径,如中国和美国之间因网络间谍案引发的冲突、美国与欧盟等国家因"棱镜门"监听事件导致的冲突都归为此类。由于这些冲突的起因和情况皆有不同,所以需要冲突国家之间根据具体情况制定相应的对策。这些冲突的解决办法经由反复的实践而最终沉淀为冲突各方遵守的国际惯例。

10.2　当前网络空间国际立法的分层化思想

依据中国社会科学院郎平研究员的提法,目前网络空间的相关国际规则大致分为 3 层:技术层、军事安全层和社会公共政策层。发展的整体趋势是国际规则分层化趋势明显,技术层治

---

①　汪小帆,李翔,陈关荣. 复杂网络理论及其应用[M].北京:清华大学出版社,2006.

②　Dorogovtsev S N,Mendes J F F. The shortest path to complex networks [J]. Cond-mat,2004:0404593.

理态势相对稳定,军事安全层大国主导,社会公共政策层由国内向国际辐射。

关于全球和中国政府的网络空间领域国际规则,我国于 2017 年 3 月 1 日发表《网络空间国际合作战略》(以下简称《战略》),呼吁在国际范围内制定统一规则,避免网络空间变成新的战场,同时强调应维护每个国家管理互联网的主权。同时,《战略》指出:

① 中国致力于推动各方切实遵守和平解决争端、不使用或威胁使用武力等国际关系基本准则,建立磋商与调停机制,预防和避免冲突,防止网络空间成为新的战场,应发挥政府、国际组织、互联网企业、技术社群、民间机构、公民个人等各主体作用,构建全方位、多层面的治理平台。

② 各国在根据主权平等原则行使自身权利的同时,也需履行相应的义务。各国不得利用信息通信技术干涉别国内政,不得利用自身优势损害别国信息通信技术产品和服务供应链安全。

③ 中国将发挥军队在维护国家网络空间主权、安全和发展利益中的重要作用,加快网络空间力量建设,提高网络空间态势感知、网络防御、支援国家网络空间行动和参与国际合作的能力,遏控网络空间重大危机,保障国家网络安全,维护国家安全和社会稳定。

《战略》旨在指导中国今后一个时期参与网络空间国际交流与合作,推动国际社会携手努力,加强对话合作,共同构建和平、安全、开放、合作、有序的网络空间,建立多边、民主、透明的全球互联网治理体系。

10.3 我国网络空间安全领域的顶层设计

当前网络空间领域国际规则演变的特征:多元化、多层次、全方位。在治理主体上,从技术部门向政治安全领域扩展。在治理内容上,网络问题升至全球政治议程,隐私保护、关键设施安全、网络犯罪、网络恐怖主义、信息战、网络战都将是该领域的重点治理对象。在治理机制上,新的互联网治理机制成立,例如全球网络空间稳定委员会、世界经济论坛成立网络安全中心,在 2019 年中国互联网大会上由中国信息通信研究院发起并成立了中国 IGF,承接全球IGF 在中国区对应的相关事务。

1. 国家战略

中国的网络空间治理原则是主权、和平、合作、秩序,美国的治理原则是自由、开放、独立、安全。从中国在网络空间领域的国家战略而言,我国应该以网络空间主权为基础,多层次、多角度最大化利用互联网为我国的现代化建设添砖加瓦,在保护国家网络安全的基础上,利用网络空间进行健康、正常的交流与教育活动。

2. 顶层设计

受制于现实空间的大国博弈,网络空间国际秩序的建立将是一个漫长的过程,由于当前混乱的国际秩序,以及地缘政治因素的广泛渗透,政府在维护国家安全、促进经济发展等与维护网络安全的相关点上越来越重视,因此建议将网络空间领域从下到上划分为技术层、军事安全层和社会公共政策层。目前来说,技术层的治理趋势相对稳定,军事安全层大国主导,社会公共政策层由国内向国际辐射①。

3. 参与机制

通过单边、多边等多种方式,建立中国与其他国家的互联网治理磋商会议(如中美互联网论坛、中英互联网论坛、中俄互联网论坛、上海合作组织),以及联合在网络空间领域治理上观点类似的多个国家(俄罗斯、巴西、印度等),向联合国提出共同的倡议和国际规则,与欧盟、美国进行网络空间安全领域治理的磋商和谈判。

10.4　我国主要国际平台的合作情况

当前国内相关领域的研究者对于我国与相关国际组织和平台的合作,屡有建设性的意见提出,例如,清华大学崔保国教授在 2019 年 7 月举行的中国互联网大会的网络空间治理国际论坛上提出:需要让各国了解我们的网络空间领域的治理理念,接受中国倡导的多方治理、多边治理。长远而言,未来要建议在联合国设立一个常设机构。

1. 与国际电信联盟的合作

中国与国际电信联盟(ITU)的合作一直比较紧密,包括在中国的推动下,国际电信联盟倡议设立的信息社会世界峰会,以及后来设置的 WGIG、IGF,都和中国与国际电信联盟的合作有着密切关系。此外,现任国际电信联盟秘书长赵厚麟先生是中国人,1998 年后,经中国政府推荐,赵厚麟先后两次当选国际电信联盟电信标准化局局长,2015 年 1 月 1 日正式上任,任期四年,2018 年 11 月 1 日,高票连任国际电信联盟秘书长,2019 年 1 月 1 日正式上任,任期四年。国际电信联盟秘书长赵厚麟出席了 2015 年 12 月 16 日第二届世界互联网大会开幕式并致辞。赵厚麟表示,互联网正日益成为关注民生的重要基础设施,网络空间的有序安全是所有人的共同愿望,国际社会对网络空间治理问题越来越关注。习近平主席指出主权平等是处理当前国际关系的基本准则,这一原则也应该适用于网络空间。国际电信联盟愿意积极参与国际社会为建立良好的网络空间治理秩序,为构建网络空间命运共同体做出努力。

赵厚麟表示,中国的移动电话总数和互联网用户数都是全球第一,更可喜的是,华为、中兴等设备供应商进入了全球同行的前列。中国研发的 3G 和 4G 通信标准被国际电信联盟接纳为国际标准,并成功商用。而以阿里巴巴、腾讯、百度为代表的中国互联网企业也迅速崛起,这些企业不仅在中国市场大展宏图,也在引领世界潮流。中国互联网事业的辉煌成就、中国"互联网+"的宏伟工程、中国的"一带一路"倡议举世称赞。国际电信联盟希望与中方合作,把中国成功的经验和做法推广到全世界,融入全球电信事业发展中。

2. 与 APCERT 的合作

APCERT(Asia Pacific Computer Emergency Response Team)的全称是亚太地区计算机应急响应组织,国内对应的接口合作单位是国家互联网应急中心。国家互联网应急中心(National Internet Emergency Center,CNCERT 或 CNCERT/CC)的全称是国家计算机网络应急技术处理协调中心 ,成立于 2002 年 9 月,是中央网络安全和信息化委员会办公室领导下的国家级网络安全应急机构。其致力于建设国家级的网络安全监测中心、预警中心、应急中

---

① 崔保国.网络空间治理模式的争议与博弈[J].新闻与写作,2016(10):23-26.
郎平.网络空间国际治理的中国国家利益[J].战略决策研究,2019,10(1):28-42.

心,以支撑政府主管部门履行与网络安全相关的社会管理和公共服务职能,支持基础信息网络的安全防护和安全运行,支援重要信息系统的网络安全监测、预警和处置。

CNCERT 作为国家互联网安全应急体系的核心技术协调机构,在协调国内安全应急组织(CERT)共同处理互联网安全事件方面发挥着重要作用,CNCERT 在我国大陆 31 个省、自治区、直辖市成立分中心,完成了跨网络、跨系统、跨地域的公共互联网网络安全应急技术支撑体系建设,形成了全国性的互联网网络安全信息共享、技术协调能力。

CNCERT 与 APCERT 的合作主要有:在亚洲地区共同打击网络犯罪和网络恐怖主义,应对网络攻击,进一步加强了打击网络犯罪和网络反恐技术合作,已形成了常态合作机制;利用事件响应和安全组织论坛,积极同亚太地区计算机应急组织联盟等网络安全应急组织平台,进行了信息共享,优化了跨境事件的应急响应,同时商签了多双边互联网应急组织合作备忘录,相互借鉴学习、提高;在共同打造中国东盟信息高速公路,缩小东盟各国差距上进行了合作,致力于在电子商务、信息消费等领域扩大合作,共享数字经济红利,加快了亚洲在信息基础建设方面的步伐,并在东盟举办了网络安全人员的交流与培训;此外,共同参与国际网络合作,加强了在国际网络规则制度、国际互联网治理等问题上的沟通协调,力争在未来国际网络治理格局中的制度性权利和话语权,维护中国和亚洲其他国家的共同利益。

3. 与 WSIS 的合作

WSIS 论坛是由国际电信联盟与联合国教科文组织、联合国开发计划署及联合国贸易发展大会等国际组织联合举办的、多利益攸关方参与的年度论坛活动,旨在促进落实 WSIS 行动计划,推动可持续发展目标。每年的 WSIS 论坛都由高级别论坛、主题研讨会、WSIS 项目奖评选、媒体发布会等活动组成。

中国政府一直高度重视和 WSIS 的合作,并长期致力于促进信息通信技术的普及和应用,推动提升经济社会信息化水平,缩小城乡差距,弥合数字鸿沟,促进可持续发展;坚持把宽带网络作为经济社会发展的战略性公共基础设施,加快发展步伐,着力构建高速、移动、安全、泛在的新一代信息基础设施;实施创新驱动发展战略,鼓励信息通信技术、业务、服务创新,并加速向经济社会各行业、各领域融合渗透,促进经济社会转型发展,不断提高发展的质量和效益。依据 WSIS 组织的原则,中国政府高度重视农村通信和信息化建设,大力推进电信普遍服务和网络扶贫,积极推动"互联网＋健康""互联网＋教育"等应用。

在 2019 年 WSIS 论坛期间,工信部总经济师王新哲出席了在瑞士日内瓦举行的信息社会世界峰会论坛的开幕式,并在高级别战略对话环节就利用信息通信技术实现可持续发展目标等议题作了发言。王新哲还出席了"数字化转型,体验数字化生活"研讨会并致辞。王新哲指出,当前数字经济已成为发展最快、创新最活跃、辐射最广泛的经济活动。中国高度重视数字经济发展,坚持创新驱动发展战略,加快推进数字产业化、产业数字化,努力推动高质量发展,创造高品质生活。中国愿与各方加强在 5G、大数据、人工智能、工业互联网等领域的交流与合作,让数字技术更好地服务全球经济可持续发展。

4. 与 IGF 的合作

联合国互联网治理论坛(IGF)是根据信息社会世界峰会成果设立的多利益相关方模式论坛,是联合国框架下讨论互联网治理和网络安全相关公共政策的重要平台,自 2006 年起每年举办一届,但是其决议执行力偏差,被美国、欧盟等主要国家和组织诟病。我国政府、企业、行业协会、技术社群等相关方都一直重视参与联合国 IGF 进程[①]。

从中国与 IGF 的关系而言,中国要积极参与国际网络治理,IGF 是需要积极发挥影响的第一个平台。但是,由于 IGF 的特殊性和复杂性,以及我们在国际网络治理策略上还有待加强研究,因此当前真正在 IGF 扮演网络大国角色的国家并不是中国。

总体上,中国一直较为积极地参加了历届 IGF 会议,并就国际网络治理相关的问题提出了广泛的建议。下面将介绍中国参与 IGF 的阶段与历程。

① 第一阶段(2006—2007 年):积极参与 IGF 机制和议程的设置。

② 第二阶段(2008—2010 年):废弃 IGF 的努力。在 2008 年 IGF 期间,在此次 IGF 关于"加强合作"问题的讨论中,中国政府代表明确表达了对 IGF 无法解决实质问题的失望,称如果无法达成共识,可能需要通过不同的机制和不同的论坛来进一步讨论,首次提出了废弃 IGF 的建议。

③ 第三阶段(2011 年至今):加强参与。在 2011 年新一轮授权的 IGF 筹备时,中国政府代表重返 MAG 并参与了筹备工作,同时首次有非政府、香港企业代表进入 MAG。2015 年可以说是中国最广泛参与 IGF 大会研讨会申办和发言的一年。这一阶段中国致力于扩大发展中国家在 IGF 的参与。一方面 MAG 中中国的席位不再仅限于政府代表,增至 2～3 人,并多次在筹备会议上表达相关意见;另一方面中国开始积极组织研讨会,参与会议发言和讨论,在互联网治理规则甚至人权等话题上表达观点。

对于中国来说,成立国家级 IGF 是各国参与联合国 IGF 进程的重要途径。在相关政府部门的指导下,中国信息通信研究院与中国互联网协会联合发起"中国互联网治理论坛行动倡议",成立中国 IGF 秘书处,开启中国 IGF 进程,这是中国站在新的起点上深入参与联合国 IGF 进程。

在 2019 年中国互联网大会权威发布环节,中国信息通信研究院党委书记、副院长李勇代表中国信息通信研究院与中国互联网协会发起"中国互联网治理论坛行动倡议",启动中国 IGF 进程,号召各方积极加入中国 IGF 行动倡议。

同时,中国 IGF 将通过自下而上、多方参与、开放、透明和包容的方式为政府、企业、高校、技术社群等各利益相关方搭建交流平台,鼓励其发挥各自应有的作用。同时,"中国互联网治理论坛倡议行动"将为国内互联网治理社群参与联合国 IGF 进程搭建桥梁。中国 IGF 还将与各国家、区域 IGF 加强合作交流,分享中国互联网的发展成就,为世界网络安全和发展做出积极贡献。

5. 与 ICANN 的合作

互联网不属于任何一个政府、组织或者个人,是一个典型的去中心化复杂系统,而掌控互联网唯一标识符的 ICANN,几乎是其中唯一中心化集中控制的环节。因此有人比喻 ICANN 掌控了全球互联网运行的"总开关",更有人将 ICANN 比喻为网络空间的"联合国",这反映了 ICANN 在全球网络治理中起到了至关重要的作用,占据了最重要的位置。所以,随着各国网络治理的重要性不断上升,如何更好地参与 ICANN 不仅关切各个国家的话语权,而且直接关系到各国重要的国家利益。中国参与 ICANN 已有二十多年的历史(包括 ICANN 正式成立之前,中国就积极参与),与之进行功能对接的中国国内单位是中国互联网络信息中心

---

① 方兴东,陈帅,徐济函.中国参与互联网治理论坛(IGF)的历程、问题与对策[J].新闻与写作,2017(7):23-31.

(CNNIC)[①]。

我国参与 ICANN 的合作阶段大致分为以下 3 个。

① 第一阶段(1999—2001 年):政府正式参与阶段。在 1999 年 3 月 2 日的新加坡 GAC 成立大会上,中国就是初始的 20 多个会员之一。GAC 会议限每一个会员由代表及顾问两人参与,中国代表即当时的信息产业部(MII)电信管理局陈因副局长。因此中国从开始就参与了 GAC 的成立和工作指南的起草,参与了域名政策的国际协调和制定,拉开了中国参与 ICANN 及国际网络治理的序幕。在这一阶段,中国政府对 ICANN 表现出了一定的重视。

② 第二阶段(2001—2009 年):政府代表退出阶段。2001 年 11 月的美国加利福尼亚州 ICANN 大会上,因为台湾地区使用"台湾"名称出席会议,违背了一个中国原则,中方代表没有进入会场参会,于是该次 GAC 会议全程在中国缺席及无国家名牌下进行。此后,中国政府停止派代表参与 ICANN 的政府咨询委员会,甚至 2002 年 10 月在上海召开的 ICANN 年会,中国也未出席 GAC 会议。但中国各方对 ICANN 的参与并未停止。中国互联网社群一直奋斗于中文国际域名的标准制定过程中,终于在 2004 年 4 月 14 日,CNNIC 联合 JPNIC、KRNIC、TWNIC 制定的《中日韩多语种域名注册标准》由 IETF 正式发布为 RFC3743,这是中国的第二个 IETF 标准,是中国参与互联网国际标准制定的重大突破。胡启恒院士对此高度评价:"在与世界最大的互联网国家交手时,我们在策略上、技术上、市场上都没有输给他。"

③ 第三阶段(2009 年至今):积极有为阶段。因中国在国际化域名中的利益和对全球互联网治理的影响力,2009 年 6 月 ICANN 悉尼年会中国工业和信息化部(MIIT)派代表电信管理局副处长崔淑田重返 GAC。中国重返 GAC 是因为中国和 ICANN 双方都需要彼此,一方面,ICANN 想要化解中国等国家推动由 ITU 合并 ICANN 的压力,而占据世界 1/5 互联网人数的中国也是 ICANN 不可或缺的参与者,是 ICANN 保证自身生存的需要。另一方面,在 WSIS 和 IGF 后中国意识到 ICANN 不会消失,于是将其作为影响力的次优选择;还有更重要的,就是中文域名所代表的利益,2009 年 11 月 ICANN 启动了国际化域名国家和地区代码快速通道流程。因此 ICANN 在中国重新加入不到一年后就批准中国管理中文域名,可以被看作 ICANN 对中国加入的妥协的交换[②]。

10.5　中美博弈的主要分歧点

10.5.1　美国网络空间安全协调和管理机构的发展与变革

1. 小布什时代的网络安全组织架构

2006—2008 年,小布什政府第二任期最后两年,美国政府构建了以国土安全部为网络威胁情报与信息共享枢纽的运作架构,通过信息共享来协调国防部、国安局、司法部等部门的行动,构建美国的网络安全战略能力体系。

2. 2009 年国家网络安全顾问

奥巴马政府 2009 年 2 月专设了"国家网络安全顾问"一职,负责协调联邦机构力量并直接

---

① 方兴东,陈帅.中国参与 ICANN 的演进历程、经验总结和对策建议[J].新闻与写作,2017(6):26-33.

② Liu Yangyue. The rise of China and global internet governance[J]. China Media Research,2012,8(2):46-55.

向总统报告工作。

3. 2009 年"网络安全协调员"

2009 年 5 月美国发布了《网络安全评估报告》,宣布设立美国政府"网络安全协调员"一职,统管美国网络安全事务。

4. 2009 年白宫网络安全办公室

2009 年 5 月,奥巴马宣布增设"白宫网络安全办公室",直接对国家安全委员会和美国总统负责,凌驾于军队和政府情报部门之上,负责统筹全国网络安全事务,协调整合政府网络安全战略和政策,与国会、其他联邦部门和机构、州和地方政府就网络安全事务加强协商。

5. 2011 年美国网络安全管理和执行办公室

2011 年 1 月,美国网络安全管理和执行办公室成立,该机构采取政府和民间合作形式,将最大限度地确保网络传输及信息安全。

6. 2015 年成立网络威胁与情报整合中心

2015 年 2 月,美国总统奥巴马在斯坦福大学主持召开了网络安全峰会,呼吁互联网企业加强与政府的合作,以维护美国的网络安全。奥巴马在峰会上指出,只有政府和私营机构共同努力,网络攻击问题才能解决。会后,奥巴马签署了《推动私营机构网络安全信息共享的行政令》,鼓励和推动私营机构间及私营机构和政府间的网络安全威胁信息共享。该行政令还批准建立"信息共享和分析组织",以促进公私机构间的信息共享。当月,美国在国家情报总监办公室下设立网络威胁与情报整合中心。该中心通过整合国土安全部、联邦调查局、中央情报局和国家安全局等部门搜集到的网络威胁信息,与私营企业共享相关信息,防范和应对国家遭受的网络威胁。

目前,美国共有两个政府机构涉及网络安全信息共享,分别是隶属于国土安全部的国家网络安全和通信整合中心及隶属于国家情报总监办公室的网络威胁与情报整合中心。此外,在美国政府的指导下设立的信息共享和分析中心及各类信息共享和分析组织等非赢利组织,对促进私营部门或公私部门之间的信息共享也起了很大作用。未来,根据网络空间的发展情况,美国有可能设立新的信息共享部门或组织。

7. 2016 年美国国家网络安全促进委员会

2016 年 2 月,美国国家网络安全促进委员会成立,由前国家安全事务助理汤姆·多尼伦(Tom Donilon)和 IBM 前首席执行官彭明盛(Sam Palmisano)共同领导,"以期规划未来十年的网络安全技术、政策发展路线图"。

10.5.2　博弈点

1. 国家行为体参与制度

(1) 中国构建于网络主权的"网络空间命运共同体"

我国所倡导的"网络空间命运共同体"的网络安全共建观:站在全球互联网发展治理的高度,2015 年习近平同志在第二次世界互联网大会上首次提出了"构建网络空间命运共同体"的共建主张①。党的十八大以来,习近平同志在关于网络空间治理的讲话中,系统地阐述了"互联互通"的互联网本质及"共治共享"的全球网络空间治理理念,深刻地阐明了国际网络空间治理的中国方案和主张。构建网络空间命运共同体,既是实现全球互联网健康、安全、可持续发

---

① 谢永江. 习近平总书记的网络安全观[J]. 中国信息安全,2016(5):34-35.

展的必然要求,也是推进世界和平与人类文明进步的必然选择。

2015年12月16日,在第二届世界互联网大会开幕式上的讲话中,习近平同志就构建网络空间命运共同体问题提出并阐明了"四项原则""五点主张"。在致第四届世界互联网大会的贺信中,习近平同志重申了网络空间治理的中国态度,强调互联网是人类的共同家园,各国应该共同构建网络空间命运共同体,并再次强调:"我们倡导'四项原则''五点主张'①。"

"四项原则"是:尊重网络主权、维护和平安全、促进开放合作、构建良好秩序。

- 坚持尊重网络主权。尊重各国自主选择网络发展道路、网络管理模式、互联网公共政策和平等参与国际网络空间治理的权利。

- 坚持维护和平安全。网络空间不应成为各国角力的战场,更不能成为违法犯罪的温床,维护网络安全不应有双重标准。

- 坚持促进开放合作。创造更多利益契合点、合作增长点、共赢新亮点,推动彼此在网络空间优势互补、共同发展,让更多国家和人民搭乘信息时代的快车、共享互联网发展成果。

- 坚持构建良好秩序。依法治网、依法办网、依法上网,同时要加强网络伦理、网络文明建设,发挥道德教化引导作用。

"五点主张"是:网络空间是人类共同的活动空间,网络空间前途命运应由世界各国共同掌握。各国应该加强沟通、扩大共识、深化合作,共同构建网络空间命运共同体。"五点主张"具体如下。

第一,加快全球网络基础设施建设,促进互联互通。网络的本质在于互联,信息的价值在于互通。只有加强信息基础设施建设,铺就信息畅通之路,不断缩小不同国家、地区、人群间的信息鸿沟,才能让信息资源充分涌流。中国正在实施"宽带中国"战略,预计到2020年,中国宽带网络将基本覆盖所有农村,打通网络基础设施"最后一公里",让更多人用上互联网。中国愿同各方一道,加大资金投入,加强技术支持,共同推动全球网络基础设施建设,让更多发展中国家和人民共享互联网带来的发展机遇。

第二,打造网上文化交流共享平台,促进交流互鉴。文化因交流而多彩,文明因互鉴而丰富。互联网是传播人类优秀文化、弘扬正能量的重要载体。中国愿通过互联网架设国际交流桥梁,推动世界优秀文化交流互鉴,推动各国人民情感交流、心灵沟通。我们愿同各国一道,发挥互联网传播平台优势,让各国人民了解中华优秀文化,让中国人民了解各国优秀文化,共同推动网络文化繁荣发展,丰富人们精神世界,促进人类文明进步。

第三,推动网络经济创新发展,促进共同繁荣。当前,世界经济复苏艰难曲折,中国经济也面临着一定下行压力。解决这些问题,关键在于坚持创新驱动发展,开拓发展新境界。中国正在实施"互联网+"行动计划,推进"数字中国"建设,发展分享经济,支持基于互联网的各类创新,提高发展质量和效益。中国互联网蓬勃发展,为各国企业和创业者提供了广阔市场空间。中国开放的大门永远不会关上,利用外资的政策不会变,对外商投资企业合法权益的保障不会变,为各国企业在华投资兴业提供更好服务的方向不会变。只要遵守中国法律,我们热情欢迎

① 习近平强调:共同构建网络空间命运共同体[EB/OL].(2015-12-17)[2016-12-16].http://www.edu.cn/.
习近平就共同构建网络空间命运共同体提出5点主张[EB/OL].(2015-12-16)[2016-12-16].http://www.xinhuanet.com/world/2015/12/16/c_128536396.htm.
构建连接、开放、包容的网络空间命运共同体[EB/OL].(2015-12-19)[2016-12-18].http://news.youth.cn/gn/201512/t20151219_7439242.htm.

各国企业和创业者在华投资兴业。我们愿意同各国加强合作,通过发展跨境电子商务、建设信息经济示范区等,促进世界范围内投资和贸易发展,推动全球数字经济发展。

第四,保障网络安全,促进有序发展。安全和发展是一体之两翼、驱动之双轮。安全是发展的保障,发展是安全的目的。网络安全是全球性挑战,没有哪个国家能够置身事外、独善其身,维护网络安全是国际社会的共同责任。各国应该携手努力,共同遏制信息技术滥用,反对网络监听和网络攻击,反对网络空间军备竞赛。中国愿同各国一道,加强对话交流,有效管控分歧,推动制定各方普遍接受的网络空间国际规则,制定网络空间国际反恐公约,健全打击网络犯罪司法协助机制,共同维护网络空间和平安全。

第五,构建互联网治理体系,促进公平正义。国际网络空间治理应该坚持多边参与,由大家商量着办,发挥政府、国际组织、互联网企业、技术社群、民间机构、公民个人等各个主体的作用,不搞单边主义,不搞一方主导或由几方凑在一起说了算。各国应该加强沟通交流,完善网络空间对话协商机制,研究制定全球互联网治理规则,使全球互联网治理体系更加公正合理,更加平衡地反映大多数国家意愿和利益。举办世界互联网大会,就是希望搭建全球互联网共享共治的平台,共同推动互联网健康发展[①]。

(2) 美国所主导的"利益攸关方"的提法

2005 年 9 月,在美国和中国关系方面,"利益攸关方"的概念最早由美国的外交谈判专家罗伯特·佐利克针对中美关系提出,旨在美国应当以务实的态度对待中国。按照马克思的哲学原理,世界的一切事务都是普遍联系的,这也为利益攸关方参与模式的发展提供了丰富的哲学基础。对这一提法,李肇星早有评论:中美"不仅是利益攸关方,还应是建设性合作者"。当前,"利益攸关方"也已成为世界政坛的一个常用名词,除了用于全球网络空间领域规则的制定,还广泛地应用于类似海洋公约、北冰洋公海渔业开发等类似的场合[②]。

在网络空间主权相关治理范围,尽管很多国家坚持由"利益攸关方"来主导国际互联网,并以此否定网络空间主权的存在,但是,各国客观上几乎都在互联网空间行使网络空间主权。美国所主导的"利益攸关方"的提法,在 2003 年 12 月 12 日,联合国信息社会世界高峰会议的《原则宣言》中明确提出:与互联网有关的公共政策问题的决策权是各国的主权。对于与互联网有关的国际公共政策问题,各国拥有权利并负有责任[③]。

美国及其他西方国家认为,未来网络空间的自由秩序应当根据互联网的核心功能而有所区别。互联网的核心功能分为三部分,即内容、代码和物理层。就代码和物理层的治理来说,应当置于具有包容性的"多利益攸关方"治理模式之下,而网络内容治理则更多的是一个政治性的话题。在理论上,该模式承认互联网是由各参与方和受惠方之间的互动而形成的,其中包括政府、私营部门、市民社会和技术社群。该模式认为,专业的技术人员和技术团体是解决现实的网络问题的关键,而不是由国家主权来承担这一重要职责。为了平衡政府职责与基本人权之间的关系,"多利益攸关方"模式从规则制定的程序开始就遵循基本人权和政府透明性、包容性,以及问责制的原则。

"利益攸关方"的管理模式实际上就是在互联网空间建立了一个"丛林法则"的模式:"利益

① 杨怀中.走向命运共同体的网络空间治理——习近平总书记网络空间命运共同体论述[J].洛阳师范学院学报,2019,38(4):1-3.

② 王玫黎,武俊松."利益攸关方"参与模式下中北冰洋公海渔业开发与治理[J].学术探索,2019(2):45-51.

③ 张莉.欧盟《通用数据保护条例》对我国的启示[J].保密工作,2018(8):47-49.

攸关方"就是强者,弱者只有跟随,几乎没有发言权,而且没有任何决策权,实际上是保护互联网的原创国美国的最大利益,与中国所提的"网络空间主权"概念有着较大的冲突。

2. 3G/4G/5G 标准制定

网络空间治理是一项系统性工程,它包含了三大层面的治理:物理网络层面(基础设施及架构)、传输网络层面(资源配置、技术标准及协议等)、应用网络层面(应用标准、内容、媒体、平台等)。从技术而言,中国和其他国家在 3G/4G/5G 标准制定上的争端其实主要是网络空间治理中物理网络层面(基础设施及架构)和传输网络层面(资源配置、技术标准及协议等)的争端,从治理角度而言,中国和其他国家在 3G/4G/5G 标准制定上的争端属于关键信息基础设施层次上的争端[①]。

(1)3G

2000 年,ITU 正式确立 TD-SCDMA 成为 3G 三大国际标准之一,TD-SCDMA 成为百年通信史上第一个中国企业拥有核心知识产权的无线移动通信国际标准,是中国通信行业自主创新的重要里程碑。而自 TD-SCDMA 诞生之日起,其发展就充满曲折。"在国际标准会议上,讨论到 TD-SCDMA 时,外国人就都出去喝咖啡去了,认为这个标准不会得到应用,没兴趣参与讨论。"这是 TD 产业联盟秘书长杨骅对当时标准境况的回忆。那时,中国企业只能开发移动通信的系统设备,手机芯片、测试仪表、手机终端等关键环节缺失,多数企业只做低端加工制造,运营商也没有对新技术首家运营的经验。TD-SCDMA 就是这样艰难起步的。

(2)4G

TD-LTE-A 的 4G 国际标准之路更具挑战,其利益博弈更加复杂。TD-LTE-A 吸纳了 TD-SCDMA 的主要技术元素,发挥了 TDD 各项优势,确保了从 TD-SCDMA 的平滑升级。TD-LTE-A 首次与国外标准并驾齐驱,平分天下,使得我国首次在移动通信标准领域实现了从"3G 追赶"到"4G 引领"的重大跨越。第四代移动通信 TD-LTE-Advanced 4G 国际标准延续了中国百年通信史的传奇 3G 国际标准 TD-SCDMA,其发展跌宕起伏,波澜壮阔。全球标准包含巨大的商业利益,TD-LTE-A 成为 4G 国际标准的过程充满了竞争、合作和博弈。

回望 TD-LTE-A 的标准化之路,中国企业自主创新的 3G 国际标准 TD-SCDMA 从开始研发到实现商用,为我国在全球移动通信领域掌握国际话语权创造了历史机遇。TD-LTE-A 被确认为 4G 国际标准,标志着我国从电信大国向电信强国又迈出了一大步,确保了我国在全球新一代移动通信产业中保持技术领先,意味着我国通信产业从"中国制造"向"中国创造"的新腾飞,也意味着我国企业对世界通信领域作出了重要的贡献。

(3)5G

美国公司高通看上去似乎只是一个芯片商,但事实上高通的布局和华为非常类似,高通一直在构建以芯片为基带的智能互联时代。

截止到当前,中国力量(包括华为、中兴及其他 5G 参与厂商)占已确定的总体的 5G 专利数量的 10%,这个比例似乎与国人心中"5G 标准中美分庭抗礼"的"5 v 5"局面相距甚远。要知道,仅美国高通一家就拥有 15% 的 5G 专利,而诺基亚(芬兰)占了 11%,爱立信(瑞典)占有 8%。

当前中国力量在已经确定的 5G 技术标准专利中占有 10% 的势力,主要还是围绕 eMBB

---

① 我国移动通信标准:从"3G 追赶"到"4G 引领"[EB/OL]. (2014-02-11)[2019-12-16]. http://zhuanti.cww.net.cn/manufacture/html/2014/2/11/2014211952538266.htm.

增强移动宽带场景,后面还有 mMTC 海量机器通信、uRLLC 超高可靠低延时通信,因此说中国当前在 5G 专利的发展上处于落后的位置,中国力量还有很长的一段赛程需要去追赶。

从当前亚洲其他国家日本、韩国,欧盟主要国家以及美国的顾虑来看,由于中国的 5G 研发及相关芯片技术位于前列,这些国家担心 5G 网络如果采用中国华为公司的产品,会导致在基础通信层次的数据被华为公司所掌握,也就是会被中国相关部门较轻易地获取,此外,从新兴产业机会和 5G 带来的具体商用价值而言,美国等西方国家也有自己的顾虑,担心出现较大的贸易逆差,因此美国总统特朗普甚至曾经提出"美国跳过 5G,直接发展 6G"的妄言。

从当前所处的后斯诺登时期(2013 年至今)而言,2013 年"棱镜门事件"以后,欧盟的网络安全治理变被动为主动,欧盟开始独立自主地进行顶层设计,完整的网络空间治理法律框架和机构体系逐渐被打造成型,并且非常重视应对网络窃密和监控,因此,除了经济产业发展的经济利益之外,欧盟和美国同中国在 5G 网络布网上的竞争,可能更多地倾向于担心网络窃密和网络监控。

3. 代表权结构的平衡

中国和其他发展中国家在网络空间治理上的行动一直非常注重在联合国和其他国际组织层面上话语权的掌握以及投票席位的获取。

美国凭借互联网早期的经济技术优势掌控了网络的核心资源和网络治理的主导地位,并由此获得广泛的经济和安全收益。中国等发展中国家坚持网络主权,坚持将网络空间的资源分配和政策协调置于联合国框架下的政府间组织下。然而这些要求网络治理平等权的合理诉求却屡屡被美国借助多利益攸关方话语加以压制[①]。

"话语"最初是作为语言学概念出现的,自 20 世纪中期开始逐渐从语言学领域扩展到其他领域,吸收了语言学、社会学、人类学、心理学、哲学等学科的多种研究传统。在某一领域治理机制的形成阶段,由于存在实力较为悬殊的现实权力结构,话语生产基本是权力关系的产物。处于权力强势地位的行为体可以限制权力弱势行为体参与话语讨论和表达利益诉求的机会,从而单方将符合自身利益的意义体系或制度性安排塑造为主导话语,并借助话语修辞为其权力主导地位获得合法性。互联网治理最开始所依托的 ICANN 这个国际性治理机制的建立是比较曲折的,其是美国政治、经济和技术精英之间经过非正式性的长期利益交换和磋商,由美国政府单边设立的,没有例行的国际性谈判平台,没有各方的直接讨论,也没有正式的国际签约仪式。

在互联网早期治理中,行为体之间的物质实力对比悬殊,互联网资源被垄断性地掌握在美国政府、商业企业和技术专家手中,这些团体是互联网治理权的主要争夺者,也是话语的主要塑造者。

在互联网的早期治理中,美国精英联盟不仅在互联网核心资源的控制和管理中掌握了主导地位,而且借助话语禁言和框定策略绕开了政府间组织 ITU 的参与,努力阻止互联网治理问题成为联合国会议等多边国际制度情境的议题,将美国以外的主权国家政府排除在互联网治理的讨论和决策之外。

美国精英联盟借助"私营部门自制"和"技术性问题"框定等话语手段绕开了政府间组织

---

① 尉洪池.话语与权力:全球互联网治理话语与实践分析[D].北京:外交学院,2017.
　方兴东,田金强,陈帅.全球网络治理多方模式和多边模式比较与中国对策建议[J].汕头大学学报(人文社会科学版),2017,33(9):36-42.

ITU 的干涉,限制了美国以外国家政府的参与,并以 ICANN 代表互联网领域各利益攸关方的话语修辞压制了美国国内的非精英群体及其盟友对精英主导模式的外交抗议和批评声音,从而成功将互联网治理话语的塑造和治理实践牢牢地掌控在精英联盟手中。而其他国家政府、政府间组织和公民社会团体则几乎没有可以控制的战略性资源,缺乏与主导联盟进行讨价还价的实力,或是没有被邀请到谈判桌前,直接被排除在了关于互联网治理原则和机制的谈判和磋商之外,或是被议题的框定和修辞威压限制了利益诉求的表述,基本没有获得参与话语讨论和话语塑造的机会。

就网络空间治理的联合国框架而言,联合国的治理框架构建于 2001 年 12 月 21 日,联合国大会通过决议,采纳国际电信联盟倡议设立的信息社会世界峰会(WSIS)。WSIS 成立的背景是 20 世纪初,随着网络国家的兴起和互联网治理议题重要性的增强,在美国以外的国家政府和 ITU 的推动下,由西方精英垄断互联网治理讨论和谈判的情况难以维系,在这样的情况下,WSIS 应运而生。

在 WSIS 进程内外的各类讨论和媒体报道中,"多利益攸关方"治理是被频繁使用和被广泛引用的修辞惯用语,也由此成为美国维护 ICANN 机制和治理主导权的又一话语资源。虽然美国在互联网早期治理中就曾将 ICANN 标榜为"私营领域各利益攸关方"的代表,但是在当时语境下的表述与 WSIS 进程中联合国框架下的"多利益攸关方"治理话语有着明显的区别,后者更强调包括各国政府在内的所有利益攸关方的平等参与,而不仅限于 ICANN 机制强调的私营部门攸关方。此外,美国在话语层面对 ICANN 的标榜与 ICANN 的治理实践存在着相当大的差距,ICANN 在实际治理中远未成为多利益攸关方利益的代表。

"互联网治理"问题最早被提及是在 2002 年 11 月 WSIS 第一期预备会议阶段的泛欧洲地区会议宣言中,该文本指出"信息社会本质上是一个全球现象,隐私保护、消费者信任、域名管理、电子商务的促进、知识产权保护、开放来源方案等问题的解决需要所有利益攸关方的积极参与"[①]。

在第二期预备会议期间,互联网治理议题开始进入中心舞台,政府、私营行业和公民社会的代表就应该如何将互联网治理问题纳入 WSIS 议程交换了不同立场。巴西政府在会上最先向现有的互联网治理机制发出了挑战,要求发展中国家在涉及网络空间结构和功能的决策机构和过程中得到全面参与机会。古巴和伊朗分别对巴西提出的将互联网治理置于国际性/政府间框架的要求表示附和,并要求对互联网的全球性管理应确保所有参与者发挥有效作用,包括发展中国家。中国政府代表在第三期预备会议上提出将现由 ICANN 履行的职能移交给 ITU。中国把对 IP 地址、域名、根服务器等全球互联网资源的管理列为排名第一的公共政策问题,认为互联网资源是世界的共同资源,互联网属于全世界[②]。此外,中国质疑美国对互联网核心资源单边控制的合法性,批评美国在互联网治理领域的独断,要求发展中国家在域名系统管理决策中的参与,主张由 ITU 这样的多边政府间组织管理。古巴、土耳其、伊朗等国都倾向于根域文件和根服务器系统管理过程的多边性。

2004 年 11 月,根据日内瓦峰会达成的《行动计划》,联合国秘书长科菲·安南宣布成立互联网治理工作组(WGIG),为互联网治理做出可操作性定义,明确与互联网治理相关的公共政

① Bucharest Declaration[EB/OL]. [2019-06-30]. www. itu. int/wsis/preparatory/regional/bucharest. html.

② China's Comments to the WGIG on Draft Working Papers: Identifying Issues for Internet Governance[EB/OL]. (2005-02-11)[2019-06-30]. http:www. wgig. org/docs/Comment-China. doc.

策问题,就各利益攸关方群体的各自作用和职责达成共识,并向在突尼斯举行的第二阶段 WSIS 会议提交工作报告和关于互联网治理的行动建议。到了突尼斯会议阶段,WSIS 已经成为互联网治理峰会,媒体对互联网治理问题的关注量超过了 2003 年 WSIS 进程开始以来关于 WSIS 的所有其他报道。

WGIG 工作组的报告明确地指出,由于互联网是在美国发明的,根域文件和系统的管理"处于美国政府的单边控制下",但是现有互联网管理框架缺乏保证互联网基础设施及应用稳定和安全的多边机制。除了正面批评了现有的单边机制,工作报告还提出了旨在取代美国政府特殊职能的 4 个改革模式。虽然工作组没有就某个特定模式达成共识,但是共同指出了负责治理职能或监管职能的组织形式需要遵循的原则,其中包括"任何一国政府都不应在国际互联网治理中占据特殊的地位"和"负责治理职能的组织形式应该是多边、透明、民主的,保证各国政府、私营部门、公民社会和国际组织的充分参与"。WGIG 的人员组成平衡了政府、公民社会和企业部门的来源比例,他们在磋商中以个人身份平等参与,不代表任何国家或组织,这些原则明确表达了互联网领域各利益攸关方要求抛弃单边监管机制的共同意愿。

具体而言,中国等发展中国家的平等参与话语权表现为两种形式,其中一种是基于国际政治中的主权平等原则,要求所有国家政府都应该以平等身份参与到全球网络治理当中,挑战美国的一国独大。中国指出现有的互联网治理框架存在发展中国家和最不发达国家无法参与其进程的问题,主张所有国家在互联网公共政策问题决策中的平等参与。在中国政府看来,新的互联网治理框架应该是一个联合国组织,因为所有国家在联合国的参与使其成为最有合法性的全球机构。中国的立场得到了巴西、伊朗等其他新兴国家的支持。巴西认为现有机制的一个主要不足在于缺乏大多数国家和许多公民社会、商业群体的代表性,呼吁以政府间条约为基础建立一个新的、透明的、民主的、多边的、多利益攸关方的论坛式机制,取代 ICANN,保证发展中国家和其他行为体在有关网络空间结构和功能的决策机构和过程中充分参与。其中,国家拥有对涉及国家主权事务的决策权,并协调非国家行为体治理其他事务。

此外,作为 WSIS 进程的有形成果之一,突尼斯峰会决定成立一个互联网治理论坛 (Internet Governance Forum,IGF),作为互联网领域各行为体之间的对话机制。IGF 是第一个明确基于多利益攸关方治理原则建立起来的治理机制,将利益攸关方清楚地划分为政府、私营企业和公民社会 3 个类别,以促进各攸关方之间的对话为目的。

一方面,国际社会已经逐渐达成将《联合国宪章》、国际法、武装冲突法、主权原则以及国家责任应用于网络空间的共识。联合国曾于 2004—2005 年、2009—2010 年、2012—2013 年三度成立联合国信息安全政府专家组(GGE),作为从国际安全角度探讨处理网络安全问题的重要机制,旨在制定网络安全领域指导性原则和规范。由于美国等西方国家的阻挠,专家组的谈判多年来颇为艰苦。2013 年 6 月,由俄罗斯、美国、中国、英国、法国、日本、巴西和韩国等 20 多个国家代表组成的 2012—2013 年度专家组成功达成了专家组报告,首次确立了和平利用信息空间和网络主权的原则[1]。另一方面,发展中国家之间、发展中国家与信息发达国家双边和多边的合作基础和力度加强,互联网治理体系的构建与完善得到进一步发展。中美、中俄之间在

---

① Report of the Group of Governmental Experts on Developments in the Field of Information and Telecommunications in the Context of International Security[EB/OL].(2015-06-26)[2016-09-25]. https://www. baidu. com/link? url = 1p0fg51jL6jEyuRN9coZ4V9dTeWoGYHBCfKOXKrE8744wligUbihUrSx-i2zOCxwr20qZNtoo2AjQCjl9tf6JK&wd=&eqid= b96fdd3e002bdeaa000000035e0ed4e4.

鲁传颖. 网络空间治理的力量博弈、理念演变与中国战略[J]. 国际展望,2016(1):117-134.

网络安全领域开展了不同程度的建立信任措施(Confidence Building Measures,CBM);G20、OECD、金砖国家、东盟等均建立了多种形式的对话机制,共同应对网络空间的威胁与挑战[①]。

从当前的会议机构而言,ICANN、WSIS、WCIT决定着全球互联网治理的走向。

1998年,ICANN成立。通常认为,ICANN的互联网治理承袭了这种利益相关者多方协商的精神,因此ICANN成为践行多方模式的代表。从域名注册商等中小企业到普通的互联网用户,从技术人员、政府、学术界到民间机构,各相关方都能够参与其中并表达意见,提出诉求;特别是政府代表也可以在咨询委员会内对ICANN董事会的决定提出质疑(但是没有否决的权力,是一种有限度的参与)。对于ICANN,美国政府在白皮书中曾经强调,"美国政府致力于权力过渡,从而让私营部门能在域名系统的管理中发挥主导作用",并规定作为私营性组织,ICANN董事会不能吸收国家政府或政府间组织的官员。根据ICANN建立时通过的《章程》,董事会成员应为9~18名,ICANN管理层设定的6个DNSO选区(互联网服务和互通提供商、商业企业实体、域名注册机构、注册商、知识产权群体、非商务性域名持有者)中有5个代表商业企业利益,非商业利益群体(主要包括公民社会和普通用户)只给了一个选区。

ITU支持下的WSIS和WCIT则坚持"一国一票"的原则,从某种意义上而言,2012年召开的WCIT-12会议可以被看作互联网治理机制从维护阶段进入调整阶段的转折点。根据《国际电信联盟公约》第31条,国际电信联盟的成员国派出参加国际电信世界大会的代表团须以国家元首、政府首脑、外交部部长或负责该大会所涉事务的部长签署的证书受命,并基于以上规则各国派出参加WCIT-12会议的代表。

WCIT-12会议和2013年6月发生的"棱镜门"事件既是网络空间治理制度困境的集中反映,同时也是国际社会要求进行制度改革与建设的催化剂。WCIT-12会议的争论焦点集中于是否应该把互联网问题纳入新的国际电信规则之内,最终ITU的144个与会成员中有89个签署,支持增强政府间组织ITU对互联网事务的管辖权。"棱镜门"事件后,越来越多的国家深刻感受到网络资源分配与决策的重要性和不公平性,欧盟、俄罗斯、巴西、中国、印度等各主要经济体纷纷在不同国际场合提出了去美国化。

10.5.3 我国国际合作治理模式的启示

习近平网络空间安全治理观的核心主要有3点:"网络空间命运共同体""核心技术自主创新"以及"尊重网络主权反对霸权"。从我国的网络安全治理观和相关有中国特色的治理路径而言,习近平网络空间安全治理观是基于网络空间主权的"网络空间命运共同体"的治理理念。

特别是2013年6月"棱镜门"事件曝光以后,网络霸权国美国以反恐之名不遗余力地攻击他国互联网,中国"当仁不让"地成为深受其害的重灾区,中国内地及香港地区的网络用户信息被长期窃取,我国面临严重的网络空间安全危机,这促进了我国相关网络空间安全治理理念的快速形成。

当前,我国网络空间的安全威胁主要表现为以下4点[②]。

(1)网络攻击频频发生

与世界其他国家一样,中国也面临着日趋频繁的黑客和网络病毒攻击等违法犯罪活动。中国是世界上遭到黑客攻击最多的国家之一。近年来,中国的网络犯罪活动呈上升趋势,各种

① FACT SHEET：President Xi Jinping's State Visit to the United States[Z]. White House,September 25,2015.

② 王有维.网络空间对国家安全的影响及我国的对策[D].长春:吉林大学,2011.

传统犯罪活动与网络相结合,从而表现出一些"新活力",使得犯罪活动越发呈现出一些新的特点,发生网络盗窃、诈骗和攻击等侵害他人财产的犯罪行为的频率大大增加,利用互联网传播淫秽色情等不健康信息的行为仍然存在,通过制作和传播计算机木马病毒,入侵和攻击计算机与网络基础设施的犯罪行为也日趋增多。

（2）政治颠覆日趋猖狂

全球化、网络化的迅猛发展改变了传统上信息交换与传递的时间和空间,数量庞大的各种越境信息流以光的速度穿梭于各个主权国家之间,而难以对其加以控制,由此产生的信息边界问题已经改变了传统上由领土、领海、领空构成的国家空间的地理结构。国际互联网使得信息包括意识形态、东西方文化等可以毫无限制地相互传播和渗透。网络空间信息传送速度快、传播距离远、虚拟匿名性以及潜在的不对称性等特点,使得网络安全问题日益迫切。网络空间的开放性所带来的各种安全性问题已经使得网络空间的安全问题越来越严峻,涉及国家政治、经济、军事、文化等各个方面,甚至对国家的稳定和安全构成威胁。

（3）信息技术受制于人

目前国际互联网的 13 台根服务器其中的 10 台都在美国,另外各有一台设置于英国、瑞典和日本;我国计算机使用的操作系统以及计算机芯片大多都是由美国制造的,几乎全部依赖美国进口。据英国简氏防务战略报告以及其他网络组织对世界上各国的信息防护能力所做的评估可得出,"我国被列入防护能力最弱国的行列,不仅大大低于美国、俄罗斯、以色列等信息安全强国,而且还在印度、韩国之下"。在技术方面,中国基础信息产业有"三大黑洞":一是用外国制造的芯片;二是用外国的操作系统和数据库管理系统;三是用外国的网管软件。我国目前的信息技术产业还比较薄弱,核心技术严重依赖国外发达国家。

（4）泄密露密屡禁不止

经过数十年的发展,目前我国政府、公共服务机构、金融机构等基本上都有自己的网站。随着电子政务和电子商务等的蓬勃发展,网络舆论渠道更加自由公开,网络购物更加方便快捷,使得百姓可以足不出户地与社会生活进行互动和交流。然而,信息网络本身是一把"双刃剑",信息化程度较高的国家其本身的脆弱性仍然无法避免,人们在享用信息化所带来的方便和快捷的同时,信息安全问题日益突出,其中通信保密问题惹人注意。同时,我国某些信息基础设施薄弱,与西方发达国家相比仍存在较大差距,使得这一问题更加严峻。

针对以上我国网络空间面临的主要安全威胁以及当前严峻的国际网络空间形势,从采纳和吸收国际权威组织、智库和专家观点的角度而言,推动我国同其他国家在国际网络空间的合作治理,主要存在以下路径。

（1）坚持基于网络空间主权的各国平等的多边模式

多边主义理论及其系统化的研究则是最近二三十年才逐步兴起的。罗伯特·基欧汉（Robert Keohane）[①]最早对多边主义的概念作了界定,"多边主义是在 3 个或 3 个以上国家间协调国家政策的实践活动"。多边主义研究的另一位代表人物约翰·鲁杰[②]认为,"多边主义是根据普遍的行为原则,协调 3 个或者更多国家之间关系的一种制度形式"。因此可以认为,对于多边模式的概念应该从以下角度来把握:参与主体是主权国家,其目的是用以协调国家间的关系。全球性的多边主义形成于 1918—1945 年,国际联盟是这一时期多边模式的典型代

---

①　Keohane R O. Multilateralism: an agenda for research[J]. International Journal,1990,45(4):731-764.

②　鲁杰.多边主义[M].苏长和,等译.杭州:浙江人民出版社,2003.

表。第二次世界大战结束后至20世纪90年代是多边主义的繁荣发展期。在此期间,随着多边模式思想的发展和实践,联合国、世界银行、国际货币基金组织等先后被创立,用以协调国家间的利益,联合国也成为迄今为止人类历史上组织形式最高的多边组织。从信息社会世界峰会到2011年,这一阶段的网络空间全球治理进入政治竞争和主权竞争阶段,网络发达国家和新兴网络国家围绕网络空间治理模式问题产生严重的分歧,也就是治理手段是政府主导的多边模式,还是非政府行为体主导的多方模式①。当前ICANN对多方模式的定义是:"一种组织治理或者政策制定的组织架构,目标在于让所有受到治理和政策制定影响的利益相关方共同合作,参与对特定问题和目标的对话、决策和执行。"这与我国的治理理念存在较大分歧。

(2)高度重视网络空间对于国家安全利益的深远意义

从理念上,需要高度重视网络空间的战略地位,争取网络空间全球治理国际规则的制定权。在战略层面,中国应充分认识和高度重视网络空间对于国家安全利益的深远意义,将其提升到国家战略的高度。在当今全球化、信息化的时代,网络空间关乎国家安全,涉及外交创新,牵动经济发展,影响社会稳定,左右战争胜负,各新兴大国纷纷将网络空间安全视作国家核心利益,积极采取多种举措,与美国等发达国家争夺网络空间国际规则的制定权,或引导规则朝着于己有利的方向发展。由此,网络空间成为各国权力斗争与利益博弈的重要靶标,网络空间全球治理也"从一个技术问题跃升为大国政治博弈的新热点","如何抢占第五维空间战略博弈制高点、未来发展制高点、国家安全制高点以及意识形态制高点,成为网络时代各国亟待解决的重大课题"②。在战术层面,中国应积极推动网络空间全球治理国际规则的制定,不懈争取规则制定上的"制空权"。中国应审时度势、把握机遇,积极加强与其他国家及国际组织在网络空间安全标准、技术、法规、应急反应机制等方面的合作交流,共同推进网络空间国际法律法规的制定、网络空间国际监督机制和全球制裁方案的形成,最终推动网络空间全球治理规制的建立实施,有效制约某些网络超级大国的单边主义行径③。

(3)毫不迟疑地构建我国的网络空间主权

针对我国相关著名专家提出的"网络空间主权"概念所对应的网络空间主权的4项基本权利,即网络空间独立权、网络空间平等权、网络空间自卫权与网络空间管辖权④,技术上可以采取"基于国家联盟的自治根域名解析体系",采用类似于自治域间路由对等扩散的思路,构造一个"域名对等扩散"的方法,让各个顶级域名所有者不仅向原根报告,还向其他国家级根域名掌控者报告其顶级域名服务器的地址信息,从而不唯一地受制于根域名服务器⑤。界定网络空间管辖权的范围需要先界定"领网"所在,这就是"位于领土的、用于提供网络与信息服务的信息通信技术设施",这也是目前各国对互联网管理的一个默认基础。由此,国家可以自主决定本国的网络管理机制,决定境内互联网运营主体的经营模式、经营内容、处罚措施等⑥。

考虑在网络空间主权的定义中包含"444"特征,网络空间主权的精确定义是:一个国家的网络空间主权建立在本国所管辖的信息通信技术系统之上(领网),其作用边界由直接连向他

① 鲁传颖.网络空间全球治理与多利益攸关方的理论与实践探索[D].上海:华东师范大学,2016.
② 惠志斌.我国国家网络空间安全战略的理论构建与实现路径[J].中国软科学,2012(5):22-27.
③ 蔡翠红.网络空间的中美关系:竞争、冲突与合作[J].美国研究,2012,26(3):107-121.
④ 方滨兴.论网络空间主权[M].北京:科学出版社,2007.
⑤ 方滨兴.从"国家网络主权"谈基于国家联盟的自治根域名解析体系[EB/OL].(2014-11-27)[2016-10-03].http://news.xinhuanet.com/politics/2014/11/27/c_127255092.htm.
⑥ 方滨兴,邹鹏,朱诗兵.网络空间主权研究[J].中国工程科学,2016,18(6):1-7.

国网络设备的本国网络设备端口集合所构成(疆界),用于保护虚拟角色对数据的各种操作(政权、用户、数据)。网络空间的构成平台、承载数据及其活动受所属国家的司法与行政管辖(管辖权),各国可以在国际网络互联中平等参与治理(平等权),位于本国领土内的信息通信基础设施的运行不能被他国所干预(独立权),国家拥有保护本国网络空间不被侵犯的权力及其军事能力(自卫权)。网络空间主权应该受到尊重(尊重主权),国家间互不侵犯他国的网络空间(互不侵犯),互不干涉他国的网络空间管理事务(不干涉他国内政),各国网络空间主权在国际网络空间治理活动中具有平等地位(主权平等)[①]。

(4) 抓紧筹划中国网络空间安全战略,尽快完善中国网络空间安全应急保障体系的构建

世界各主要大国在网络空间安全方面都已开展了不少工作,例如,俄罗斯提出了"俄罗斯信息安全学说",日本发布了《日本信息安全技术对策指针》,英国、德国、澳大利亚、韩国和印度等国也陆续颁布了本国的网络安全战略或网络战力量建设计划。"许多国家已经整体地、宏观地提出了各自的保障国家网络空间计划,它涉及立法、管理、技术等多个层面",旨在更好地实现维护国家网络主权的目标[②]。在美国的刺激之下,世界各国纷纷采取多种手段来应对网络空间的复杂形势,网络空间军备竞赛初露端倪[③]。

---

① 方滨兴,邹鹏,朱诗兵.网络空间主权研究[J].中国工程科学,2016,18(6):1-7.
② 蔡翠红.网络空间的中美关系:竞争、冲突与合作[J].美国研究,2012,26(3):107-121.
③ 方滨兴.保障国家网络空间安全[J].信息安全与通信保密,2001(6):9-12.

第11章

总 结

2014年，习近平主席在首届世界互联网大会上发出了"尊重网络主权"的声音，他是国际上首位提出倡导"网络主权"原则的国家元首。由此反映出我国在全球互联网治理中的一个鲜明态度：全球互联网的治理应该本着尊重国家网络主权的理念，基于国家网络主权平等的原则，以不干涉国家网络空间内部事务为前提，以各国在网络空间中平等互利为出发点，主权国家平等地参与互联网的治理，联合打击网络犯罪，共同推动网络空间的建设、利用与发展。

网络空间治理涵盖了三大层面的治理，其中包括物理网络层面的治理（主要是指网络的基础设施及架构）、传输网络层面的治理（主要是指资源配置、技术标准及协议等）、应用网络层面的治理（主要是指应用标准、内容、媒体、平台等）。这3个层面相互关联，自下而上地构建了全面、系统的网络社会，也给相关政府管理部门提出了新的挑战。网络社会以现实社会为基础，世界网络空间的治理离不开现实社会力量的推动，同时网络空间也影响着现实社会的发展，因此，现实社会与网络空间的对接是网络空间治理过程中必要的传导环节。

网络空间内容安全的治理是网络空间主权的重要内容，首先，本书以作者积累的相关技术和法律法规为基础，结合挖掘探讨了国内外的应对经验。本书从网络空间和网络空间安全的定义入手，介绍了我国在相关领域的主张和治理经验，并介绍了国外各个主要国家在网络空间安全治理方面的现状。本书通过对"网络空间安全"的定义进行分层介绍，从多角度呈现给读者网络空间安全的系统化定义。此外，本书还拓展了"网络空间主权"的相关概念以及我国主导的网络空间治理的主权主张。

其次，本书从技术角度出发，介绍了网络信息的采集和分析技术，以及网络信息倾向性的判别技术；紧接着，从网络文本信息的传播效果评估方法入手，介绍了网络结构中与网络信息传播紧密相关的网络结构度量方法以及网络文本信息传播评估策略和方法；然后对良性信息的网络信息传播效果提升方法和谣言及虚假信息的网络信息传播效果阻断方法进行了有针对性的介绍。

最后，通过介绍我国在网络空间面临的相关主要威胁，本书介绍了我国等多个国家在网络空间国际规则制定方面和欧盟、美国等主要国家进行合作和互动的过程，并从顶层设计、国际组织合作等多角度剖析了我国在网络空间领域国际合作中所面临的挑战和应该采取的相关策略。

附　录

（一）中国关于网络空间领域规则的文件

1. 1996—2004 年主要相关法律法规

《中国公用计算机互联网国际联网管理办法》
（1996 年 4 月 3 日）

《中国公用计算机互联网国际联网管理办法》是为加强对中国公用计算机互联网国际联网的管理，促进国际信息交流的健康发展，根据《中华人民共和国计算机信息网络国际联网管理暂行规定》而颁发的政府文件。

接入单位和用户应遵守国家法律、法规，加强信息安全教育，严格执行国家保密制度，并对所提供的信息内容负责。任何组织或个人，不得利用计算机国际联网从事危害国家安全、泄露国家秘密等犯罪活动；不得利用计算机国际联网查阅、复制、制造和传播危害国家安全、妨碍社会治安和淫秽色情的信息。发现上述违法犯罪行为和有害信息，应及时向有关主管机关报告。任何组织或个人，不得利用计算机国际联网从事危害他人信息系统和网络安全、侵犯他人合法权益的活动。互联单位、接入单位和用户对国家有关部门依法进行国际联网信息安全的监督检查，应予配合，并提供必要的资料和条件。凡利用国际互联网络信息资源，在国内经营计算机信息服务的，按放开经营电信业务的有关规定审批。接入单位和用户未经批准，擅自接入中国公用互联网进行国际联网的，由电信总局停止接入服务。情节严重的，提请公安机关依法予以处罚。

《计算机信息网络国际联网出入口信道管理办法》
（1996 年 4 月 9 日）

中华人民共和国邮电部 1996 年 4 月 9 日公布了《计算机信息网络国际联网出入口信道管理办法》。主要内容为：未经邮电部批准，任何单位不得为计算机信息网络国际联网提供出入口信道；电信总局应加强国际出入口局和出入口信道的管理，向互联单位提供优质可靠的服务；互联单位使用专用国际信道，按照现行国际出租电路标准收费，对教育、科研部门内部使用的国际信道资费实行优惠；国际出入口局对国家有关部门依法实施的信息安全检查和采取的相应措施，应予以配合。

《中华人民共和国计算机信息网络国际联网管理暂行规定》
（1997 年 5 月 20 日）

1996 年 2 月 1 日国务院令第 195 号发布《中华人民共和国计算机信息网络国际联网管理暂行规定》，1997 年 5 月 20 日《国务院关于修改〈中华人民共和国计算机信息网络国际联网管理暂行规定〉的决定》修正。

个人、法人和其他组织（以下统称用户）使用的计算机或者计算机信息网络，需要进行国际联网的，必须通过接入网络进行国际联网。前款规定的计算机或者计算机信息网络，需要接入网络的，应当征得接入单位的同意，并办理登记手续。国际出入口信道提供单位、互联单位和接入单位，应当建立相应的网络管理中心，依照法律和国家有关规定加强对本单位及其用户的管理，做好网络信息安全管理工作，确保为用户提供良好、安全的服务。互联单位与接入单位，应当负责本单位及其用户有关国际联网的技术培训和管理教育工作。从事国际联网业务的单位和个人，应当遵守国家有关法律、行政法规，严格执行安全保密制度，不得利用国际联网从事危害国家安全、泄露国家秘密等违法犯罪活动，不得制作、查阅、复制和传播妨碍社会治安的信息和淫秽色情等信息。

《计算机信息系统保密管理暂行规定》
（1998 年 2 月）

为保护计算机信息系统处理的国家秘密安全，根据《中华人民共和国保守国家秘密法》，制定了《计算机信息系统保密管理暂行规定》，该规定适用于采集、存储、处理、传递、输出国家秘密信息的计算机系统。该规定由国家保密局发布，国家保密局主管全国计算机信息系统的保密工作。各级保密部门和中央、国家机关保密工作机构依据本规定主管本地区、本部门的计算机信息系统的保密工作。

《软件产品管理暂行办法》
（1998 年 2 月）

1998 年，为了加强软件产品管理，促进我国软件产业和计算机应用事业的发展，推进我国国民经济信息化建设，特制定本办法。该办法主要管理我国境内软件产品的开发、生产、经营、进出口等活动，由当时的电子工业部制定和负责解释。

2009 年 2 月 4 日中华人民共和国工业和信息化部第 6 次部务会议审议通过，公布了《软件产品管理办法》。

此外，为了贯彻落实国家关于稳增长、促改革、调结构、惠民生等要求，进一步推进简政放权、放管结合、优化服务，工业和信息化部对有关规章进行了清理。2016 年 5 月 17 日工业和信息化部第 23 次部务会议审议通过废止《软件产品管理办法》（2009 年 3 月 5 日工业和信息化部令第 9 号公布）。

《中华人民共和国计算机信息网络国际联网管理暂行规定实施办法》
（1998 年 3 月 13 日）

为了加强对计算机信息网络国际联网的管理，保障国际计算机信息交流的健康发展，于1996 年 1 月 23 日，国务院第 42 次常务会议发布施行了《中华人民共和国计算机信息网络国际联网管理暂行规定实施办法》。

个人、法人和其他组织（以下统称用户）使用的计算机或者计算机信息网络，需要进行国际联网的，必须通过接入网络进行国际联网。前款规定的计算机或者计算机信息网络，需要接入网络的，应当征得接入单位的同意，并办理登记手续。

从事国际联网业务的单位和个人，应当遵守国家有关法律、行政法规，严格执行安全保密制度,不得利用国际联网从事危害国家安全、泄露国家秘密等违法犯罪活动,不得制作、查阅、复制和传播妨碍社会治安的信息和淫秽色情等信息。

《中国金桥信息网公众多媒体信息服务管理办法》
(1998年3月)

为了加强对计算机信息网络公众多媒体信息服务的管理,促进公众多媒体信息服务的健康、有序发展,制定《中国金桥信息网公众多媒体信息服务管理办法》。

经审核批准的接入服务经营者必须与吉通通信有限公司签订经营服务协议和信息安全责任书。信息源提供者应与接入服务经营者,签订上网协议和信息安全责任书,明确双方权利、义务和责任。多媒体信息服务业务经营者按分层负责的原则,建立信息安全保障责任制。信息源提供者对其向接入服务经营者所提供信息的合法性与真实性承担主要责任;网络经营者和接入服务经营者承担相应的责任。吉通通信有限公司应为经批准的接入服务经营者提供平等的接入条件,为信息源提供者上网服务提供方便。电子工业部对通过公用计算机信息网络提供多媒体信息服务的接入设备和服务终端设备实行入网许可证管理。多媒体信息服务业务经营者应当遵守国家法律、法规和电子工业部发布的行政规章、业务政策和技术标准,执行国家资费政策,服从电子工业部的行业管理。计算机信息网络多媒体信息服务的用户使用网络时,应当遵守国家有关法律、法规,不得制作、查阅、传播和发布妨碍社会治安和淫秽色情等有害信息,应当严格执行国家安全保密制度,不得利用多媒体信息服务系统从事危害国家安全、泄露国家秘密等违法犯罪活动。

《关于加强通过信息网络向公众传播广播电影电视类节目管理的通告》
(1999年10月)

该通告由国家广播电影电视总局发布,其中要求不能擅自使用"网络广播电台""网络电视""网络中心"的称谓以及提出了有害信息的屏蔽。

《网上证券委托暂行管理办法》
(2000年3月30日)

为加强证券公司利用互联网络开展证券委托业务的管理,规范市场参与者的行为,防范和化解市场风险,切实保护投资者的利益,中国证监会制定了《网上证券委托暂行管理办法》。

证券公司应采取严格、完善的技术措施,确保网上委托系统和其他业务系统在技术上隔离。禁止通过网上委托系统直接访问任何证券公司的内部业务系统。证券公司必须将未申请网上委托的投资者的所有资料与网上委托系统进行技术隔离。网上委托系统应有完善的系统安全、数据备份和故障恢复手段,在技术和管理上要确保客户交易数据的安全、完整与准确。客户交易指令数据至少应保存15年(允许使用能长期保存的、一次性写入的电子介质)。证券公司应安排本单位专业人员负责管理、监督网上委托系统的运行,并建立完善的技术管理制度和内部制约制度。网上委托系统应包含实时监控和防范非法访问的功能或设施;应妥善存储网上委托系统的关键软件(如网络操作系统、数据库管理系统、网络监控系统)的日志文件、审计记录。在互联网上传输的过程中,必须对网上委托的客户信息、交易指令及其他敏感信息进行可靠的加密。证券公司应采用可靠的技术或管理措施,正确识别网上投资者的身份,防止仿冒客户身份或证券公司身份;必须有防止事后否认的技术或措施。证券公司应根据本公司的具体情况,采取技术和管理措施,限制每位投资者通过网上委托的单笔委托最大金额、单个交易日最大成交总金额。网上委托系统中有关数据传输安全、身份识别等的关键技术产品应通过国家权威机构的安全性测评;网上委托系统及维护管理制度应通过国家权威机构的安全性认证;涉及系统安全及核心业务的软件应由第三方公证机构(或双方认可的机构)托管程序源代码及必要的编译环境。

《药品电子商务试点监督管理办法》
(2000 年 6 月 26 日)

为加强药品监督管理,规范药品电子商务行为,保证人民用药安全、有效,根据《中华人民共和国药品管理法》和相关法律、法规的规定,国家药品监督管理局制定了《药品电子商务试点监督管理办法》。

药品电子商务是指药品生产者、经营者或使用者,通过信息网络系统以电子数据信息交换的方式进行并完成各种商务活动和相关的服务活动。

药品电子商务试点网站必须与利用本网站进行药品网上交易的药品生产、经营企业和医疗机构签订书面协议,并负责对进入网站的企业、产品的合法性进行审核。未与药品电子商务试点网站签订协议的单位和个人可以从试点网站获取相关信息,但不得利用试点网站进行药品商业信息发布或进行网上交易活动。个人从进入网站的零售企业购买非处方药品的除外。

药品电子商务试点网站发布有关企业信息时,必须同时标明药品生产企业、经营企业名称和《药品生产企业许可证》《药品经营企业许可证》及其编号;发布有关药品信息时,必须同时标明药品名称、批准文号、生产批号、药品质量检验报告、生产企业名称、注册商标等,有关适应征及用法、用量和禁忌征必须符合药品标准的有关规定。

《教育网站和网校暂行管理办法》
(2000 年 7 月 5 日)

为了促进互联网上教育信息服务和现代远程教育健康、有序地发展,规范从事现代远程教育和通过互联网进行教育信息服务的行为,根据国家有关法律法规,教育部制定了《教育网站和网校暂行管理办法》。

已获准开办的网站和网校教育应在其网络主页上表明已获主管教育行政部门批准的信息,包括批准的日期、文号等。凡获得批准开办的教育网站以企业形式申请境内外上市的,应事先征得教育部同意。已获准开办的网站和网校教育由信息化工作领导小组负责定期向社会公布。

《互联网信息服务管理办法》
(2000 年 9 月 25 日)

2000 年 9 月 25 日中华人民共和国国务院令第 292 号公布《互联网信息服务管理办法》,根据 2011 年 1 月 8 日《国务院关于废止和修改部分行政法规的决定》修订。

《互联网信息服务管理办法》首次提及了网络不良信息的定义,即 9 类有害信息:

(一)反对宪法所确定的基本原则的;

(二)危害国家安全,泄露国家秘密,颠覆国家政权,破坏国家统一的;

(三)损害国家荣誉和利益的;

（四）煽动民族仇恨、民族歧视，破坏民族团结的；

（五）破坏国家宗教政策，宣扬邪教和封建迷信的；

（六）散布谣言，扰乱社会秩序，破坏社会稳定的；

（七）散布淫秽、色情、赌博、暴力、凶杀、恐怖或者教唆犯罪的；

（八）侮辱或者诽谤他人，侵害他人合法权益的；

（九）含有法律、行政法规禁止的其他内容的。

制作、复制、发布、传播9类有害信息，构成犯罪的，依法追究刑事责任；尚不构成犯罪的，由公安机关、国家安全机关依照《中华人民共和国治安管理处罚法》《计算机信息网络国际联网安全保护管理办法》等有关法律、行政法规的规定予以处罚；对经营性互联网信息服务提供者，并由发证机关责令停业整顿直至吊销经营许可证，通知企业登记机关；对非经营性互联网信息服务提供者，并由备案机关责令暂时关闭网站直至关闭网站。

从事新闻、出版以及电子公告等服务项目的互联网信息服务提供者，应当记录提供的信息内容及其发布时间、互联网地址或者域名；互联网接入服务提供者应当记录上网用户的上网时间、用户账号、互联网地址或者域名、主叫电话号码等信息。互联网信息服务提供者和互联网接入服务提供者的记录备份应当保存60日，并在国家有关机关依法查询时，予以提供。

国务院信息产业主管部门和省、自治区、直辖市电信管理机构，依法对互联网信息服务实施监督管理。新闻、出版、教育、卫生、药品监督管理、工商行政管理和公安、国家安全等有关主管部门，在各自职责范围内依法对互联网信息内容实施监督管理。

<h3 style="text-align:center">《互联网电子公告服务管理规定》</h3>
（2000 年 10 月 8 日）

《互联网电子公告服务管理规定》（以下简称《规定》）于 2000 年 10 月 8 日起颁布并实行，于 2014 年 9 月 23 日工业与信息化部第 28 号部令《工业和信息化部关于废止和修改部分规章的决定》中废止，发布相关服务的网站应当遵循《互联网信息服务管理办法》，而不再适用本条例。

电子公告服务是指在互联网上以电子布告牌、电子白板、电子论坛、网络聊天室、留言板等交互形式为上网用户提供信息发布条件的行为。

《规定》明确要求了提供电子公告服务方需要向有关部门进行备案，拥有基础的电子公告服务的技术基础，需要保留 60 日内的服务信息以配合其他政府部门开展相关工作。

<h3 style="text-align:center">《互联网站从事登载新闻业务管理暂行规定》</h3>
（2000 年 11 月 7 日）

《互联网站从事登载新闻业务管理暂行规定》适用于在中华人民共和国境内从事登载新闻业务的互联网站，本规定所称登载新闻是指通过互联网发布和转载新闻。

本规定对互联网上的新闻网站从业资格和互联网新闻网站应该有怎样的内容进行了详细描述。其中最为重要的有十三条内容。

互联网站登载的新闻不得含有下列内容：

① 违反宪法所确定的基本原则；

② 危害国家安全，泄露国家秘密，煽动颠覆国家政权，破坏国家统一；

③ 损害国家的荣誉和利益；

④ 煽动民族仇恨、民族歧视,破坏民族团结;

⑤ 破坏国家宗教政策,宣扬邪教,宣扬封建迷信;

⑥ 散布谣言,编造和传播假新闻,扰乱社会秩序,破坏社会稳定;

⑦ 散布淫秽、色情、赌博、暴力、恐怖或者教唆犯罪;

⑧ 侮辱或者诽谤他人,侵害他人合法权益;

⑨ 法律、法规禁止的其他内容。

《最高人民法院关于审理涉及计算机网络著作权纠纷案件适用法律若干问题的解释》
(2000 年 11 月 22 日)

《最高人民法院关于审理涉及计算机网络著作权纠纷案件适用法律若干问题的解释》(以下简称《解释》)于 2000 年 11 月 22 日发布,自 2000 年 12 月 21 日生效,并于 2004 年 1 月和 2006 年 12 月分别进行了两次修改,修改内容主要是删去与著作权法中相互重合的部分。最终修订的 2006 年版文件共 8 条解释,对网络著作权纠纷案件中如何明确责任所在,发起诉讼,以及双方如何进行协调。本法规已被废止。

《解释》中,对下列现象进行了相关解释:侵权行为地包括实施被诉侵权行为的网络服务器、计算机终端等设备所在地。对难以确定侵权行为地和被告住所地的,原告发现侵权内容的计算机终端等设备所在地可以视为侵权行为地;保护对象不仅包括著作权法解释中明确提出的作品,还包括同等性质的但未给出相关法律规定保护的作品。

《解释》还明确了网络服务提供者的责任:网络服务提供者对著作权人要求其提供侵权行为人在其网络的注册资料以追究行为人的侵权责任,无正当理由拒绝提供的,追究其相应的侵权责任。网络服务提供者明知专门用于故意避开或者破坏他人著作权技术保护措施的方法,而上传提供的服务,明知网络用户通过网络实施侵犯他人著作权的行为,或者经著作权人提出确有证据的警告,但仍不采取移除侵权内容等措施以消除侵权后果的,追究其与该网络用户的共同侵权责任。应追究网络服务提供者的民事侵权责任。

《全国人民代表大会常务委员会关于维护互联网安全的决定》
(2000 年 12 月 28 日)

2000 年 12 月 28 日第九届全国人民代表大会常务委员会第十九次会议通过本决定。为了保障互联网的运行安全,维护国家安全和社会稳定,维护社会主义市场经济秩序和社会管理秩序,保护个人、法人和其他组织的人身、财产等合法权利,有违反这四类行为,并构成犯罪的,予以追究刑事责任。利用互联网实施违法行为,违反社会治安管理,尚不构成犯罪的,由公安机关依照《治安管理处罚条例》予以处罚;违反其他法律、行政法规,尚不构成犯罪的,由有关行政管理部门依法给予行政处罚;对直接负责的主管人员和其他直接责任人员,依法给予行政处分或者纪律处分。利用互联网侵犯他人合法权益,构成民事侵权的,依法承担民事责任。

《互联网上网服务营业场所管理办法》
(2001 年 4 月 3 日)

为了加强对互联网上网服务营业场所的管理,规范经营者的经营行为,维护公众和经营者的合法权益,保障互联网上网服务经营活动健康发展,促进社会主义精神文明建设,制定《互联网上网服务营业场所管理办法》。互联网上网服务营业场所是指通过计算机等装置向公众提供互联网上网服务的网吧、计算机休闲室等营业性场所。而其他非赢利性质的上网场所并不适用于本办法。

本办法规定了互联网营业场所的设立、经营以及处罚的细则,对场所需求和场地所在地、经营内容、接入网络形式进行了相关规定。

《网上银行业务管理暂行办法》
(2001 年 6 月 29 日)

为规范和引导我国网上银行业务健康发展,有效防范银行业务经营风险,保护银行客户的合法权益,根据《中华人民共和国中国人民银行法》《中华人民共和国商业银行法》,特制定《网上银行业务管理暂行办法》。《网上银行业务管理暂行办法》由中国人民银行 2001 年 6 月 29 日发布并实行,2007 年 1 月 5 日废止。

银行开展网上银行业务,银行董事会和高级管理层应确立网上银行业务发展战略和运行安全策略,应依据有关法律、法规制定和实施全面、综合、系统的业务管理规章,应对网上银行业务运行及存在风险实施有效的管理。银行应制定并实施充分的物理安全措施,能有效防范外部或内部非授权人员对关键设备的非法接触。银行应采用合适的加密技术和措施,以确认网上银行业务用户身份和授权,保证网上交易数据传输的保密性、真实性,保证通过网络传输信息的完整性和交易的不可否认性。银行应实施有效的措施,保证网上银行业务交易系统不受计算机病毒侵袭。银行应制定必要的系统运行考核指标,定期或不定期测试银行网络系统、业务操作系统的运作情况,及时发现系统隐患和黑客对系统的入侵。银行应将网上银行业务操作系统纳入银行应急计划和业务连续性计划之中。银行应根据银行业务发展需要,及时对从业人员进行培训,及时更新系统安全保障技术和设备。银行应建立网上银行业务运作重大事项报告制度,及时向监管当局报告网上银行业务经营过程中发生的重大泄密、黑客侵入、网址更名等重大事项。

《中国互联网行业自律公约》
(2001 年 12 月 3 日)

遵照"积极发展、加强管理、趋利避害、为我所用"的基本方针,为建立我国互联网行业自律机制,规范从业者行为,依法促进和保障互联网行业健康发展,我国制定了《中国互联网行业自律公约》。中国互联网协会作为本公约的执行机构,负责本公约的组织实施。

本公约所称的互联网行业是指从事互联网运行服务、应用服务、信息服务、网络产品服务和网络信息资源的开发、生产及其他与互联网有关的科研、教育、服务等活动的行业的总称。本公约规定,互联网行业自律的基本原则是爱国、守法、公平、诚信。《中国互联网行业自律公约》经公约发起单位法定代表人或其委托的代表签字后生效,并在生效后的 30 日内由中国互联网协会向全社会公布。我国互联网行业从业者接受公约的自律规则,均可以申请加入本公约,成员单位通知公约执行机构后,也可以退出本公约。

《关于开展〈"网吧"等互联网上网服务营业场所专项治理〉的通知》
(2002 年 6 月 29 日)

《关于开展〈"网吧"等互联网上网服务营业场所专项治理〉的通知》是一则国家政府部门的相关机关下发的通知,针对治理中的主要矛盾给出了解决办法。

2002年以来,"网吧"等互联网上网服务营业场所过多过滥,一些地方监督管理不力,出现了大量违法违规经营现象,经营秩序混乱,安全隐患突出,严重危害了广大人民群众特别是青少年的身心健康以致生命安全,扰乱了社会治安秩序。2002年6月16日凌晨,北京市海淀区无证经营的"蓝极速网吧"发生恶性火灾,致使25人死亡、12人烧伤,造成极为恶劣的社会影响。为深入整顿文化市场秩序,切实加强对"网吧"等互联网上网服务营业场所的管理,经国务院同意,颁布此专项治理有关问题通知。

《互联网出版管理暂行规定》
（2002年8月1日）

为了加强对互联网出版活动的管理,保障互联网出版机构的合法权益,促进我国互联网出版事业健康、有序地发展,根据《出版管理条例》和《互联网信息服务管理办法》,制定本规定,自2002年8月1日起施行。

从事互联网出版活动应当遵守宪法和有关法律、法规,坚持为人民服务、为社会主义服务的方向,传播和积累一切有益于提高民族素质、推动经济发展、促进社会进步的思想道德、科学技术和文化知识,丰富人民的精神生活。

《互联网上网服务营业场所管理条例》
（2002年9月29日）

《互联网上网服务营业场所管理条例》是为了加强对互联网上网服务营业场所的管理,规范经营者的经营行为,维护公众和经营者的合法权益,保障互联网上网服务经营活动健康发展,促进社会主义精神文明建设而制定的法规。《互联网上网服务营业场所管理条例》由中华人民共和国国务院令第363号发布,自2002年9月29日起实施。

《互联网等信息网络传播视听节目管理办法》
（2003年2月10日）

为规范信息网络传播视听节目秩序,加强信息网络传播视听节目的监督管理,促进社会主义精神文明建设,制定本办法。本办法适用于在互联网等信息网络中开办各种视听节目栏目,播放(含点播)影视作品和视音频新闻,转播、直播广播电视节目及以视听节目形式转播、直播体育比赛、文艺演出等各类活动。

广播电视播出机构在广播电视传输覆盖网中开办广播电视频道播放广播电视节目的,由《广播电视管理条例》规范,不适用于本办法。本办法所称的信息网络,是指通过无线或有线链路相连接,采用卫星、微波、光纤、同轴电缆、双绞线等具体物理形态,架构在互联网或其他软件平台基础上,用于信息传输的传播系统。本办法所称的视听节目,是指在表现形式上类同于广播电视节目或电影片,由可连续运动的图像或可连续收听的声音组成的节目。本办法所称的信息网络传播视听节目,是指通过包括互联网在内的各种信息网络,将视听节目登载在网络上或者通过网络发送到用户端,供公众在线收看或下载收看的活动,包括流媒体播放、互联网组播、数据广播、IP广播和点播等。本办法所称的视听节目的网络传播者,是指组织、编排视听节目并将其通过信息网络向公众传播的机构。本办法所称的信息网络经营者,是指提供信息网络硬软件平台及其他技术支持的机构。

《互联网文化管理暂行规定》

（2003 年 7 月 1 日）

《互联网文化管理暂行规定》由 2003 年 5 月 10 日文化部令第 27 号发布、2004 年 7 月 1 日文化部令第 32 号修订,2011 年 3 月 18 日时任文化部部长蔡武签发第 51 号令,正式发布新版《互联网文化管理暂行规定》,其中增加网游企业注册资金不低于 1 000 万元等规定,并对部分违规情况加大处罚力度。新规定 4 月 1 日起施行,原规定同时废止。2017 年 12 月 15 日发布的《文化部关于废止和修改部分部门规章的决定》(文化部令第 57 号)对《互联网文化管理暂行规定》进行了修订。为了加强对互联网文化的管理,保障互联网文化单位的合法权益,促进我国互联网文化健康、有序地发展,根据《中华人民共和国网络安全法》《全国人民代表大会常务委员会关于维护互联网安全的决定》和《互联网信息服务管理办法》以及国家法律、法规等有关规定,制定了本规定。

《互联网站禁止传播淫秽、色情等不良信息自律规范》

（2004 年 6 月 10 日）

为促进互联网信息服务提供商加强自律,遏制淫秽、色情等不良信息通过互联网传播,推动互联网行业的持续健康发展,特制定本规范。互联网站不得登载和传播淫秽、色情等中华人民共和国法律、法规禁止的不良信息内容。淫秽信息是指在整体上宣扬淫秽行为,即挑动人们性欲,导致普通人腐化、堕落,而又没有艺术或科学价值的文字、图片、音频、视频等信息内容。

《互联网药品信息服务管理办法》

（2004 年 7 月 8 日）

《互联网药品信息服务管理办法》于 2004 年 7 月 8 日由国家食品药品监督管理局令第 9 号公布,根据 2017 年 11 月 17 日国家食品药品监督管理总局令第 37 号《国家食品药品监督管理总局关于修改部分规章的决定》修正。本办法共 29 条,由国家食品药品监督管理总局负责解释,自公布之日起施行。《互联网药品信息服务管理暂行规定》(国家药品监督管理局令第 26 号)同时废止。

《互联网药品信息服务管理办法》对中华人民共和国境内提供互联网药品信息服务活动进行了相关规定。

《最高人民法院、最高人民检察院关于办理利用互联网、移动通讯终端、声讯台制作、复制、出版、贩卖、传播淫秽电子信息刑事案件具体应用法律若干问题的解释》

（2004 年 9 月 3 日）

《最高人民法院、最高人民检察院关于办理利用互联网、移动通讯终端、声讯台制作、复制、出版、贩卖、传播淫秽电子信息刑事案件具体应用法律若干问题的解释》是由最高人民法院公布的法释文件。

为依法惩治利用互联网、移动通讯终端制作、复制、出版、贩卖、传播淫秽电子信息、通过声讯台传播淫秽语音信息等犯罪活动,维护公共网络、通讯的正常秩序,保障公众的合法权益,根据《中华人民共和国刑法》《全国人民代表大会常务委员会关于维护互联网安全的决定》的规定,颁布《最高人民法院、最高人民检察院关于办理利用互联网、移动通讯终端、声讯台制作、复制、出版、贩卖、传播淫秽电子信息刑事案件具体应用法律若干问题的解释》。

[地方法规]《经营性网站备案登记管理暂行办法实施细则》
(北京,2000 年 9 月 1 日)

为了规范网站备案登记工作,规范网站的经营行为,保护消费者和网站所有者的合法权益,根据国家工商局的授权,北京市工商行政管理局在 2000 年 8 月 15 日制定了《网站名称注册管理暂行办法》《经营性网站备案登记管理暂行办法》(以下简称《暂行办法》)及其实施细则。《暂行办法》所称经营性网站,是指企业和个体工商户为实现通过互联网发布信息、广告,设立电子信箱,开展商务活动以及向他人提供实施上述行为所需互联网空间等经营性目的,利用互联网技术建立的并拥有向域名管理机构申请的独立域名的电子平台。《暂行办法》所称经营性网站备案,是指经营性网站向工商行政管理机关申请备案,工商行政管理机关在网站的首页上加贴经营性网站备案电子标识,并将备案信息向社会公开。

[地方法规]《经营性网站备案登记管理暂行办法》
(北京,2000 年 9 月 1 日)

为了保护经营性网站所有者的合法权益,规范网站经营行为,根据国家有关法律、法规规定,制定本办法。经营性网站备案登记实施全国统一备案登记。北京市工商行政管理局是国家工商行政管理局授权的进行全国经营性网站备案登记试点的主管机关,对经营性网站实施监督管理。本办法所称经营性网站是指网站所有者为实现通过互联网发布信息、广告,设立电子信箱,开展商务活动或向他人提供实施上述行为所需互联网空间等活动的目的,利用互联网技术建立的并拥有向域名管理机构申请的独立域名的电子平台。

[地方法规]《网站名称注册管理暂行办法实施细则》
(北京,2000 年 9 月 1 日)

为加强对注册网站名称的注册管理,根据《网站名称注册管理暂行办法》,制定本细则。北京市工商行政管理局"红盾 315"网站(http://www.hd315.gov.cn)负责发布网站名称注册情况并具体办理网站名称注册的有关事项。

[地方法规]《网站名称注册管理暂行办法》
(北京,2000 年 9 月 1 日)

为了规范网站名称注册登记秩序,保护网站所有者的合法权益,制定本办法。网站名称注册实施全国统一注册,网站所有者应遵守本办法。北京市工商行政管理局是国家工商行政管理局授权对全国注册网站名称进行统一注册试点的主管机关,对网站名称实施注册登记管理。本办法所称网站所有者是指网站域名的所有者,合同另有约定的从其约定。本办法所称注册网站名称是指网站所有者通过网站名称注册程序,领取《网站名称注册证书》后所获得的网站名称。本办法所称注册网站名称申请人是指在中国境内依法登记注册的法人和其他合法组织以及能够承担民事责任的公民个人。本办法所称网站运营是指注册主管机关能够通过申请人提供的域名查找到标有注册网站名称的该网站主页。

[地方法规]《北京市互联网站从事登载新闻业务审批及管理工作程序》

（2000 年 11 月 10 日）

根据国务院新闻办公室、信息产业部《互联网站从事登载新闻业务管理暂行规定》，按照北京市情况，制定本程序。凡北京市行政区域内申请从事登载新闻业务的互联网站应仔细阅读有关法律法规并按程序向北京市人民政府新闻办公室提出申请。北京市人民政府新闻办公室网站 www.beijing.org.cn 为受理网站从事登载新闻业务申请的网上办公平台。

[地方法规]《北京市网络广告管理暂行办法》

（2001 年 4 月 10 日）

为依法规范网络广告内容和广告活动，保护经营者和消费者的合法权益，依照《中华人民共和国广告法》（以下简称《广告法》）、《中华人民共和国广告管理条例》（以下简称《条例》）有关规定，制定《北京市网络广告管理暂行办法》。本办法所称网络广告，是指互联网信息服务提供者通过互联网在网站或网页上以旗帜、按钮、文字链接、电子邮件等形式发布的广告。互联网信息服务提供者包括经营性和非经营性互联网信息服务提供者。

2. 2005 年至中央网络安全和信息化领导小组（现称为中国共产党中央网络安全和信息化委员会）成立（2014 年 2 月 27 日）主要相关法律法规

《互联网 IP 地址备案管理办法》

（2005 年 3 月 20 日）

《互联网 IP 地址备案管理办法》于 2005 年 1 月 28 日中华人民共和国信息产业部第 12 次部务会议审议通过，自 2005 年 3 月 20 日起施行。

此外，互联网域名管理办法修订征求意见稿称：

必须满足一定条件而且得到政府的许可，才可以在境内设立服务器或域名注册服务机构。域名注册服务机构必须建立域名注册保留字制度。域名注册服务机构必须先对域名进行审查才可提供注册服务。如连接到不属于境内域名注册服务机构管理的域名，网络服务供应商必须拒绝该连接。网络服务供应商若为未有注册的域名提供域名解析服务，将被罚款一万至三万元人民币。域名解析服务不可更改解析定向，不可重定向到提供违法资讯的网站。

《非经营性互联网信息服务备案管理办法》

（2005 年 3 月 20 日）

非经营性网站备案（Internet Content Provider Registration Record）指中华人民共和国境内信息服务互联网站所需进行的备案登记作业。2005 年 2 月 8 日，中华人民共和国信息产业部部长王绪东签发《非经营性互联网信息服务备案管理办法》，并于 3 月 20 日正式实施。本办法要求从事非经营性互联网信息服务的网站进行备案登记，否则将予以关站、罚款等处理。为配合这一需要，信息产业部建立了统一的备案工作网站，接受符合本办法规定的网站负责人的备案登记。

《互联网著作权行政保护办法》

（2005 年 5 月 30 日）

由国家版权局、信息产业部共同制定的《互联网著作权行政保护办法》，2005 年 4 月 30 日国家版权局、信息产业部发布并开始实施。侵犯互联网信息服务活动中的信息网络传播权的行为由侵权行为实施地的著作权行政管理部门管辖。侵权行为实施地包括提供本办法第二条所列的互联网信息服务活动的服务器等设备所在地。

《互联网著作权行政保护办法》共计十九条,其中规定,当著作权人发现互联网上传播的内容侵犯了自己著作权时,可以向互联网信息服务提供者发出通知,而后者应当在收到通知后立即采取措施移除相关内容。

此外,《互联网著作权行政保护办法》规定,倘若互联网信息服务提供者明知互联网内容提供者通过互联网实施侵犯他人著作权的行为,或者虽不明知,但接到著作权人通知后未采取措施移除相关内容,同时损害社会公共利益的,著作权行政管理部门可以根据著作权法的规定给予没收违法所得、处以非法经营额 3 倍以下的罚款的行政处罚。非法经营额难以计算的,可以处 10 万元以下的罚款。

《文化部、信息产业部关于网络游戏发展和管理的若干意见》
(2015 年 7 月 12 日)

为深入贯彻落实党和国家有关网络文化市场发展的指导思想,贯彻落实《中共中央国务院关于进一步加强和改进未成年人思想道德建设的若干意见》(中发〔2004〕8 号),加大网络游戏管理力度,规范网络文化市场经营行为,提高我国网络游戏原创水平,促进网络文化产业的健康发展,文化部、信息产业部就我国网络游戏发展和管理工作,制定了《文化部、信息产业部关于网络游戏发展和管理的若干意见》(以下简称《意见》)。《意见》对 2004 年我国网络游戏市场的现状和发展目标进行了描述,并对支持网络游戏产业健康发展提出了"构筑产业支持体系""实施民族游戏精品工程""积极培育网络游戏产业孵化器"和"努力开发网络游戏周边产业"具体意见,对规范网络游戏市场秩序提出了"严格市场准入,强化内容监管""加强网络游戏产品的进口管理工作""切实加强对网吧的管理""加强行业自律和社会监督"等具体工作措施。

《中国互联网网络版权自律公约》
(2005 年 9 月 3 日)

2005 年,为维护网络著作权,规范互联网从业者行为,促进网络信息资源开发利用,推动互联网信息行业发展,由中国互联网协会制定本公约。

为保证中国互联网的正常使用及发展,维护互联网经营者的合法权益,中国互联网网络版权自律公约就互联网使用的各方面事宜做出了具体规定,并由中国互联网协会网络版权联盟负责解释。

《信息网络传播权保护条例》
(2006 年 5 月 18 日)

《信息网络传播权保护条例》(以下简称《条例》)于 2006 年 5 月 18 日以中华人民共和国国务院令第 468 号公布,根据 2013 年 1 月 30 日中华人民共和国国务院令第 634 号《国务院关于修改〈信息网络传播权保护条例〉的决定》修订。《条例》共 27 条,自 2013 年 3 月 1 日起施行。《条例》包括合理使用、法定许可、避风港原则、版权管理技术等一系列内容,区分了著作权人、图书馆、网络服务商、读者各自可以享受的权益,网络传播和使用都有法可依,形成一个相互依存、相互作用、相互影响的"对立统一"关系,很好地体现了产业发展与权利人利益、公众利益的平衡,为产业加速发展做好了法律准备。

3. 中央网络安全和信息化领导小组(现称为中国共产党中央网络安全和信息化委员会)成立(2014 年 2 月 27 日)后主要相关法律法规

《即时通信工具公众信息服务发展管理暂行规定》
(2014 年 8 月)

2014 年 8 月 8 日,国家互联网信息办公室召开新闻发布会发布《即时通信工具公众信息服务发展管理暂行规定》(以下简称《规定》)。《规定》自公布之日起施行,规范以微信为代表的即时通信工具公众信息服务。其中,要求即时通信工具服务使用者通过真实身份信息认证后注册账号。非新闻单位、新闻网站与其他公众账号未经批准不得发布、转载时政类新闻。

《互联网用户账号名称管理规定》
(2015 年 3 月 1 日)

国家互联网信息办公室 2015 年 2 月 4 日发布《互联网用户账号名称管理规定》(以下简称《规定》)。《规定》自 2015 年 3 月 1 日起施行。

《规定》就账号的名称、头像和简介等,对互联网企业、用户的服务和使用行为进行了规范,涉及在博客、微博客、即时通信工具、论坛、贴吧、跟帖评论等互联网信息服务中注册使用的所有账号。账号管理按照后台实名、前台自愿的原则,充分尊重用户选择个性化名称的权利,重点解决前台名称乱象问题。

《移动互联网应用程序信息服务管理规定》
(2016 年 6 月 28 日)

移动互联网应用程序(APP)已成为移动互联网信息服务的主要载体,对提供民生服务和促进经济社会发展发挥了重要作用。据不完全统计,在国内应用商店上架的 APP 超过 400 万款,且数量还在高速增长。与此同时,少数 APP 被不法分子利用,传播暴力恐怖、淫秽色情及谣言等违法违规信息,有的还存在窃取隐私、恶意扣费、诱骗欺诈等损害用户合法权益的行为,社会反应强烈。

《移动互联网应用程序信息服务管理规定》是为了加强对移动互联网应用程序(APP)信息服务的规范管理,促进行业健康有序发展,保护公民、法人和其他组织的合法权益而制定的法规。2016 年 6 月 28 日,《移动互联网应用程序信息服务管理规定》由国家互联网信息办公室发布,自 2016 年 8 月 1 日起实施。

国家互联网信息办公室出台的《移动互联网应用程序信息服务管理规定》,规范了移动互联网应用程序信息服务管理,明确了网民在使用移动互联网信息服务中的合法权益,为构建移动互联网的安全、健康、可持续发展的长效机制提供了制度保障。

《互联网新闻信息服务管理规定》
(2017 年 6 月 1 日)

为加强互联网信息内容管理,促进互联网新闻信息服务健康有序发展,根据《中华人民共和国网络安全法》《互联网信息服务管理办法》《国务院关于授权国家互联网信息办公室负责互联网信息内容管理工作的通知》,制定《互联网新闻信息服务管理规定》,自 2017 年 6 月 1 日起施行。

《互联网新闻信息服务管理规定》的制定是为了规范互联网新闻信息服务,满足公众对互联网新闻信息的需求,维护国家安全和公共利益,保护互联网新闻信息服务单位的合法权益,促进互联网新闻信息服务健康、有序发展。

《中华人民共和国网络安全法》
(2017 年 6 月 1 日)

《中华人民共和国网络安全法》是为了保障网络安全,维护网络空间主权和国家安全、社会公共利益,保护公民、法人和其他组织的合法权益,促进经济社会信息化健康发展而制定的法律,由全国人民代表大会常务委员会于 2016 年 11 月 7 日发布,自 2017 年 6 月 1 日起施行。

《中华人民共和国网络安全法》共有 7 章 79 条,不少内容针对近年的网络安全隐患,如个人信息泄露等。该法明确了网络诈骗等行为的定义和刑罚,明确了网络运营商的责任,要求其处置违法信息、配合侦查机关工作等。该法旨在防止网络恐怖袭击、网络诈骗等行为,并赋予了政府在紧急情况下断网等权力。

此外,该法首次以法律形式明确网络实名制,规定网络运营者为用户办理网络接入、域名注册服务,办理固定电话、移动电话等入网手续,或者为用户提供信息发布、即时通信等服务,应当要求用户提供真实身份信息。用户不提供真实身份信息的,网络运营者不得为其提供相关服务。同时该法也对关键信息基础设施的运行安全以及惩治攻击破坏中国境内关键信息基础设施的境外组织和个人进行了明确规定。

《互联网用户公众账号信息服务管理规定》
(2017 年 10 月 8 日)

《互联网用户公众账号信息服务管理规定》(以下简称《规定》)是根据《中华人民共和国网络安全法》《国务院关于授权国家互联网信息办公室负责互联网信息内容管理工作的通知》制定的,由国家互联网信息办公室发布,自 2017 年 10 月 8 日起施行。

互联网用户公众账号服务提供者应落实信息内容安全管理主体责任,加强对本平台公众账号发布内容的监测管理,发现有传播违法违规信息的,应立即采取相应处置措施等。

在各类社交网站和客户端开设的用户公众账号,如腾讯微信公众号,新浪微博账号,百度的百家号,网易的网易号,今日头条的头条号,一点资讯的一点号,在知乎、分答等互动平台开设的对公众答复的用户公众账号等,均在《规定》适用范围内。

互联网用户公众账号服务提供者应落实信息内容安全管理主体责任。要配备与服务规模相适应的专业人员和技术能力,设立总编辑等信息内容安全负责人岗位,建立健全管理制度;对违反法律法规、服务协议和平台公约的互联网用户公众账号依法依规立即处理等。

对于公众号未经授权转载文章并侵犯知识产权的行为,《规定》要求互联网用户公众账号信息服务使用者应当遵守新闻信息管理、知识产权保护、网络安全保护等法律、法规和有关规定,依法依规转载信息,保护著作权人合法权益。

《规定》的出台旨在促进互联网用户公众账号信息服务健康有序发展,保护公民、法人和其他组织的合法权益,维护国家安全和公共利益。

《中华人民共和国未成年人网络保护条例》
（2018 年立法计划）

《中华人民共和国未成年人网络保护条例》（以下简称《条例》）由国家互联网信息办公室依照《中华人民共和国未成年人保护法》的规定以立法的形式予以制定，被国务院列为 2018 年立法计划，已于 2019 年出台。《条例》由总则、网络信息内容建设、未成年人网络权益保障、预防和干预、法律责任、附则共 6 个章节组成，总计 36 条，是一部为了营造健康、文明、有序的网络环境，保障未成年人网络空间安全，保护未成年人合法权益，促进未成年人健康成长而制定的国家级法律。

《中华人民共和国电子商务法》
（2019 年 1 月 1 日）

《中华人民共和国电子商务法》是一部自 2019 年 1 月 1 日起施行的电子商务管理法规。

鉴于中国大陆电子商务蓬勃发展，商机与风险并存，各种依附于电商平台的犯罪活动也增多，2013 年 12 月 7 日全国人大常委会正式启动了《中华人民共和国电子商务法》的立法进程。2016 年 12 月 19 日，十二届全国人大常委会第二十五次会议上，全国人大财政经济委员会提请审议电子商务法草案。2018 年 8 月 31 日，十三届全国人大常委会第五次会议表决通过，预定隔年起实施。该法对涉及合同内容、快递物流、电商经营主体、经营行为、电子支付等的问题及发展中比较典型的问题都做了规范。

等级保护 2.0
（2019 年 12 月）

2014 年，全国信息安全标准化技术委员会（以下简称"安标委"）下达了对《GB/T 22239—2008》进行修订的任务。标准修订主要承担单位为公安部第三研究所（公安部信息安全等级保护评估中心），20 多家企事业单位派人员参与了标准的修订工作。标准编制组于 2014 年成立，先后调研了国际和国内云计算平台、大数据应用、移动互联接入、物联网和工业控制系统等新技术、新应用的使用情况，分析并总结了新技术和新应用中的安全关注点和安全控制要素，完成了基本要求草案第一稿。

2015 年 2 月至 2016 年 7 月，标准编制组在草案第一稿的基础上，广泛征求行业用户单位、安全服务机构和各行业/领域专家的意见，并按照意见调整和完善标准草案，先后共形成 7 个版本的标准草案。2016 年 9 月，标准编制组参加了安标委 WG5 工作组在研标准推进会，按照专家及成员单位提出的修改建议，对草案进行了修改，形成了标准征求意见稿。2017 年 4 月，标准编制组再次参加了安标委 WG5 工作组在研标准推进会，根据征求意见稿收集的修改建议，对征求意见稿进行了修改，形成了标准送审稿。2017 年 10 月，标准编制组又一次参加了安标委 WG5 工作组在研标准推进会，在会上介绍了送审稿内容，并征求成员单位意见，根据收集的修改建议，对送审稿进行了修改完善，形成了标准报批稿。

2019 年《信息安全技术 网络安全等级保护基本要求》（GB/T 22239—2019）正式实施。该标准针对欧盟的《通用数据保护条例》（GDPR）进行了相应的修改，相较我国较早的 GB/T 22239—2008《信息安全技术 信息系统安全等级保护基本要求》标准发生了一些变化，主要在于安全通用要求和安全扩展要求两方面。

（二）美国关于网络空间领域规则的文件

1. 美国近年来颁发的相关法律和法案

截止到目前,美国在网络空间安全领域颁布了 100 多项法律,规格高、数量多、内容全、涉及范围广,为其保护网络空间提供了全方位的法律保障;法律的出台始终服务于国家发展利益和战略规划,并根据变化持续不断地进行调整和完善,具有很强的针对性和可操作性。

1966 年《信息自由法》

1966 年,美国制定《信息自由法》,并且分别于 1974 年、1986 年和 1996 年进行了修订,主要内容涉及对政府信息的获取、公开方式、可分割性,以及相关的诉讼事宜等。

1978 年《联邦计算机系统保护法案》

1978 年,美国颁布了《联邦计算机系统保护法案》,首次将计算机系统纳入法律保护范畴。

1984 年《假冒访问设备及计算机欺诈和滥用法案》

1984 年,美国对《联邦刑法》进行了修改,并通过了《假冒访问设备及计算机欺诈和滥用法案》,对未经授权访问和使用计算机网络行为规定了刑事处罚措施。

1987 年《计算机安全法》

1987 年的《计算机安全法》将计算机自身的安全以及计算机系统内数据的安全上升到国家高度。这项法案出台的主要目的为提高联邦计算机系统中的敏感数据的安全性和私密性,控制联邦计算机系统中对相关信息的未经授权使用。而这一目标的实现必须确保联邦政府中能够接触到敏感数据的工作人员具有数据安全意识;要求政府相关机构制定计算机安全计划,制定联邦政府计算机系统安全标准和准则,以保护敏感信息。

1996 年《国家信息基础设施保护法案》

1996 年美国发布了《国家信息基础设施保护法案》,规定未经授权进入受保护的计算机系统并通过各种形式进行恶意破坏行为,利用电子手段对他人和机构进行敲诈行为,或是试图这样做的行为都要受到刑事指控。

1996 年《信息技术管理改革法》

1996 年发布的《克林格-科恩法》又名《信息技术管理改革法》,规定设立首席信息官(CIO)职位;授予商务部发布安全标准的权利,要求各个机构开发和维护信息技术架构;要求政府预算办公室(OMB)监督主要信息技术的收购,并且与国土安全部部长协商,公布美国国家标准与技术研究院(NIST)制定的强制性联邦计算机安全标准。

1996 年《经济间谍法》

经济间谍又称为工业间谍、商业间谍,是指受国家专门机构的指派,或受企业以及金钱的驱使,使用各种非法或不正当的手段搜集有关经济、科技的情报,并以此争夺商业机密和技术,击败竞争对手,从而获取一定商业优势的组织或个人。

目前,在美国的世界 500 强企业中有 90% 设立了竞争情报部,他们以此监视竞争对手的动向和竞争环境的变化,并及时向本企业提供预警。此外,由于美国在经济发展中的特殊地位和科技优势,许多国家和企业往往要从美国获取所需的技术或其他商业和科技信息。其中多数人遵循合法途径,但仍有部分人是以非法方式获取商业秘密的。因此,美国违反商业道德非法获取技术信息的案件急增。

经济领域的情报信息争夺的激烈程度和频度远高于现实战争的谍报战,且其涉及的巨大经济利益使其原动力更为充足和主动。有鉴于此,美国制定了《经济间谍法》(*Economic Espionage Act*,EEA),以期对此进行限制。1996 年 10 月 11 日,该法由时任美国总统的克林顿正式签署。

该法对商业秘密、侵犯行为、刑罚手段等作出了全面而细致的界定。同时,联邦调查局、联邦法院也积极履行法律赋予的权力与使命。2006 年的"United States v. Fei Ye and Ming Zhong"案成了美国反经济间谍史上的里程碑。

EEA 保护的客体是广义的商业秘密。对于商业秘密,EEA 规定,各种财务、商业、科学、技术、经济或工程信息,还有各种规划、计划、汇编、程序元件、公司设计、原型元件、方法、技术、工艺、操作步骤、程序或规范,无论它是有形的,还是无形的,也无论它收集存储和编辑的方法是文字形式、图表形式、照片形式、电子形式,还是实物形式,只要该信息的所有人已针对情况采取了合理的措施保护该信息的秘密性,或者该信息具有现实或潜在的独立经济价值,而又未被一般公众所知悉或公众尚不能利用合法方式进行确认、取得,这样的信息即构成 EEA 界定的商业秘密。EEA 对犯罪主体的适用范围主要是两方面:一是侵害行为人系美国公民或具有绿卡者以及由他们所拥有或控制的组织,或根据美国法律组织的公司;二是犯罪行为系在美国境内所为。

EEA 制裁的违法行为主要是两种类型:一是外国政府、机构、企业刺探美国产业、商业秘密的经济间谍罪;二是一般企业因竞争因素所出现的窃取商业秘密罪。

EEA 对违法犯罪行为也作了界定,分为 5 类:一是窃取,或未经适当授权取得,或隐匿,或以欺诈等方式窃取此信息;二是未经授权而复制、绘制、拍摄、下载、改变、毁损、影印、传送、交付、寄送、通信发送或传达此信息;三是明知该信息被窃取、盗用,或未经授权所取得或者占有,还收受、购买、持有此信息;四是图谋实施前 3 类所规定的任何行为;五是与一人或数人共谋实施前 3 类所规定的任何行为,而其中一人或数人为达成其共犯的目标已着手实施。

EEA 在第 90 章的第 1 831 条和第 1 832 条分别规定了"经济间谍罪"和"窃取商业秘密罪"两种罪名,并规定了两种犯罪的例外,以及在追究这两种犯罪时联邦政府可以采取的一些程序上的手段和该法案的域外效力。

由上所见,EEA 涉及范围甚广。根据该法,任何人意图或明知为外国政府、外国机构或其代理人受益,而触及上述 5 类违法行为时,即界定为经济间谍罪,可以处以 15 年以下有期徒刑,并处 50 万美元以下的罚款,若系法人团体违法,则可处 1 000 万美元以下的罚款。

1997 年《数据保密法》

1997 年的《数据保密法》规定若出于商业目的收集个人(包括儿童)信息、发送主动式电子商务邮件等,则必须建立自我规范制度,其目的是鼓励交互式计算机服务提供者通过自我规范的方式对用户的隐私权进行保护。从 1996 年开始到 2001 年的"9·11"事件之前,美国每年都会出台 2~3 部与虚拟社会数据信息管理有关的法律,这些法律或者规定网络服务提供商的权利与义务,或者规定政府在虚拟社会数据信息管理中的权力与职责,或者规定公民在虚拟社会数据信息使用中享有的权利与义务。

2000 年《政府信息安全改革法》

2000 年美国发布的《政府信息安全改革法》规定了联邦政府部门在保护信息安全方面的责任,明确了商务部、国防部、司法部、总务管理局、人事管理局等部门维护信息安全的具体职责,建立了联邦政府部门信息安全监督机制。

2001 年《爱国者法案》

2001 年美国通过了《爱国者法案》,该法案第 215 条允许美国国安局收集反恐调查涉及的包括民众在内的任何电话通信和数据记录,以保护"国家安全"。

2002 年《国土安全法案》

2002 年美国发布了《国土安全法案》,明确了国土安全部(DHS)的职责和组织体系、信息分析和基础设施保护规则、CIO 管理职责,以及加强了在国土安全保护方面美国国内相关部门间的合作等。

2002 年《联邦信息安全管理法案》

2002 年公布的《联邦信息安全管理法案》是美国《电子政务法》(the E-Government Act)中的第三部分。《电子政务法》的目的是整合政府机关的互联网服务,更有效地建立、推广电子政府服务,其规定了行政管理和预算局(OMB)、联邦政府机关等机构在推动电子政府方面的职责。《联邦信息安全管理法案》修正了 1987 年的《计算机安全法案》(the Computer Security Act),目的是确保联邦政府机关能够高效率、低成本地实现信息及信息系统的安全。该法案强调风险管理,规定了 OMB、NIST、CIOs、CISOs(首席信息安全官)、IGs(联邦机构监察长)的具体责任,倡导建立由 OMB 监督的中央联邦事件中心,负责分析安全事件并且提供技术帮助,通知机构运营商当前和潜在的安全威胁及漏洞。

2002 年《国土安全法案》

《国土安全法案》规定国土安全部的责任是协调国家工作,保护所有领域的关键基础设施,包括信息技术和通信系统,也给予了国土安全部部长获取威胁美国的恐怖主义相关信息的权力。《国土安全法案》确立了关键基础设施信息的共享程序,要求各行业设立信息共享和分析组织,以集合、分析和披露关键基础设施信息,并对泄露信息的行为做了相应处罚规定。

2009 年《网络安全法案》

2009 年的《网络安全法案》一共 23 条,涉及的内容广泛,涵盖上述几个法律、法规的内容,并提出每 4 年进行一次网络安全评估,并进行联合情报威胁评估,提出网络风险管理报告,制定国际标准和网络安全威慑标准。

2012 年《网络情报共享和保护法案》

2012 年 4 月美国众议院通过了《网络情报共享和保护法案》。该法案要求私营公司使用网络安全系统来识别和获取网络威胁信息,与政府分享这些信息将受到保护并免于法律起诉。在此基础上,2013 年 6 月,国土安全部建立了"分享热线"。针对美国境内私营企业的网络攻击,该热线实时提供并传播网络威胁报告,有效地保护了相关公司的利益。

2015 年《网络安全信息共享法》

2015 年 12 月,《网络安全信息共享法》作为 2016 年《综合拨款法案》中的一部分被正式颁布。《网络安全信息共享法》的通过使政府与企业之间的网络威胁、情报共享有了法律保障。此前,战略文件中的公私伙伴关系总是使用规范的、以价值为基础的语言,没能清晰地表达出政府与私营机构之间的法律授权、责任和权利等多元的关系。《网络安全信息共享法》允许企业将遭遇网络攻击的信息共享给政府机构,而不必担心用户起诉其侵犯隐私权。这部法案首次明确了信息共享的范围包括网络威胁指标和防御性措施两大类,共享的信息将用于识别趋势及确认有效的反击策略,有利于企业与非赢利机构识别和对抗数字威胁或攻击。美国国土安全部等机构将以《网络安全信息共享法》为指导,出台具体的信息共享政策方针。

2015 年《美国自由法》

2015 年 6 月,《美国自由法》(USA Freedom Act)的通过使得政府利用网络运营商搜集信息的行为受到一定限制。该法的实施在一定程度上缓解了由于斯诺登泄密导致的网络运营商与政府间的矛盾,使双方的合作更加融洽。从长远看,《美国自由法》有利于情报机构与网络运营企业合作的可持续发展。《美国自由法》正式终止了大范围、不加选择地监控美国国内电话记录的行为,转而对特定范围可疑人员进行监控。该法明确规定:通话数据将存储在电信公司的服务器内,政府如需调阅通话数据需要得到法院批准;此外,美国政府应每年向国会和公众公布当年搜集电话记录的次数及电话被监控的人数。

2018 年《澄清域外合法使用数据法》

2018 年 3 月,《澄清域外合法使用数据法》被颁布并即刻生效。该法案更新了执法人员查看存储在互联网上的电子邮件、文档和其他通信内容的规则。该法案还允许美国达成协议,将有关美国服务器的信息发送给其他国家的刑事调查人员,并对请求进行个案审查。该法案为当前在国家之间共享互联网用户信息的过程或多方司法互助条约提供了一种替代方案。微软等技术公司赞成这一变化。但是,隐私权倡导者称它可以帮助外国政府通过帮助他们获取的有关其公民的在线数据来滥用人权。

2019 年《国防授权法案》

美国每年一度发布的《国防授权法案》高度重视网络事务,其本身属于一项必须通过的政策性法案。2019 年《国防授权法案》要求国防部部长需要商业部门在自愿的基础上分享网络威胁信息。如果网络攻击造成军方重大损失或个人身份信息泄露,国防部必须通知国会。该法案要求国防部指定一名专员来监督网络安全和工业控制系统的整合,包括制定安全机构认证标准,使用美国国家标准与技术研究院(NIST)网络安全框架。在 NIST 的帮助下,国防部还必须提高国防部计划中的小型制造商和大学对网络安全威胁的认识。

2. 美国国家层面战略文件相关约定

2000 年《全球时代的国家安全战略》

2000 年 12 月克林顿总统签署《全球时代的国家安全战略》文件,这是美国国家信息/网络安全政策的重大事件。文件将信息安全/网络安全列入国家安全战略,成为国家安全战略的重要组成部分。这标志着网络安全正式进入国家安全战略框架,并具有独立地位。

2003 年《保护网络空间的国家战略》

保护网络空间对美国来说是一项艰巨的战略挑战,需要整个社会——联邦政府、州和地方政府、私营部门和美国人民——进行协调和集中努力。保护网络空间的国家战略是全面保护国家安全的一部分。它是国家国土安全战略和《关键基础设施和重要资产物理保护的国家战略》的实施组成部分,目的是让美国人获得并授权他们拥有操作、控制或与之交互的网络空间部分的权力。

2003 年《关键基础设施和重要资产物理保护的国家战略》

2003 年 2 月,小布什政府配套出台了《保护网络安全国家战略》和《关键基础设施和重要资产物理保护的国家战略》,前者确立了打击恐怖分子、罪犯或敌对国家发起的网络攻击的初步框架,后者提出了"重要资产"的概念,明确了政府和私营机构在关键基础设施保护方面的职责。

《关键基础设施和重要资产物理保护的国家战略》的出台标志着美国从国家安全的高度全面推行了关键基础设施与资产保护计划,《关键基础设施和重要资产物理保护的国家战略》将美国的关键基础设施分为 11 项,包括农业与食品、水、公共卫生、应急服务、国防工业基地、通信、能源、交通运输、金融、化学工业与有害物质、邮政与货运。重要资产则包括核电站、水坝、有害物质存储设备,以及代表国家形象的肖像、纪念馆、政府与商务中心等。

美国国土安全部(DHS)对关键基础设施的定义是:关键基础设施是指那些对社会至关重要的系统和资产(无论是物理的还是虚拟的),一旦其能力丧失或遭到破坏,就会影响国家安全、经济安全、公共健康或安全、环境安全或者这些重要方面的任意组合。结合美国国土安全部对关键基础设施所划定的 16 个部门来看,关键基础设施可以分为关键基础设施通信部门(通信 CI)和关键基础设施 IT 部门(IT CI),这两类部门包含的范围如下。

- 关键基础设施通信部门(通信 CI)主要包括有线基础设施、无线基础设施、卫星基础设施、电缆基础设施和广播基础设施等共计五大类物理层面资产,以及为关键基础设施稳定运行提供各类服务的逻辑层面资产。
- 关键基础设施 IT 部门主要是按照功能提供进行划定,具体包括六大类,分别是提供 IT 产品和服务,提供事故管理能力,提供域名解决方案,提供身份验证管理和其他信用支持相关服务,提供基于互联网的内容、信息通信服务,提供互联网路由、接入和连接服务。

2011 年《网络空间可信身份标识国家战略》

《网络空间可信身份标识国家战略》(NS-TIC)于 2011 年 4 月 15 日由美国奥巴马政府发布。自互联网问世以来,由于网络空间存在虚拟性和自由性,它在提供极度自由性的同时,也使得网络诚信存在巨大漏洞。在网络空间,全球一直没有可靠、公认和通用的身份识别技术。由于没有真实可靠的身份认证,互联网本身应有的巨大社会和经济价值难以全部得到发挥,黑客入侵和网络欺诈屡见不鲜。

推动和建立本国以及国际的网络身份标识战略藏有巨大商机,具有重要的社会价值和经济价值,这将是信息高速公路建设后,涉及全球的巨大信息技术工程。因此当年的奥巴马政府想通过这一战略,再次引领世界经济新潮流,占领未来全球经济的制高点,恢复美国经济。《网络空间可信身份标识国家战略》的主要内容如下。

① 网络空间是国家关键基础设施的重要组成部分。安全的网络空间对于国家经济健康和安全至关重要,随着网上欺诈、身份窃取和在线信息滥用情况的快速增多,联邦政府必须加以应对。

② 减少网上欺诈和身份盗取的关键是提高网络空间身份标识信任等级,参与交易各方高度确信他们是在与已知的实体交互,这非常重要。假冒网站、窃取密码和破解登录账户是不可信赖的网络环境的共同特征。本战略旨在寻求有效方式,提高在线交易中所涉及的个人、组织、服务和设备的身份标识的可信度,其目标是以增进信任、保护隐私和创新的方式,推动个人和组织在网络上使用安全、高效、易用的身份标识。

③ 本战略定义和倡导支持可信网上环境的身份标识生态系统。同时,身份标识生态系统能够保证身份标识的安全性、方便性、公平性、创新性,身份标识证书和设备将由采用互操作平台的供应商提供。

④ 隐私保护和自愿参与将是身份标识生态系统的支柱,身份标识生态系统通过只共享完成交易的必要信息来保护匿名参与方。例如,身份标识生态系统允许个人身份只提供年龄信息,而不泄露出生日期、姓名、地址或其他识别信息,支持对参与者身份标识进行确认的交易。身份标识生态系统通过强大的访问控制技术,减少非授权访问利用其信息的风险。

⑤ 身份标识生态系统的另一支柱是互操作性,身份标识生态系统利用强大的互操作技术和流程,在参与者之间建立合理的信任水平。互操作性支持身份标识可移植性,并使身份标识生态系统中的服务提供者可接受各种证书类型和身份标识媒介类型,身份标识生态系统不依赖于政府作为唯一身份标识提供者。

⑥ 互操作性和隐私保护相结合,建立以用户为中心的身份标识生态系统。允许个人选择适合交易的互操作证书,并通过建立隐私强化政策和标准,使个人有能力仅发送完成交易所需的信息。此外,这些政策和标准将禁止把个人的交易和证书使用与服务供应商挂钩。个人将更有保障地与合适交易方交换信息,安全地发送这些信息。

美国《网络空间可信身份标识国家战略》的提出为实现身份标识生态系统确定了以下4项主要具体目标:建立一个综合的身份标识生态系统框架;建立可互操作的身份标识基础设施;增强用户信心和参与身份标识生态系统的意愿;确保身份标识生态系统的长远成功。

2011 年 5 月《网络空间国际战略》

美国 2011 年的《网络空间国际战略》明确指出,"私人部门已经在国际和多利益攸关方组织中发挥了重要作用,我们将继续利用现有的合作机制,吸收行业合作伙伴。特别是,我们将促进基础设施所有者和经营者紧密合作,保护网络空间的优势和特点,避免不必要的障碍,并确保网络空间的和平与安全。"

2011 年 6 月《国防部网络空间行动战略》

美国 2011 年出台的《国防部网络空间行动战略》提出了五大战略倡议,其中一条就是"国防部将与美国政府其他部门和私人部门合作,确保政府网络安全整体战略的实施"。

2015 年 4 月《美国国防部网络空间战略》

美国国防部在其最新发布的 2015 年《美国国防部网络空间战略》中再次强调,"国防部历来从私人部门创新中获益良多,将继续与私人部门展开紧密合作,借助商业化助力国防部网络安全新理念"。

2017 年《国家安全战略报告》

2017 年 12 月,特朗普公布了其任职期内首份《国家安全战略报告》,其中,强调本届政府在全球及外交政策层面将始终坚持"美国至上"的方针,囊括用于改善美国国家网络安全方法的行动纲要清单。这份报告文件涉及多项国家安全问题,包括与中国之间的经济关系、美国核武器库存的致命威胁,以及旨在改善国家网络安全方法的行动纲要清单。报告文件总结建议指出,特朗普政府的计划将使美国能够"根据需求"对敌对方实施网络行动。美国政府将与美国国会合作,应对继续阻碍即时情报与信息共享、有碍网络工具规划运营以及开发的挑战。

3. 美国的部门(含国防部和军兵种部门)层面战略文件

2003 年《保障网络空间安全的国家战略》

2003 年 2 月,小布什政府发布了由国土安全部酝酿完成的《保障网络空间安全的国家战略》,这是美国在网络空间开展行动的基础性文件。文件要求在全国范围推进网络安全,不仅是政府的系统,私营机构的关键基础设施也要受到重视。该战略强调了美国经济和国家安全对信息技术和信息基础设施的严重依赖性。

2004 年《美国国家军事战略》

2004 年,美国参谋长联席会发布了《美国国家军事战略》,第一次将网络空间作为与陆、海、空和太空并列的战斗领域。

2006 年《网络空间的国家军事战略》

2006 年,参谋长联席会发布了《网络空间的国家军事战略》,专门讨论网络安全问题。该文件指出网络空间的特点、存在的威胁和脆弱性,并提出一个确保美国在网络空间的军事优势的战略框架,包括 6 种手段和 4 个战略重点。

2009 年《美国国家情报战略》

2009 年出台的《美国国家情报战略》将"确保网络安全作为情报系统重大任务之一"。同时美国发布了《网络空间政策评估·保障可信和强健的信息和通信基础设施》,强调"政府要加强对网络安全的领导,提升建设数字化国家的能力和民众网络安全意识,促进政府与私营企业合作,明确美国数字基础设施将被视为国家资产"。

2015 年《网络空间战略》①

2015 年 4 月 23 日,美国国防部发布了公开版本的《网络空间战略》,用于替代 2011 年 5 月发布的《网络空间行动战略》。《网络空间战略》是指导美国国防部未来 5 年网络空间防御能力建设、作战力量发展、保障能力提升的纲领性文件。该战略明确提出,美国国防部在网络空间主要承担 3 项任务。

① 保护国防部自身的网络、系统和信息。早在 2011 年,美国国防部部长就明确指出,"网络空间是用于组织、训练、装备美国军事力量的作战领域",并对美军在信息化条件下对网络空间的依赖性作出了明确的价值判断。

② 对抗可能会造成严重的网络攻击,要保护美国国土安全和国家利益。该战略指出,当今网络攻击和网络入侵完全可能造成严重的财产损失,并可能会危及美国公民的人身安全,进而危害美国国家安全,要求国防部必须时刻做好准备,按照总统和国防部部长的指示,与联邦机构一起应对针对美国的网络攻击。

③ 为作战和应急计划提供支持。该战略指出,在非常时期,美国总统或国防部部长可能下达美军实施网络作战的命令,摧毁敌方军事网络或基础设施以保护美国国家利益,国防部要为之随时做好准备,提供有力支持。

2018 年 9 月 18 日,美国国防部对外公开了 2018 年《国防部网络战略》摘要。该战略摘要依据 2018 年 2 月发布的《国防战略》制定,阐明了国防部将如何在网络空间或通过网络空间落实《国防战略》的优先事项。2018 年《国防部网络战略》重申《国防战略》中关于美国正处于大国间长期战略竞争的威胁判断,认为美国在网络空间也面临着来自中国、俄罗斯等国的战略竞争,需通过提高网络空间作战能力,前摄性制止有关恶意网络活动,加强跨部门及跨国合作等加以应对。2018 年《国防部网络战略》提出了美国的网络空间目标,并明确了实现这些目标的战略途径,将取代 2015 年《国防部网络战略》。

4. 执行层面的政策文件

2012 年《美国网络行动政策》

2012 年 10 月,奥巴马签署《美国网络行动政策》,在法律上赋予美军进行非传统战争的权力,将网络攻击视为战争行为,明确网络空间是与陆、海、空、天并列的第五大作战领域。

2013 年《增强关键基础设施网络安全》

2013 年 2 月,奥巴马政府发布了《增强关键基础设施网络安全》,并指出这项网络安全政策旨在提升国家关键基础设施安全及其恢复能力。

2015 年《网络威慑政策报告》

2015 年 12 月,美国白宫向国会提交《网络威慑政策报告》,为美国的网络威慑战略盖棺论定,列举了网络威慑组成要素,其中包括"强力而明确的政策宣告,构建网络安全防御能力,增强指挥与控制能力,增加网络威胁者的经济成本,采取执法行动,构建网络威胁态势感知,增强跨部门协作和国际合作能力"。实际上,网络威慑战略涵盖了奥巴马政府网络安全政策的各个

---

① 王鹏.美国国防部《网络空间战略》解读[J].保密科学技术,2015(7):37-39.

环节及流程。

2017 年《提升关键基础设施网络安全框架 1.1 版》

2017 年 1 月 10 日,美国国家标准与技术研究院(NIST)更新并发布了《提升关键基础设施网络安全框架 1.1 版》。